防汛抢险技术系列丛书

河道工程抢险

山东黄河河务局　编

黄河水利出版社
·郑　州·

内 容 提 要

本书主要内容包括河道工程概况、河道工程出险机理分析、河道工程巡查与监测、河道工程抢险技术、河道工程抢险非工程措施、抢险料物与机械、国内河道工程抢险实例。

本书可提供战斗在防汛抢险第一线的指挥人员、防汛抢险队员使用,同时可作为各级防洪部门进行技术培训的教材,以及大专院校相关专业的师生阅读参考。

图书在版编目(CIP)数据

河道工程抢险/山东黄河河务局编 . —郑州:黄河水利出版社,2015.4

(防汛抢险技术系列丛书)

ISBN 978 - 7 - 5509 - 1071 - 3

Ⅰ. ①河⋯   Ⅱ. ①山⋯   Ⅲ. ①河道 - 堤防抢险
Ⅳ. ①TV871. 3

中国版本图书馆 CIP 数据核字(2015)第 068834 号

出 版 社:黄河水利出版社
　　　　地址:河南省郑州市顺河路黄委会综合楼 14 层　　　　邮政编码:450003
发行单位:黄河水利出版社
　　　　发行部电话:0371 -66026940、66020550、66028024、66022620(传真)
　　　　E-mail:hhslcbs@ 126. com
承印单位:河南省瑞光印务股份有限公司
开本:787 mm ×1 092 mm　 1/16
印张:20
字数:308 千字　　　　　　　　　　印数:1—3 000
版次:2015 年 4 月第 1 版　　　　　　印次:2015 年 4 月第 1 次印刷
定价:45.00 元

序 言

　　人类的发展史,究其本质就是人类不断创造发明的进步史,也是人与自然灾害不断抗争的历史。在各种自然灾害中,洪水灾害以其突发性强、破坏力大、影响深远,成为人类经常遭受的最严重的自然灾害之一,古往今来都是人类的心腹大患。我国是洪水灾害多发的国家,严重的洪水灾害对人民的生命财产构成严重威胁,对社会生产力造成很大破坏,深深影响着社会经济的稳定和发展,特别是大江大河的防洪,更是关系人民生命安危和国家盛衰的大事。

　　我国防汛抗洪历史悠久,远古时代就有大禹治水的传说。几千年来,治河名家、学说不断涌现,各族人民前仆后继,和洪水灾害进行了持续不懈的抗争,取得了许多行之有效的宝贵经验,也经历过惨痛的历史教训,经不断地探索和总结,逐步形成了较为完善的防汛抗洪综合体系。特别是新中国成立后,党和政府高度重视江河治理和防汛抗洪工作,一方面通过加高加固堤防、河道治理、修建水库、开辟蓄滞洪区等工程措施,努力提高工程的抗洪强度;另一方面,大力加强防洪非工程措施建设,搞好防汛队伍建设,落实各项防汛责任制,严格技术培训,狠抓洪水预报、查险抢险和指挥调度三个关键环节,战胜了一次又一次的大洪水,为国民经济发展奠定了坚实基础。但同时也应看到,我国江河防御洪水灾害的整体水平还不高,防洪工程存在着不同程度的安全隐患和薄弱环节,防洪非工程措施尚不完善,防洪形势依然严峻,防汛抗洪工作仍需常抓不懈。

　　历史经验告诉我们,防御洪水灾害,一靠工程,二靠人防。防洪工程是防御洪水的重要屏障,是防汛抗洪的基础,地位十分重要;防汛抢险则是我们对付洪水的有效手段,当江河发生大洪水时,确保防洪安全至关重要的一个环节是能否组织有效防守,认真巡堤查险,及早发现险情、及时果断抢护,做到"抢早、抢小",是对工程措施的加强和补充。组织强大的防汛抢险队伍、掌握过硬的抢险本领和先进的抢险技术,对于夺取抗洪抢险的胜利至关重要。

　　前事不忘,后事之师。为全面系统地总结防汛抗洪经验,不断提高防汛抢险技术水平,山东黄河河务局于 2010 年 10 月成立了《防汛抢险技术系列丛书》编辑委员会,2013 年 6 月、2014 年 6 月又根据工作需要进行了两次调整和加强,期间多次召开协调会、专家咨询会,专题研究丛书编写工作,认真编写、修订、完善,历经 4 年多,数易其稿,终于完成编撰任务,交付印刷。丛书共分为《堤防工程抢险》《河道工程抢险》《凌汛与防凌》《防汛指挥调度》四册。各册分别从不同侧面系统地总结了防汛抗洪传统技术,借鉴了国内主要大江大河的成功经验,同时吸纳了近期抗洪抢险最新研究成果,做到了全面系统、资料翔实、图文并茂,是一套技术性、实用性、针对性、可操作性较强的防汛抗洪技术教科书、科普书、工具书。丛书的出版,必将为各级防汛部门和技术人员从事防汛抗洪工作,进行抗洪抢险技术培训、教学等,提供有价值的参考资料,为推动防汛抗洪工作的开展发挥积极作用。

2015 年 2 月

前　言

我国是洪水灾害多发的国家,自古以来,洪涝灾害就是中华民族的心腹之患。历史上,由于社会制度和科学水平的限制,江河决溢改道频繁。黄河以"善淤、善决、善徙"闻名于世,平均三年两决口,百年一改道,暴虐无常的洪水,令人谈之色变。长江较大洪灾平均十年一次。一旦洪水泛滥,将给广大人民生命财产造成巨大损失。新中国成立以来,我国对主要江河进行了大规模治理,已初步建成了堤防、河道整治工程、分滞洪区和干支流水库等组成的拦、蓄、分、泄相结合的防洪工程体系,洪水泛滥得到了一定控制。

防洪减灾仍是我国当前和未来的一项长期而艰巨的任务。有堤无防,等于无堤,两岸大堤、河道工程是防御洪水的屏障,抢险则是应对洪水的手段,抢险成败最终关系到江河的安危。防汛队伍掌握过硬的抢险本领和先进的抢险技术,对于取得抗洪斗争的全面胜利是非常关键的。针对从事水利管理及抗洪抢险的职工中退休和新招进的人员较多、分管防汛抗洪的行政领导履新较快的情况,学习和掌握防汛抢险技术是广大水利干部、职工和基层行政领导有效从事防汛抢险工作的迫切需要。

为了普及防汛抢险科学技术,提高防汛队伍的素质以及识险、抢险的技术能力,本书的编写以黄河防汛抢险技术为主,吸收了各大江河的技术与经验。在继承、总结前人研究成果、传统技术方法及工程抢险经验的基础上,尽可能地吸取国内外河道工程抢险的新技术、新方法和先进理念,力求做到内容丰富新颖、图文并茂,既有理论系统的完整性,又密切联系我国当前实际,突出实用性和可读性。本书注重理论联系实际,在阐述原理的同时,列举了大量工程抢险实例,旨在引导读者应用专业知识去解决工程抢险中的实际问题,提高应对现场复杂多变的情况的识险、抢险能力。本书可供战斗在防汛抢险第一线的指挥人员、防汛抢险队员使用,也可作为各级防洪部门进行技术培训的教材,以及供大专院校相关专业的师生阅读参考。

　　为编好本书,山东黄河河务局主要领导和分管领导多次主持召开协调会、咨询会,制订编写大纲,明确责任,落实分工,并多方面征求专家的意见。本书由李希宁担任主编,并负责修改、通稿、审定,由于晓龙、陈秀娟、李伟担任副主编。第一章由于晓龙编写;第二章由陈秀娟编写;第三章、第四章第一至第四节由李伟编写,第四章第五节由陈秀娟编写;第五章第一节由李伟编写,第五章第二、三节及第六章第一、二节由李希宁编写,第六章第三节由于晓龙编写;第七章由李希宁、于晓龙编写。耿明全、孙百启、付帮勤、杨法东、李明、李士国、李伟等提供了部分实例基本素材。

　　本书编撰出版过程中,得到多方支持与帮助,劳世昌、曹升乐等对本书多次提出修改意见。在编写过程中,吸取了以往的研究成果,参阅了大量的文献资料,在此谨致谢意。由于参编人员水平有限,谬误和不当之处欢迎批评指正。

编　者

2015 年 2 月

目　录

第一章 河道工程概况

河道工程是稳定或改善河势、调整水流的水工建筑物,常用的有护岸、丁坝、顺坝、锁坝、桩坝、沉排等。河道工程建筑物可用土、石、竹、木、混凝土、金属、土工织物等河工材料修筑,也可用河工材料制成的构件,如梢捆、柳石枕、石笼、枵槎、混凝土块等修筑。按照工程实现手段,河道工程可分为两类:一类是在河道上修建建筑物,以调整水流泥沙运动方向,从而控制河床的冲淤变形;另一类是疏浚或爆破,多用于航道工程中,通过直接改变河床形态,达到增加航道尺度的目的。这两类方法有时分别使用,有时结合使用。本章仅介绍河道工程的第一类。本书所讲述的河道工程主要是河道整治工程。

第一节 河道工程类型

河道工程是为稳定河槽,或缩小主槽游荡范围、改善河流边界条件及水流流态而采取的工程措施。从不同的角度出发,河道工程有不同的分类。根据建筑物的使用年限和材料、建筑物与水位的关系、建筑物对水流的干扰情况等,可将河道工程分为不同的类型。

一、按照建筑物的使用年限和材料分类

河道工程按照建筑物的使用年限和材料,可分为永久性(或重型)的、临时性(或轻型)的。

永久性建筑物是长期使用的工程,其抗冲和耐久性能较强,使用年限也长,一般多用土、石、混凝土、钢材等牢固耐久的重型材料修建。长期在水下工作的土工织物类构件也是一种永久性建筑材料。

临时性建筑物的主要功用是防止可能发生的事故或在短时间内消除事故,其抗冲和耐久性能相对较弱,使用年限也短,所用的材料多就地采取,一般用竹、木、苇、梢秸料并辅以土石料修建。这种建筑物的结构能部

分拆散或全部拆散,拆下的材料有的可在他处使用。

二、按照建筑物与水位的关系分类

河道工程按照建筑物与水位的关系,可分为淹没式和非淹没式。

在各种水位下都被淹没或中、枯水时外露,而洪水时遭受淹没的,称为淹没式河道建筑物,也称为潜坝。在各种水位下都不遭受淹没的,称为非淹没式河道建筑物。前者多用于枯水或中水控导工程;而后者则用于调整洪水流势,或调整多种水位。

三、按照建筑物对水流的干扰情况分类

河道工程按照建筑物对水流的干扰情况,可分为非透水建筑物、透水建筑物和环流建筑物。

非透水建筑物是由土、石、金属、混凝土等实体抗冲材料筑成的,它不允许水流从建筑物的内部通过,只容许水流绕流或漫溢,对水流起挑流、导流、堵塞等较大的干扰作用,多用于重型的永久性工程。例如,一般的抛石或砌石护岸、丁坝或垛、土工枕、模袋混凝土等构成的各种河道工程建筑物均属此类。由于这类建筑物前的冲刷坑深,往往存在着基础被淘刷而影响工程自身稳定的问题。

透水建筑物由竹、木、桩、树、梢秸料、铅丝等材料筑成,它不仅允许水流绕流、漫溢,而且能让一部分水流通过建筑物本身,从而引起河床过水断面流速、流量的重新分配,起到缓流落淤、消能防冲和一定的导流作用,多用于临时性工程。例如,枵槎、挂柳、钢筋混凝土框架坝垛、钢管网坝等即属此类。透水建筑物导流能力较非透水建筑物小,建筑物前冲刷坑也浅。

环流建筑物又称导流建筑物或导流装置,是在水流中人工造成环流,通过环流来调整泥沙运动方向,从而达到控制河床冲淤变化的目的,多用于引水口和护岸工程中。

四、按照建筑物对水流影响的性质分类

河道工程按照建筑物对水流影响的性质,可分为被动性建筑物和主动性建筑物。

被动性建筑物的作用是防止水流的有害作用,但不改变水流结构。被动性建筑物常做成顺坝或护岸的型式以引导水流,使其逐渐离开被冲河岸,并使水流在行近水工建筑物或桥梁时流向与其平行。

主动性建筑物对水流产生积极影响,即按所需流向改变水流结构。建筑物的结构型式为一排横向障碍物(横堤、丁坝),将全部或部分水流挑离被冲河岸,形成各相邻丁坝间发生淤积的条件。

两类建筑物对水流起不同的作用,这就形成它们不同的工作条件。被动性建筑物(如顺坝)对水流的作用发生在建筑物的全部长度上,即从开始部分(称为头部)至末尾部分都是一样的,所以在其全部长度上,受到水流淘刷的危险程度差不多是相同的。主动性建筑物(如丁坝)的情形与此相反,其作用是逐渐使水流偏向,建筑物的开始部分紧接河岸,称为根部,受其作用的是少部分的小流速水流,建筑物的另一端伸入水流中,称为头部,受水流的主力冲击。建筑物的根部(如位置适宜)受水流淘刷轻微,但建筑物的头部附近则受强烈冲刷,故形成冲刷坑。

五、按照建筑物对岸坡的保护分类

按照建筑物对岸坡的保护,河道工程可分为挑流型、导流型、护岸型。

挑流型河道工程建筑物是采取工程措施或生物措施迫使水流在原来流向的基础上外移或上提,是一种用于将宽河槽水流束窄到稳定河宽的工程措施,例如丁坝;逆水式挑流坝是一种新型防冲护岸工程建筑物,适用于受冲严重、河面宽、河湾较长的中小河流防冲护岸,坝体与上游河岸形成一个夹角,使上游形成回流沉砂积泥,以回流的水力推移上游水流偏移,改变水流方向,使下游沉积泥沙,达到防冲护岸的目的,既有效地保护了该岸,又不影响对岸的安全,是解决河流两岸防冲矛盾的好措施。

导流型河道工程建筑物是将主流挑移到所规划的方向,具有引导水流的作用,例如顺坝、导流坝、导流翼板、螺旋锚潜障、防护裙台等,是近年来成为研究专题的新型导流技术。传统河道工程建筑物主要依靠材料及结构的强度来抵抗水流冲击,而新型导流型建筑物则对岸边水流因势利导,变害为利。这类建筑物既能控导水流,又能利用本身结构特点及其周围的流场结构和水力特性,降低水流对建筑物及附近床面的作用强度。

护岸型河道工程是为了保护河岸免遭水流的冲刷破坏,它也是控导

河势、固定河床的一种重要工程。护岸工程可以是平顺的护脚护坡型式，也可以是短丁坝或矶头的型式，也可采用桩墙式或其他的护岸型式。平顺护岸、桩墙式护岸属于单纯的防御性工程，对水流干扰较小；坝式护岸则是通过改变和调整水流方向间接性地保护河岸。在某些情况下，两者也可结合使用。但无论采用哪种护岸工程型式，都必须与所在河段的具体情况相适应。实践证明，对局部河段进行孤立的护岸是无益的。

六、按照建筑物的结构型式分类

河道工程按照建筑物的结构型式，可分为土石结构型、其他材料结构型。

河道工程传统的工程结构型式有以土为坝体的块石结构、沉排结构、石笼结构等。而护坡工程的传统结构型式有砌石护坡、抛石护坡等。例如黄河上的坝岸护坡一般采用散抛石或干砌石，护根采用散抛块石或柳石枕、铅丝笼等。由于传统结构具有施工机具简单、工艺要求不高、新修坝岸初始投资少、基础松散结构能较好适应河床变形、出险后易修复等优点，故现在仍被大量采用。

（一）土石结构型

河道工程建筑物多为土石结构型，通常采用土坝体外围裹护防冲材料的型式，一般分为坝体、护坡和护根三部分。土坝体一般用壤土填筑，用黏土护表；护坡用块石砌筑；基础护根用块石、铅丝笼、柳石枕、混凝土四脚体抛筑，经多次抢险加固后逐步达到稳定。土石坝具有就地取材、便于施工、投资少等优点，是主要采用的坝型结构。

（二）其他材料结构型

随着新结构、新材料、新技术坝的试验研究，新型筑坝及护坡、护根技术也应用于河道工程中，如混凝土透水桩坝、混凝土插板桩坝和铅丝笼沉排坝等。混凝土透水桩坝是以混凝土为主要材料的一种结构型式，其作用是通过缓流落淤控制河势，避免柳石结构被动抢险。沉排坝结构是在坝垛外侧枯水位以下受水流冲刷部位，按最大冲刷深度预先铺放一定宽度的护底材料，让这些护底材料随冲刷坑的发展逐步下沉，自行调整坡度，达到护底、护脚，防止淘刷的目的。与传统筑坝技术相比，新型筑坝及护根技术便于机械化施工，原材料供应渠道畅通，性能优越，环境效益明

显,可以减少抢险次数或不抢险,具有广阔的推广应用前景。

七、按照建筑物与堤防、河槽的相对关系分类

按照建筑物与堤防、河槽的相对关系,河道工程可分为险工、控导工程、滚河防护坝。

险工是堤防的一部分,是在经常靠水的堤段,为了防御水流冲刷堤身,依托大堤修建的防护工程。

控导工程是为约束主流摆动范围、护滩保堤,控导主流沿设计治导线下泄,在凹岸一侧的滩岸上按设计的工程位置线修建的丁坝、垛、护岸工程。黄河下游仅在治导线的一岸修筑控导工程,另一岸为滩地,以利洪水期排洪。

滚河防护坝又称为防洪坝或防滚河坝,是为了预防"滚河"后顺堤行洪,冲刷堤身、堤根,在堤根所修的丁坝。滚河防护坝一般为下挑丁坝,且坝轴线与堤线下游侧夹角较大。

(一)黄河险工和控导工程的关系

(1)从修建的目的和方式而言,黄河险工大多数修建于新中国成立以前,多是紧急抢修情况下顺堤线平面外形修建,因为河道缺乏统一的治理规划,险工总体布局和坝岸平面布置不尽合理,仅是为了防御局部堤段被水流冲刷,控导河势能力较差。新中国成立以后,根据河势变化和河道整治的要求,按照规划的流路,本着"因势利导,上下游、左右岸统筹兼顾,以坝护湾、以湾导溜"的原则,对原有险工平面布置做了适当调整,险工布局得到改善。控导工程是为控制河势流路,减轻或根除河势游荡,经过统一的规划、设计,尽可能利用天然流路和节点,主动在河道内修建的节点工程,在平面上按治导线形成以湾导流的工程格局。

(2)从修建的作用来看,险工和控导工程都是防洪工程,险工重在防护堤防,但也起控导河势的作用;控导工程旨在控导河势,并起到保护滩地、村庄的作用,进而确保堤防的安全。

(3)从防洪标准上讲,黄河下游控导工程顶部高程陶城铺以上河段为整治流量 4 000 m³/s 相应水位加 1 m 超高,陶城铺以下河段控导工程顶部高程比附近滩面高 0.5 m。控导工程失去抢险条件时一般要撤守。险工与堤防连为一体,顶高程比堤防低 1 m,其防洪标准同堤防,在各个

流量级下都要防守。

(二) 黄河险工和滚河防护坝的关系

滚河防护坝与险工一样,都是依托大堤而建。滚河防护坝是20世纪50年代修建的,河道小水时不靠河,而大部分险工在河道大中小水时都靠河。

第二节　河道工程平面布局型式

河道工程在平面上的整体布置,包括治理河段上下游、左右岸各类工程线的布设情况及相对应关系,一组工程的平面位置线的型式、长度和该组工程内各坝垛平面型式及其相互关系。

河道工程建筑物的平面布置很重要,工程若布置不适当,不仅不能改良现有状况,反使其恶化;若布置适当,则可用较少的工程得到较大的效果。河道工程建筑物的平面布置,应当考虑河道的正常型式、构成河道的土壤性质以及上下游、左右岸等情况;并且须尽可能对河槽本身和两岸的变形(如浅滩的形成、汊道的淤塞、河岸的淘刷等)进行观察,做充分深入的研究,作为布置的根据。

一、河道工程建筑物的基本型式

河道工程建筑物依岸或依托大堤布设,可组成防护性工程,防止堤岸崩塌,控制河流横向变形;建筑物沿规划治导线布设,可组成控导性工程,导引水流,改善水流流态,治理河道。它的基本型式主要有丁坝、顺坝、锁坝、护岸等。

(一) 丁坝

从堤身或河岸伸出,在平面上与堤或河岸线构成丁字形的坝,称丁坝。有挑移主流,保护岸、滩的作用。丁坝一般成组布设,可以根据需要等距或不等距布置。一般不单独建一道长丁坝,因易导致上下游水流紊乱,又易受水流冲击而遭破坏,还可能影响对岸安全。按丁坝轴线与河岸或水流方向垂直、斜向上游、斜向下游而分别称为正挑丁坝、上挑丁坝、下挑丁坝。为减少丁坝间的冲刷并促淤,非淹没丁坝采用下挑式较多,淹没丁坝采用上挑式较多。受潮流和倒灌影响的丁坝须适应正逆水流方向交替发生而采用正挑式。两丁坝的间距大小以其间的河岸不产生冲刷为度,一般凹岸密于凸岸,河势变化大的河段密于平顺河段。坝长与间距的比值,一般凹岸为 1 ~ 2. 5,平顺段为 2 ~ 4。丁坝坝头型式有圆头、斜线、抛物线型以及丁坝、顺坝相结合的拐头型(见图 1-1)。垛是指轴线长度为 10 ~ 30 m 的短丁坝,在黄河称为堆(如石堆、柳石堆),长江称为矶头,其作用是迎托水流,消减水势,保护岸、滩。按迎托水流要求,垛(堆或矶头)的平面型式有人字、月牙、磨盘、鱼鳞、雁翅等(见图 1-2)。坝垛(矶头)之间中心距一般为 50 ~ 100 m。

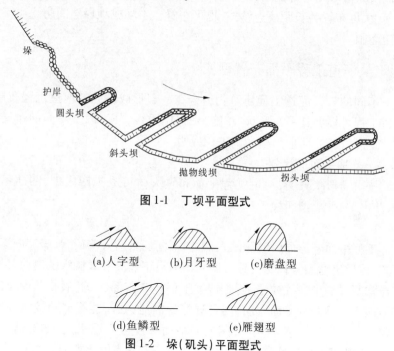

图 1-1　丁坝平面型式

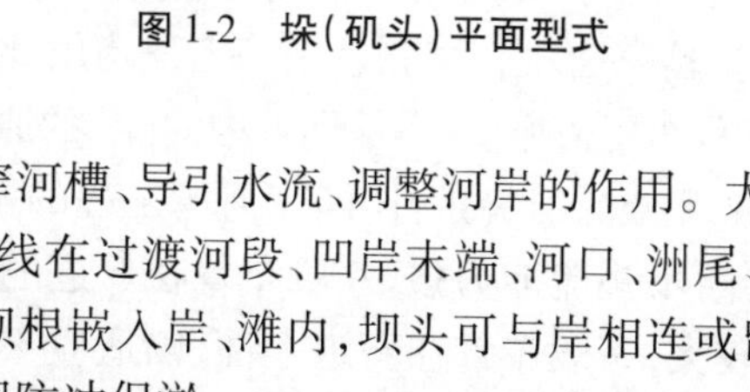

(a)人字型　　(b)月牙型　　(c)磨盘型

(d)鱼鳞型　　(e)雁翅型

图 1-2　垛(矶头)平面型式

(二)顺坝

顺坝具有束窄河槽、导引水流、调整河岸的作用。大致与水流方向平行布置,常沿治导线在过渡河段、凹岸末端、河口、洲尾、分汊等水流分散河段布设。顺坝坝根嵌入岸、滩内,坝头可与岸相连或留缺口,通常在顺坝与岸之间修格坝防冲促淤。

(三)锁坝

锁坝是可用于堵塞河道汊道或河流的串沟。堵串(汊)的目的主要有塞支强干、集中水流、增加水深利于航运,防止汊道演变为主流引起大的河势变化。锁坝可布置在汊道进口、中部或尾部,根据地形、地质、水文泥沙、施工条件择优确定方案。

(四)护岸

护岸指平顺护岸,即沿堤线或河岸所修筑的防护工程,起防止正流、回流及风浪对堤防冲刷的作用。护岸工程是用抗冲材料直接铺护在河岸坡面上,可布置为长距离连续式,也可布置在丁坝或坝垛之间防止顺流或回流淘刷。

二、河道工程平面布置型式

不同的多个河道工程建筑物组合在一起形成不同的河道工程布局,河道工程可根据其平面形状、功能、工程位置线,分为以下不同的布局型式。现以黄河的河道工程为例进行说明。

(一)按平面形状分类

按平面形状分类,河道工程平面布置大体可分为凹入型、凹凸不平型、凸出型、平顺型四种。

1. 凹入型

工程平面外形向背河侧凹入,方向不同的来溜入湾后,水流流向逐渐调整,控导出湾溜势稳定一致。凹入型河道工程具有较圆滑的弯曲外形,即通常所说的坐弯顶冲型工程,这类工程经常着溜,水流顺着凹岸流出,不但能适应不同的来溜方向,而且导溜送溜能力强,能很好地控制河势。在黄河下游河道工程实践中,凹入型平面布设被广泛采用,如黄河的蔡楼、程那里、路那里、葛家店、白龙湾、兰家等工程均属此类型。

凹入型河道工程布置遵循"上平、下缓、中间陡"的原则,根据水流变化特点,同时要考虑工程处的河势条件,同一河湾工程的不同部位要布置不同的河工建筑物。丁坝挑流能力强,一般布置在弯道的中下段;垛迎托水流,消减水势作用较大,一般布置在弯道上部,以适应不同的溜势;护岸一般修在两垛或两坝之间,防止正溜或回溜淘刷,危及坝垛的安全。因此,在工程平面布置时,一般上段布置垛,中下段布置丁坝,个别地方辅以护岸。

2. 凹凸不平型

工程整个外形比较平顺,但有一部分坝头向外凸出,另有一部分坝岸向内凹进,显得凹凸不平。具有这样外形的河道工程,常由两个以上微弯组成,如上游来溜进入同一弯道,经过坝头的挑溜作用,出溜方向变化不大;但当上游来溜自一个弯道进入另一个弯道时,则出溜方向有很大改变,因此这种类型的河道工程并不能很好的控制河势。如黄河黄寨、刘春家、簸箕李、沵口等工程均属此类型。

3. 凸出型

工程平面外形向临河一侧凸出。这类工程上、中、下三段不同部位着溜时,往往出溜方向不同,甚至差异很大,造成工程以下溜势散乱,控导河势效果差。这种型式控制河势作用的大小,取决于上湾来溜方向和本工程着溜长度。如河道工程上半段着溜长度较大,主溜顺工程导出后,出溜方向比较固定,挑溜作用较强;如河道工程上半段着溜长度较小或下半段着溜,则出溜方向不稳定,挑溜作用亦小。黄河的高村、苏泗庄、苏阁、杨集、胡家岸、张肖堂、大道王、道旭等工程均属此类型。

4. 平顺型

工程外形平顺或微弯,整个河道工程起护岸作用,工程长度大,多布置在窄河段,溜势平顺。这种工程布局对河势的控导能力较差。如黄河的井圈、潘庄、李家岸、王家庄子、路庄等工程均属此类型。

以上四种类型的河道工程就控导河势的效果而言,以凹入型最佳,因而是比较理想的平面布置型式。

(二)按功能分类

按功能分类,河道工程平面布置大体分为河湾控制型、节点控制型、上延或下延型、一般护滩型四种类型。

1. 河湾控制型

河湾控制型是按统一规划流路布设的控导性河湾工程,这类工程是险工、控导工程的主体,主要作用是控导河势溜向,固槽定险(工),兼顾保护滩地。大部分护滩控导工程属于此类,如黄河王夹堤、辛店集、老君堂、蔡楼、邢家渡等工程。

2. 节点控制型

节点控制型是指上下游两岸邻近的二至三处险工、控导工程紧密配

合形成节点,协同发挥控导河势的作用。如贯台—东坝头控导工程、东坝头险工—禅房工程、芦井—李桥工程等。

3. 上延或下延型

上延或下延型是指因溜势上提下挫,险工或控导工程原有长度不足,在险工或控导工程上下首修建的上延或下延性护滩工程,如高村下延、苏泗庄下延、利津东关等工程。

4. 一般护滩型

一般护滩型修做的主要目的是护滩保村兼有控导河势的作用,如王高寨、大王寨、丁口等工程。

(三)按工程位置线分类

按工程位置线分类,河道工程平面布置又可分为连续弯道式、分组弯道式、单坝独排式、陡弯下接较长直河式四种型式。

1. 连续弯道式

连续弯道式工程线是同一弯道中下段的工程位置线为一条光滑的复合圆弧线,上段接近于直线且与圆弧线相切。水流入湾后,诸坝垛受力比较均匀,可形成以坝护湾,以湾导溜的形势。这种布设型式具有导溜能力强、送溜方向稳定、坝前淘刷较轻、易于修守等优点,多被黄河下游采用。

这种型式弯道总的要求是曲率适度,和缓平顺,利于引流入湾及导流出湾。连续弯道式布置大体有两种情况:一种是大弯道、长直河,如黄河的刘家园—葛店;另一种是小弯道、短直河,如黄河的程那里—梁路口—蔡楼—影堂。前一种布置情况一般较后者水流平顺,主流易于稳定,投资省,效益高。

2. 分组弯道式

分组弯道式工程线是一条由几个圆弧组成的不圆滑、连续的曲线,即一处整治工程线分成几个坝组,各组自成一个小弯道。每组长短坝结合,上短下长,不同的来溜由不同坝组承担。它的优点是在汛期便于重点防守抢护。但由于每个坝组所组成的弯道短,调整溜向及送溜能力均比较差。在布设大型弯道时,根据情况有条件地采用。

这种布置如上、下坝组衔接不顺,溜势易发生突变;当其上湾来溜方向发生变化时,着溜的坝组和送溜的方向就会随之发生变化,往往使下湾溜势不稳,影响控导河势的效果。

3. 单坝独排式

20 世纪 60 年代以前,曾采用过单坝独排式。它是修建突入河中很长的丁坝,施工、防守均很困难,而且回流大、淘刷深,并往往引起对岸和下游河势的变化。

4. 陡弯下接较长直河式

陡弯下接较长直河式即工程线开始的弯曲半径较小,后接一个较长的直线段,再接下一个河湾,如密城弯—营房—彭楼。

第三节　河道工程结构

河道工程建筑物在结构上大体分为实体结构建筑物和透水结构建筑物两类(见图 1-3)。

实体结构建筑物分为两类:一类用抗冲材料堆筑成坝,称抗冲材料堆筑坝,如堆石丁坝(见图 1-4)、石笼坝、柳石坝和柳盘头等。在沙质河床上建坝时,可先铺沉排护底。另一类以土为坝体,用抗冲材料护坡、护基(脚),称土心实体坝。实体建筑物多为土心实体坝,在黄河、长江大量使用。

透水结构建筑物在构造上主要分为两种:一种是板桩坝体(活动或浮网)淤沙装置。该装置由一排或几排刚性物体组成,如钢筋混凝土灌注桩坝、混凝土透水管桩坝等。另一种是透水框架结构,这种结构在空间上形成几何外形规则或不规则的体系结构,如钢筋混凝土框架坝垛、四面六边预制透水框架防护坝、透水梠槎坝等。透水结构建筑物总体指导理念是通过沿着所保护的河岸布设建筑物,加大对水流的抵抗力,使流量和流速在河槽宽度上重新分配,从而起到缓流落淤、坝根淤积的作用,使河岸受到保护。

一、实体结构建筑物

(一)抗冲材料堆筑坝

1. 堆石丁坝

堆石比筑土有更大的稳定性和抗冲能力,其坝坡可以比土坝陡。在缺乏适用土料的地区,堆石坝是比较经济的。

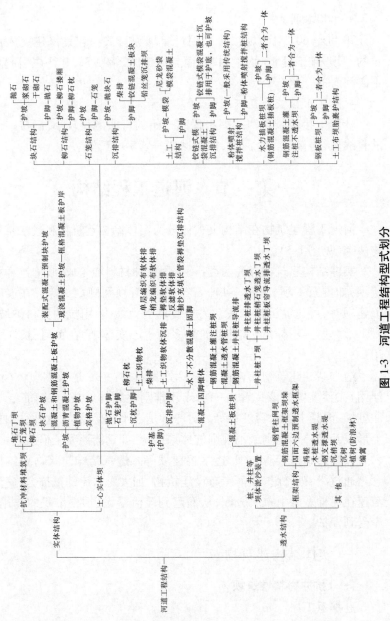

图 1-3　河道工程结构型式划分

12

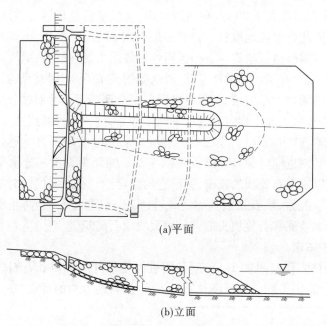

(a)平面

(b)立面

图 1-4　堆石丁坝结构

堆石丁坝采用块石抛堆,表面也可砌石整修。在我国山区河流,也有用竹笼、铅丝笼装卵石堆筑的。堆石丁坝若在细沙河床上修筑,一般都先用沉排护底。

2.石笼坝

石笼坝是广泛使用的河工建筑物,其主要功能为保护河岸不受水流直接冲蚀而产生淘刷破坏,同时它在维护河相以及保全河道堤防安全方面发挥着作用。

石笼坝是石块由铅丝包裹而成的整体,它具有一定的柔性,对基础的要求低,与地面的接触面积大,稳定性较好。一般情况下,石笼坝不需要开挖基础,这大大减化了工序,节省了资金,易被普遍接受。

石笼坝与岸坡的连接最易受洪水的冲击而被破坏,对于岸边,应插入岸坡 2.0 ~ 3.0 m,在与岸坡的连接处,采用大块石护底,利用编织袋装土(或沙)衬砌,若用土工膜铺衬更佳,使连接处不透水,防止连接处受到冲刷而破坏。

石笼坝对石料的要求不高,除风化岩石外,一般石料均可使用,有

80%的块石直径大于 20 cm 就可以使用,当然块石直径越大,对坝体稳定就越好,因此可以就地取材。铅丝一般采用 8# 或 10# 铅丝,铅丝的刚性越大,施工时编织网就越难,8# 或 10# 铅丝比较适中,铅丝的数量按块石的数量确定。由于石笼坝是柔性基础,对基础的要求不高,因此只需将表面的淤泥、杂物清理干净即可,不需要将覆盖层全部清理干净而过分地挖深基础。将铅丝编成大小均匀的网状平铺于基底,按照设计的尺寸,块石摆放要整齐,本着"大石靠边,小石居中"的原则,充分利用石料。随着块石的增高,铅丝网也同时加高,并且每隔 2~3 m 的间距设置一处水平或垂直的拉筋,以确保石笼坝的紧密,保证它的稳定性。在增高的同时随时将铅丝网敲实、扎紧,块石摆放全部完成后,将铅丝网封死。为防止洪水的冲刷,在迎水坡底和石笼坝头部应采用大块块石砌筑。

3. 柳石坝

所谓柳石坝(见图 1-5),就是用桩绳将带叶的柳料和石料联系而修做的堤岸防护工程。柳石坝具有经济适用、就地取材的优点。

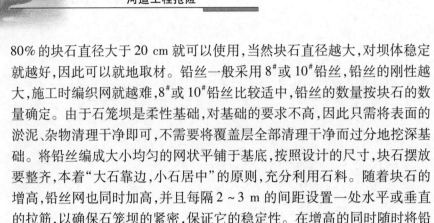

(a)平面图　　　　　　　　(b) I — I 断面图

1—顺河堤;2—砌石;3—柳桩;4—柳橛;5—沉捆;6—芭茅草;7—梢料;8—卵石

图 1-5　柳石坝结构图

柳石坝的做法是在迎水面与堆石丁坝结构一样。在坝身及背水坡打柳桩填淤土或石料,外形呈雁翅形。它的优点是节省石料、维护费少。

柳盘头(见图 1-6)的作用与柳石坝相似,但抵御水流冲刷能力比柳石坝稍差,造价更便宜。柳盘头也呈雁翅形。它的结构以柳枝为主,中间填以黏土或淤泥,分层铺放,直至要求的高度。坝面可铺 10 cm 左右厚的卵石层,以保护坝面。

(二)土心实体坝

按照水流对坝坡的作用及气候、施工条件,可分为护脚、护坡和坡顶

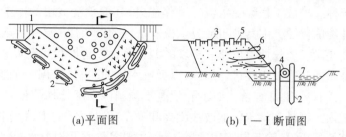

(a)平面图　　　　　　(b) I — I 断面图

1—顺河堤;2—柳桩;3—柳橛;4—沉捆;5—卵石;6—柳枝;7—底梢

图 1-6　柳盘头结构图

三部分。设计枯水位以下为下层,修建护脚,又称护底、护根;设计洪水位加波浪爬高和安全超高为上层,修建坡顶;两者之间则为中层,修建护坡,如图 1-7 所示。

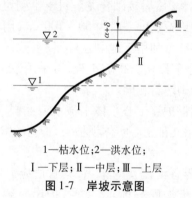

1—枯水位;2—洪水位;

I —下层;II —中层;III —上层

图 1-7　岸坡示意图

设计枯水位以下的护脚为坝岸的根基,其稳固与否,决定着坝岸工程的成败,实践中所强调的"护脚为先"就是对其重要性的经验总结。护脚工程的特点为长年潜没水中,时刻都受到水流的冲击和侵蚀作用,因此护脚工程在建筑材料和建筑结构上要求具有抗御水流冲击和推移质磨损的能力,具有较好的整体性和适应河床变形的柔性,具有较好的耐水流侵蚀和水下防腐性能,以及便于水下施工并易于补充修复等。护脚工程经常采用的型式有散抛块石、铅丝石笼、沉枕沉排、混凝土类结构、土工织物模袋等。这些型式可单独使用,也可结合使用,应从材料来源、技术、经济等方面比较确定。

护坡坡面是为防止坝岸边坡受冲刷,在坡面上所做的各种铺砌和栽

植的统称。护坡工程除受水流冲刷作用外,还要承受波浪的冲击力及地下水外渗的侵蚀。因其处于河道水位变动区,时干时湿,必须要求建筑材料坚硬、密实、能长期耐风化。护坡的型式有直接防护和间接防护。直接防护是对河岸边坡直接进行加固,以抵抗水流的冲刷和淘刷,目前常用的工程型式有抛石、干砌石、浆砌石、混凝土预制件或模袋混凝土等。

坡顶工程是在洪水位加波浪爬高和安全超高以上的坝(滩)顶部位,遭受破坏的原因,除下层工程的破坏外,主要是雨水及地下水的侵蚀。封顶的作用在于使砌石坡面与坝(滩)面衔接良好,并防止滩面雨水入侵,避免护坡遭受来自顶部水流的破坏。所以,对上层岸坡也须做一定的处理。首先是平整岸坡,然后栽种树木,铺盖草皮或植草,同时应开挖排水沟或铺设排水管,并修建集水沟,将水分段排出。在全部护坡工程接近完成时,先做好封顶工程,然后接砌合龙。对于干砌块石护坡工程,大多数采用锁口石封顶,锁口石宽度一般为 50～100 cm,用平整块石镶砌,锁口石内沿与滩地结合处,可利用工地剩余碎石、粗砂回填,最后沿滩地植一定宽度的草皮。对于浆砌块石护坡工程,可采用浆砌块石或混凝土矩形基槽封顶,目的与干砌块石相同。

护坡、护脚共同保护着土心坝体不被水流冲刷、淘刷,保护着工程的安全。下面重点介绍几种土心实体坝护坡、护基的常用材料和结构型式。

1. 块石结构

块石结构为世界各河流普遍采用,具有适应河床变形、施工简易灵活、能分期实施、逐步加固等优点。块石护岸一般由护坡和抛石护脚(根)两部分组成。

1) 护坡

护坡包括堆石、砌石两种。砌石又分为干砌块石和浆砌块石,干砌块石护坡是国内最常见的一种护坡型式。砌石护坡的优点是表面比较平整。缺点一是费时费工;二是地基变形、垫层流失或冬季冰推作用可能使个别块石脱落离位,遇风浪作用后迅速发展成大面积的坍塌破坏,维修管理困难而且费用高;三是抗冰冻作用的能力差。因此,在寒冷地区和预期沉陷量较大的地区应慎用。以土工织物作垫层的干砌块石护坡,改善了结构性能。堆石护坡是国外采用较多的一种护坡型式,国内主要用于河道护岸工程。

图 1-8(a)为传统的干砌块石护坡构造,图 1-8(b)为采用土工织物垫层的新型干砌块石护坡构造。

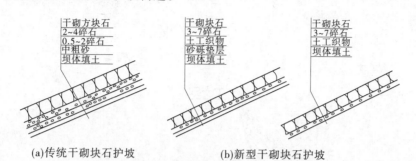

(a)传统干砌块石护坡   (b)新型干砌块石护坡

图 1-8 干砌块石护砌 (单位:cm)

首先,新型干砌块石护坡采用土工织物封闭砂砾垫层,堵塞了垫层流失的通道,改善了面石的工作条件,减少了因为坡石沉陷和垫层流失导致面石翻倒脱落的可能性。其次,土工织物层面以上的碎石,不再受传统碎石垫层层间系数的约束,可以增大粒径,使之与面石砌缝相匹配。但是,要严格控制块石(或片石)的体型、质量和砌筑质量,增加面石之间的嵌固作用。

2)抛石护脚

在水面以下利用抛石护脚是最常见的一种型式。抛石时应考虑块石规格、稳定坡度、抛护深度和厚度等。抛石护脚的稳定坡度根据抛护段的水流速度、深度而定。

A. 抛石范围

在深泓逼岸段,抛石护脚的范围应延伸到深泓线,并满足河床最大冲刷深度的要求。从岸坡的抗滑稳定性要求出发,应使冲刷坑底与岸边连线保持较缓的坡度。这样,就要求抛石护脚附近不被冲刷,使抛石保护层深入河床并延伸到河底一段。在主流逼近凹岸的河势情况下,护底宽度超过冲刷最深的位置,将能取得最大的防护效果(见图 1-9)。应根据河床的可能冲刷深度、岸床土质,在抛石外缘加抛防冲和稳定加固的储备石方。总之,抛石护脚范围以保证整个护脚工程有足够的稳定性为宜,并应使河床在冲刷最大时期不致危及整个护脚工程的安全。

B. 抛石厚度

17

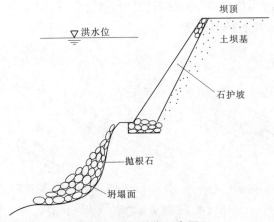

图 1-9　抛石护脚示意图

　　合适的抛石厚度应保证块石层下的河床砂粒不被水流淘刷,并可防止坡脚冲深过程中块石间出现空当。根据试验资料,在近岸流速为 3.0 m/s,抛石厚度为块石直径 D 的 2 倍时,便能满足上述要求。在工程实践中,考虑水下施工块石分布的不均匀性,在水深流急的部位,抛石厚度往往要增大到块石直径 D 的 3~4 倍。

　　C.稳定加固工程量

　　抛石护脚的稳定坡度,除应保证块石本身的稳定外,还应保证块石在岸坡上满足滑动平衡。对于荆江河段二元结构的河岸,据观测资料分析,当近岸深槽和岸坡被水流冲刷,发生崩坍的平均岸坡系数一般为 1.5~1.8;崩岸停止时的平均稳定岸坡系数一般在 2.5 以上。长江科学院河流室曾提出荆江大堤加固工程的水下抛石护脚坡度 1:2 已具备了必要的稳定性。

　　抛石护岸工程竣工后,坡脚前沿在水流作用下还将进一步冲刷调整,至基本稳定之前,为防止工程遭受破坏,需考虑一定的加固工程量。

　　D.块石尺寸的选择

　　块石尺寸的选择原则是要防止块石因直接受水流的作用而移动,或者在坡脚冲深后,块石滚落到床面,在水流作用下继续滑动流失。根据我国主要江河的工程实践,一般采用重 25~150 kg(直径 0.26~0.48 m)的块石即能满足要求。荆江大堤抛石护岸在垂线平均流速 3 m/s、水深超过 20 m 的情况下,常用的块石粒径为 0.2 ~ 0.45 m。抛石应有一定的级配,最小粒径不得小于 0.1 m。

E. 抛石区段滤层的设置

崩岸抢险可采用单纯抛石以应急。但抛石段无滤层,易使抛石下部被淘刷导致抛石的下沉崩塌。无滤层或垫层的抛石护脚运用一段时间后,发生破坏的工程实例已不鲜见。为了保护抛石层及其下部泥土的稳定,就需要铺设滤层。

目前广泛采用的土工织物材料,可满足反滤和透水性的准则,且具有一定的耐磨损和抗拉强度、施工简便等优点。设计选用土工织物材料时,必须按反滤准则和透水性控制织物的孔径。

2. 柳石结构

柳石结构由柳石枕护脚和柳石搂厢护坡两种型式组成。

1) 柳石枕

柳石枕捆枕方法一为散柳包石捆扎;一为先捆成小柳把,再包石捆扎。枕的直径一般为 0.7 ~ 1.0 m,长 3 ~ 15 m。

抛沉柳石枕是最常用的一种护脚工程型式,它与国外沉梢大同小异,其结构是:先用柳枝或芦苇、秸料等扎成梢把(又称梢龙),每隔 0.5 m 用绳或铅丝捆扎一道,然后将其铺在枕架上,上面堆置块石,间配密实,石块上再放梢把,最后用铅丝捆紧成枕。枕体两端应装较大石块,并捆成布袋口形,以免枕石外漏。有时为了控制枕体沉放位置,在制作时,加穿心绳(三股 8 号铅丝绞成)。所用梢料必须用当年新割的,以保证其坚韧性。捆枕要求做到"紧、匀、密"。图 1-10 为一般常用的沉枕结构。在石料匮乏地区,也有用耐冲黏土块来代替石料的。

沉枕一般设计成单层,对个别局部陡坡险段,也可根据实际需要设计成双层或三层。沉枕数量的估算,应先测出具有代表性的河岸横断面,量得自枯水位线至深泓或至坡比 1∶3.5 ~ 1∶4.0 处的各段斜长,然后按单个枕径 2/3 高度求得所需数量。考虑施工中的不均匀性,还需另增 15%。

沉枕上端应在常年枯水位下 1.0 m,以防最枯水位时沉枕外露而腐烂,其上端还应加抛接坡石。沉枕外脚,有可能因河床刷深而使枕体下滚或悬空折断,因此要加抛压脚石。为稳定枕体,延长使用寿命,最好在其上部加抛压枕石,压枕石一般平均厚 0.5 m。

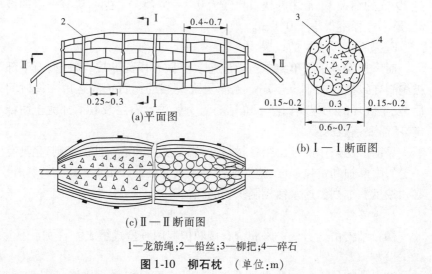

1—龙筋绳;2—铅丝;3—柳把;4—碎石

图1-10　柳石枕　（单位:m）

沉枕护脚主要用于新修护岸,对于过去曾大量抛石的老险工,若采用沉枕,很难均匀着地,紧贴河床,容易悬空折断,效果不好。

沉枕护脚的主要优点是能使水下掩护层联结成密实体,又因具有一定的柔韧性,入水后可以紧贴河床,起到较好的防冲作用,同时容易滞沙落淤,稳定性能较好。另外,抛枕护脚和抛石护脚比较,可以节约大量石料。在我国黄河河道工程中被广泛采用。

2）柳石搂厢

柳石搂厢是埽工的一种改进。埽工是中国一种古老的河工结构型式,在中国黄河的抢险和堵口中常用,即由秸（或苇、梢料）和桩、绳分层按照规格盘结压土沉至河底而成,根据不同的整治要求做成各种形状的埽段。柳石搂厢（见图1-11）一般有用船或浮枕做工作台两种做法。先在岸上打桩布缆网,在缆网上铺柳枝厚0.5~1.0 m,压石0.2~0.3 m,再置柳枝厚0.3~0.4 m,将绳缆搂回拴于岸上的顶桩。照此逐坯加厢,直至追压沉至河底,上部压石或土封顶,迎水面抛枕护根。搂厢宽度一般为2~4 m,搂厢长度视裹护需要而定。柳石体积比7:3。当石料缺乏时,可以用土工布裹护的淤土块代石;当柳缺乏时,可以用芦苇、竹子代替。

柳石结构主要优点是体积大,有柔韧性,防护效果好,可就地取材,

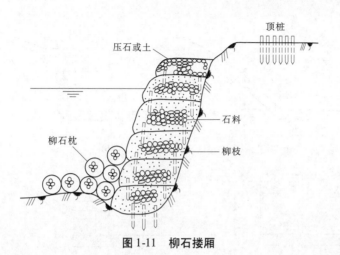

图 1-11 柳石搂厢

节约石料和投资。主要缺点是暴露在水面以上部分易损毁,使用寿命不及块石。

3. 石笼结构

用铅丝、化纤、竹篾或荆条等材料做成各种网格的笼状物,内装块石、卵石或砾石,称为石笼。石笼是与沉枕类似而长度较短的结构体,在流速大而梢料又比较缺乏的地区,可用石笼来代替沉枕。石笼网格的大小以不漏失填充物为原则。施工时,可将这些物体依次从河底往上紧密排放,护住堤岸或丁坝的坡、脚。常用于堤岸、丁坝枯水位以下护脚。铅丝石笼一般用直径 6～8 mm 的铅丝做框架,直径 2.5～4.0 mm 的铅丝编网,做成箱形或圆柱形。利用石笼护脚在我国有悠久的历史,近百年来在国外也广泛得到运用。图 1-12 为石笼护脚工程的几种常见型式。

铅丝石笼的主要优点是可以充分利用较小粒径的石料,具有较大的体积和质量,并且整体性和柔韧性能均较好,抗冲力强,使用年限较长,用于岸坡防护时,可适应坡度较陡的河岸,这点对于土地珍贵的城市防洪工程更具特殊意义。近年来,以土工织物网或土工格栅制成的石笼也广泛运用于护岸防冲工程中,土工织物网或土工格栅长期在水下不锈蚀,耐久性更好。

4. 沉排结构

沉排结构常用于实体建筑物护脚或护底,其特点是面积大,维修工作

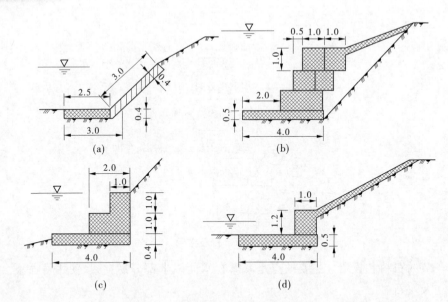

图 1-12　石笼护脚工程 （单位:m）

量小,整体性强,柔韧性好,易适应河床变形,随着水流冲刷排体外河床,排体随之下沉,可保护建筑物根基。但沉排结构比较复杂,施工技术性强。

1)柴排

柴排是一种常用结构,由塘柴、柳枝或小竹子扎结成排体,上压块石做成。沉放柴排又叫沉褥,它是一种用梢料制成的大面积的排状物,用块石压沉于近岸河床之上,以保护河床、岸坡免受水流淘刷的一种工程措施。图 1-13 为其结构示意图。

制作时,先用直径 13～15 cm 的梢龙扎成 1 m×1 m 的下方格,其交叉点用铅丝或麻绳扎紧,并在每一交叉点插下木桩一根,桩长 1 m 以上,将捆扎下方格交点的绳头系在木桩顶上,以备扎紧上、下方格之用。下方格扎好后,即在上面铺填梢料,一般铺三层,每层厚 0.3～0.5 m,各层梢料互相垂直放置,梢根向外,梢端向内。第一层和第三层若用梢料做成小捆,更为坚固。为节省费用,中间夹层也可用芦苇秸料代替。三层梢料压实,厚共 1 m 左右,然后即可在填料上扎制上方格,其大小与下方格相同,并须互相对准位置,再解下木桩上的绳头,拔去木桩,用绳头捆扎上方格

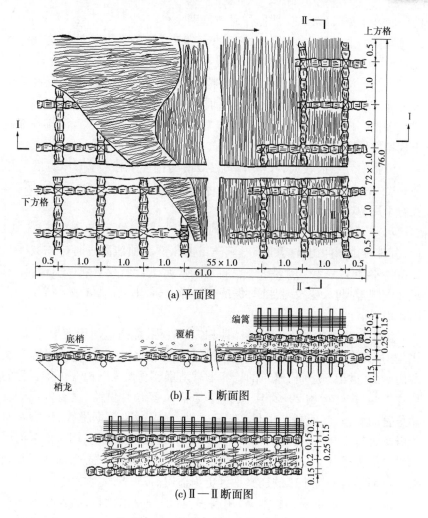

(a) 平面图

(b) Ⅰ—Ⅰ 断面图

(c) Ⅱ—Ⅱ 断面图

图 1-13　沉排结构　（单位:m）

各交叉点,这样就把上、下方格及中间填夹料联结成一个密实的整体而成为沉排。这种沉排如果用来作护岸护底,则可在排的四周和中间梢龙上打上短桩,桩之间用梢料编成篱笆,形成 2 m × 2 m、高约 0.5 m 的小方格,防止抛石流失。如用来铺叠作坝,则可不编织方框。

沉排的上、下方格,是沉排的骨架,起稳固作用,而填料则起掩护河床的作用。如果方格扎得不牢,则容易散架;如果填料不够,则泥沙容易从

缝隙间被水流吸出带走,故制作时应特别注意。

柴排的上端应在常年枯水位以下 1.0 m 处,与上部护坡连接处应加抛护坡石,外脚应加抛压脚大石块或石笼。

沉排处河床岸坡不能太陡,否则容易引起滑排。一般规定沉排处岸坡不陡于 1:2～1:2.5;否则,应对岸坡进行处理,使其满足坡度要求。沉排和沉枕一样,为了避免干枯腐烂,应沉放在最枯水位以下。沉排顶部往上加抛接坡石,沉排外脚加抛压脚石,以防排脚淘空而导致排体折断。

沉排尺寸一般较大,长江中下游常用的排体规格(指排体宽度×排体长度)为 60 m×90 m、60 m×100 m、60 m×120 m、60 m×135 m 等,汉江曾采用 20 m×15 m 的小沉排。

沉排以后,由于河床的侧蚀受到了限制,排脚处河床必然冲深。因此,沉排时排脚伸出坡脚的长度应满足河床冲至预估高程时排体坡度仍能维持不陡于 1:2.5 的要求。沉排后应经常进行监视观测,发现水流逼近和淘刷排脚时,要及时加固,保持排体稳定;否则,容易导致全排发生折断或坍滑。

沉排护脚的主要优点是整体性和柔韧性强,能适应河床变形,同时坚固耐用,具有较长的使用寿命,以往一般认为可达 10～30 年。根据有关部门对 20 世纪 50 年代修筑的长江下游南京、上海、马鞍山等沉排工程的取样检测,排体运用 20 多年,破坏程度很小,经切片试验,没有发现受真菌危害而腐朽,表面剥蚀也仅 2 mm 之微,根据试验数据推算,仍能在水下继续维持 30 年。沉排护脚加固河床而不破坏水流结构,用于港区河岸的维护最为适宜。采用沉排护脚所需石料较少,用梢料较多,对于石料来源不足而梢料资源丰富的崩岸地区更为适用。

沉排的缺点主要是成本高,用料多,特别是树木梢料,制作技术和沉放要求较高,一旦散排上浮,器材损失严重。岸坡较陡,超过 1:2.5 时,不宜采用柴排。另外,要及时抛石维护,防止因排脚局部淘刷而形成柴排折断破坏。鉴于上述原因,近年来,除用沉排作丁坝护底外,已很少采用,国外也多用混凝土或其他新型材料代替。

2)铰链混凝土板块－土工织物沉排

铰链混凝土板块－土工织物沉排是一种新型沉排,形如帘子,由铺于岸床的土工织物及上压的铰链式混凝土板块组成。排的上端铺在多年平均最低枯水位处,其上接护坡石或其他护坡材料。铺放排体的岸坡坡度一般削为 1∶2.5～1∶3。混凝土板块因有铰链连接,故比较柔软,能适应河床变形。该结构的排体由以铰链连接的混凝土板块和土工布组成,混凝土板块既起压重又起护面作用,土工布起反滤防冲作用(见图 1-14)。

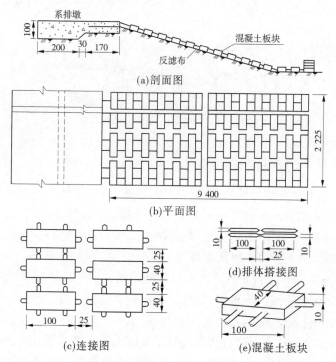

(a)剖面图

(b)平面图

(c)连接图

(d)排体搭接图

(e)混凝土板块

图 1-14 铰链混凝土板块 – 土工布沉排 (单位:cm)

对于露出水面的排体混凝土板间隙和上部岸坡,应用取材容易、施工简单、经济耐久的水泥土覆盖,组成完整的河工建筑物,如图 1-15 所示。

3)铰链混凝土板块 – 维涤无纺布条沉排

此型式的沉排最大限度地缩窄了原沉排混凝土板块的间距,并以有限尺度的土工织物作其板块间渗透反滤体,用来取代原沉排下的全铺织布(见图 1-16)。

4)铅丝笼沉排坝

铅丝笼沉排坝可以使排体随着排前冲刷坑的发展逐渐下沉,自行调

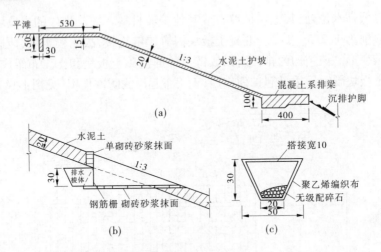

图 1-15　水泥土护坡　（单位:高程,m;尺寸,cm）

整坡度,以期达到稳定坡面、护底、护脚、防止淘刷、保护坝体的目的,改变传统结构靠抢险才能逐步稳定的被动防守局面。沉排坝所用的原材料主要有铅丝笼、铅丝绳、有纺土工布、无纺土工布、石料、秸料、木桩、麻绳等。

5. 土工织物模袋混凝土护坡

土工模袋是由上下两层土工织物制成的大面积连续袋状土工材料,袋内充填混凝土或水泥砂浆,凝固后形成整体混凝土板,可用作护坡。模袋系用锦纶、涤纶、维纶及丙纶原料制成,具有较高的抗拉强度以及耐酸、耐碱、抗腐蚀等优点。这种袋体代替了混凝土的浇筑模板,故而得名。模袋上下两层之间用一定长度的尼龙绳来保持其间隔,可以控制填充时的厚度。浇筑在现场用高压泵进行。混凝土或砂浆注入模袋后,多余水量可从织物孔隙中排走,故而降低了水分,加快了凝固速度,使强度增高。

1) 模袋混凝土

模袋混凝土护坡宜在稳定的堤坝坡上修建。护面只起防冲作用,不以承受土压力为主。机织模袋护坡的最大坡度为 1:1,一般不小于 1:1.5。

模袋混凝土护坡是将流动性混凝土用泵压入由高强度合成纤维制成的模型垫袋里所形成的混凝土护坡。模袋的两层织物离中心一定距离交织连接,相连节点透水,可消除渗水压力,竣工后的斜面铺层呈整齐的卵

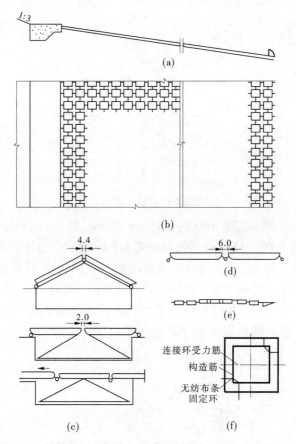

图 1-16 铰链混凝土板块－维涤无纺布条沉排 （单位:cm）

石状排列。国外的模袋混凝土护坡最早见于 1969 年竣工的加拿大多伦多航道的试验工程中。20 世纪 80 年代以后,日本旭化成工业株式会社根据美国建筑技术公司的发明,用高强度涤纶 66 型布制成了各式各样的模袋,又称法布(Fabriform),见图 1-17。这种法布垫袋具有透水性,能使混凝土的剩余水分受到灌注时的压力而排除,从而使水灰比降低,加快混凝土或砂浆的凝固,得到高密度、高强度的混凝土或砂浆硬化体。它适用于河岸保护、运河或渠道的坡面衬砌以及港湾工程。与传统的打桩工程或砌体工程相比,施工迅速,节省费用,特别是水下工程更显其优越性。

1988 年我国钱塘江海塘护坦修复工程中采用此法进行水下施工

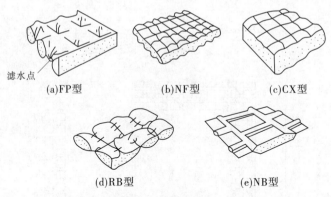

滤水点

(a)FP型　　　　(b)NF型　　　　(c)CX型

(d)RB型　　　　(e)NB型

图 1-17　日本法布

（见图 1-18）。模袋混凝土分别有 15 cm、20 cm、25 cm 三种厚度，模袋为无锡生产的 WYC - 150 化纤袋，单幅宽 1.8 m，拼接后每块护坦宽 21.6 m（12 幅）、长 7.61 m，分块间设一道泡沫塑料的伸缩缝，以适应混凝土温度应力的变化。混凝土灌注口均布设在模袋的拼接缝处。顺坡方向 3 个为一行，行距 3.6 m（见图 1-19）；铺设前应保证基础平整，以使混凝土能自由流动。模袋铺设均用 50 mm 钢筋穿入预留的管套内，并锚固在河床的床面上。

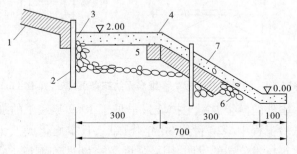

1—头坦;2—钢管;3—C10 混凝土灌缝;4—预埋测压计;
5—抛石整平;6—条石干砌;7—织物模袋

图 1-18　土工织物模袋混凝土护坦剖面　（单位:高程,m;尺寸,cm）

2）尼龙砂袋

尼龙砂袋在美国、日本和我国均有采用。日本所采用的是尼龙纤维织袋，以 18 ~ 30 个为一组并联成一片，袋内填砂石，形成柔性铺盖，可用

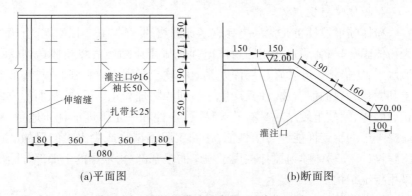

(a)平面图   (b)断面图

图 1-19 混凝土灌注口布置 （单位：cm）

于堤坝护底和岸坡护面。施工时,先在船上将砂装入袋内,一边连续不断地装,一边通过船首滑道铺放到水底所要求位置;也可先将砂袋铺放到所要求位置,再自船上通过管道将砂输入袋内,见图 1-20。

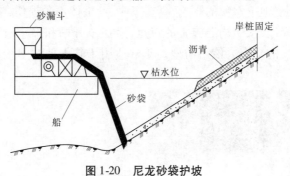

图 1-20 尼龙砂袋护坡

6.铰链式模袋混凝土沉排结构

铰链式模袋混凝土沉排护坡是应用土工合成材料进行护岸及基础保护的新技术。模袋混凝土是指使用新型机织化纤布作模板,内充具有一定流动性的混凝土或砂浆,在灌注压力的作用下,混凝土或砂浆中的多余水分从模袋内被挤出,从而形成高密度、高强度的固结体。根据模袋布间的联结方式不同,它分为两种型式:一是混凝土充填凝固后成为整体式模袋混凝土;二是混凝土充填后形成一个个相互关联的小块分离式混凝土,固结体与块体间由模袋内预设好的高强度绳索连接,类似铰链,故称铰链式模袋混凝土。

7.粉体喷射搅拌桩结构

粉体喷射搅拌桩是深层搅拌软基加固法的一种,它是以水泥、石灰等为粉体固化材料,通过专用的粉体搅拌机械用压缩空气将粉体送到软弱地层中,凭借钻头叶片在地层深处就地将软土与固化材料强制搅拌,形成土和固化材料的混合物,使其产生一系列的物理和化学反应,从而形成柱状般固体,使软土硬结成具有整体性、稳定性和一定强度的优质地基,从而提高土的稳定性能和力学性能,达到工程不出险或少出险的目的。在工程设计中,粉体喷射搅拌桩用于坝岸的根基部分,坝岸的上部部分同样采用传统结构。

8.水力插板桩坝(钢筋混凝土插板桩)

水力插板桩坝是运用高压水流喷射的方法,通过预埋在预制混凝土空心板桩底部的喷水管产生的高压喷水切割地层,板桩沿被水切成的空槽在自重作用下自然下沉达到预定深度(见图1-21及图1-22)。水力插板桩施工不受地下水位的影响,具有工序少,桩体不受损伤,施工进度快,在陆地、沼泽地、水中均能施工的特点,避免了开槽和降水所引起的工期长、土方量大的缺点。该结构型式非常适用于软土地层上抢修工程的应急施工。

图1-21　水力插板桩切割地层均匀喷射水　　图1-22　水中插板桩施工

插板桩在地层中子母榫状连接,加之其顶部又有现场浇筑的连接帽梁,具有强度大、整体性好的特点(见图1-23)。另外,插板桩结构也在沉沙池边墙、码头、小桥涵的基础中得到应用。

9.钢筋混凝土灌注桩不透水坝

利用连续的钢筋混凝土灌注桩做成不透水桩坝,可以较好地起到迎溜、导流和保护桩后土体不被水流冲蚀的作用。钢筋混凝土不透水桩坝

(a)

(b)

图 1-23 建成运用的插板桩丁坝

一般采用管桩墙的布置型式。

10. 钢板桩坝

钢板桩(见图 1-24)在国内外广泛应用于护岸工程、防波堤等场所，其中重要的原因是这种结构的安全性较有保障。另外，不需开挖，最大限度减少了废渣的处理，如需要回收，打入的板桩还可拔出。地形以及地下水的深度对板桩结构的影响很小，但也存在投资大的缺点。为降低工程造价，又开发应用了塑料板桩、木板桩或玻璃纤维板桩、乙烯基板桩等板桩结构，因其强度、耐久性等因素，其应用大都局限于临时、浅基施工。

钢板桩是带锁口的热轧型钢，靠锁口互相咬合而形成封闭的钢板桩墙，可用于挡水工程或挡土工程，特别适用于在水中围堰抗水流冲击保护或工程防渗。它的形状有 U 字形、一字形、T 字形、Z 字形和 H 形。长江堤防工程采用 U 字形钢板(宽度为 400 mm)进行 2 km 堤防防渗。U 字形钢板桩抗弯截面大，刚度好，可插入深度在 20 m 左右。钢板桩的特点是强度高、接合紧密、不易漏水、施工简便、速度快，适用于软弱地层及地下水丰富的地区，且因其锁口处接合紧密，避免了其他工法施工防渗墙时在接合部位易开叉的问题。

11. 土工布坝胎裹护结构

在土坝身与石护坡结合部，传统的方法是采用黏土坝胎作为土坝身的裹护。但传统黏土坝胎工艺存在着以下问题：①黏土场要占用好的耕地，给黏土资源匮乏的地区带来更重的负担，在经济上不合理；②黏土坝胎要耗费大量的运输车辆，给施工管理带来了很大难度；③黏土坝胎填筑的虚土厚度不能大于 20 cm，而且黏土宽度只有 1 m 宽，因此压实难度大、施工速度较慢，效率也就比较低。

图 1-24　钢板桩应用情况照片

土工布作为土坝身裹护克服了黏土坝胎所存在的缺陷,具有节约耕地、运输方便、施工方法简便、施工进度快等优点,较好的保护了坝身土。因此,在坝垛改建中,在砌石裹护部位应积极采用土工布代替黏土坝胎作为土坝身的裹护。

12.其他材料护坡结构

1)混凝土和钢筋混凝土板护坡

混凝土和钢筋混凝土板护坡,多用于城市防洪或石料缺乏的地区,有就地浇制与预制板安装两种型式。现场浇制的混凝土板接缝用沥青混凝土填塞。预制板尺寸主要视运输工具及起重设备而定,人工安装时,尺寸较小,板与板之间常用企口缝铰接,或用预埋的抗老化塑料系带连接,并用沥青混凝土灌缝。无论是就地浇制还是预制安装,在护面板下均应铺设砂石或土工织物反滤垫层。现场浇制多不加钢筋,为混凝土护坡。预制板的受力大小,常由运输与安装过程中所产生的应力所决定,一般需配置必要的构造钢筋,防止开裂。图 1-25 为钱塘江萧山围垦区所采用的装配式混凝土预制块护坡。

框格混凝土板护岸是利用榫接在一起的混凝土框格以及由框格所固

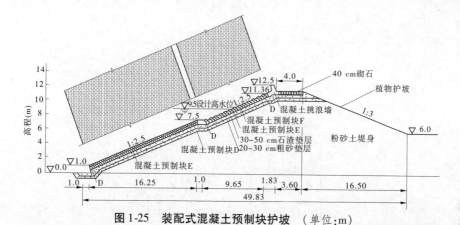

图 1-25　装配式混凝土预制块护坡 （单位:m）

定的砾石、碎石填料,形成一种防止冲刷的铰接防护层(见图 1-26)。由于构件是榫接,相邻板块间容许稍有变动,使得对河床变形适应性更强。孔中播种植物,更有助于整体稳定性。同时其表面比平面板更为粗糙,可以降低近板面层的流速。经试验,孔中最大冲刷深度约等于孔的宽度。需要特别注意的是,如果从护岸中取出一块框格,则其余四周板块的边缘与拐角处就被暴露,洪水冲击时,极易造成连锁性破坏。为此,所有边界外缘须很好的防护。

2)沥青混凝土护坡

沥青以其特殊的不透水性、可塑性和耐久性,已在世界上作为一种新型的水工建筑防渗衬砌材料,广泛地运用于高土石坝和渠道表面的保护,以及河道和沿海堤岸的防护等工程中。

沥青随其混合物料的不同,可制成不同性能的建筑材料,其中已应用于河道和沿海堤岸护坡工程中的沥青制品主要有以下四种。

A.沥青混凝土

沥青混凝土是水利工程中用得最广泛的一种热拌和型工程材料,由块石、骨料、填料和沥青的密级配拌和物组成。沥青混凝土对矿质骨料和沥青含量均有一定的要求。骨料应尽可能采用连续级配,以减少其间的孔隙率及避免骨料发生分离。骨料应具有不变形、遇水不变质、不膨胀的特性。沥青含量一般为矿料质量的 6% ~9%。若沥青含量稍高,可使其抗渗性、抗挠性、耐久性得到提高;但若过量,则有损护坡的稳定性。填料

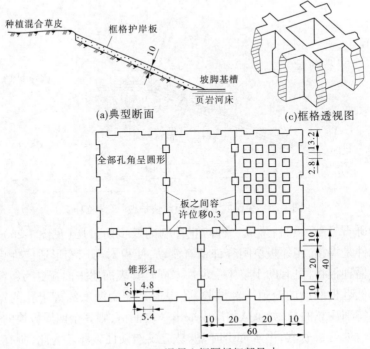

图 1-26　框格混凝土板护岸　（单位:cm）

宜采用碱性矿粉,以便提高其抗剪、抗压强度和黏结力。为了减少填料和沥青用量,建议使用粗矿物骨料,对护岸高于多年平均洪水位的地方,沥青混凝土孔隙率最大值达 4%～5%（体积）。

沥青混凝土厚度主要由预计的扬压力决定,为应对地下水位的变化,防止产生扬压力和破坏衬砌,可在不透水衬砌下建一相应的排水系统。

B.砂质沥青玛琋脂

砂质沥青玛琋脂是细矿物骨料、矿质填料和沥青的拌和物。这种拌和物可用于灌注砌石孔隙或其他要求具有不透水性的基础。为了尽量减小渗透率,石块铺层表面灌浆至 15～20 cm 的深度,灌浆量应足够多到使石块之间相互胶结。对于河岸水上护坡,厚度为 30～40 cm 的石块铺筑层,灌浆质量为 90～120 kg/m²,在水下,灌浆量应约为其 2 倍;对于经受

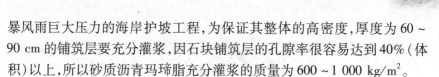

暴风雨巨大压力的海岸护坡工程,为保证其整体的高密度,厚度为 60 ~ 90 cm 的铺筑层要充分灌浆,因石块铺筑层的孔隙率很容易达到 40% (体积)以上,所以砂质沥青玛琋脂充分灌浆的质量为 600 ~ 1 000 kg/m²。

C. 粗石沥青

粗石沥青是一种由块石、粗碎骨料或卵石间断级配的高孔隙率拌和物,用玛琋脂胶结剂薄膜黏结的沥青制品,玛琋脂含量为 20%,粒径为 22 ~ 45 mm 或 32 ~ 56 mm 的碎石占总重的 80%。粗石沥青常用于高透水护岸和边坡及河底防护层,特别是堤和砂质海岸的坡趾护岸,用来防止沥青下面水压产生的扬压力,也可以在沥青护岸坡趾上提供一渗透垫作为最终构件。

D. 贫沥青砂

贫沥青砂是由天然砂、低含量沥青加或不加矿质填料组成的拌和物,常用作护岸的透水基层,或在建造堤、导堤、防浪堤和港口工程时,用作浇筑在水下或水上的松散材料的黏结材料,以形成本体和承托体,或填塞因波浪冲击和通过高速水流冲蚀而成的孔洞。

3)植物护坡

对于一些常年浸水时间不长,且流速、波浪较小的河段,有时采用栽植柳树或种草皮的办法护坡,也能收到较好的防冲效果,费用低廉,且具有美化环境的独特效果,其防冲能力随着生长年代的久远还有所提高。一般要求坡面较缓,柳树和灌木丛护坡坡度不得小于 2.0,可抗御 2.5 m/s 的流速;草皮护坡坡度不小于 1.5,能防御 1 ~ 2 m/s 的流速。

土工织物草皮护坡(又称土工织物加筋草皮护坡)是土工织物与植草相结合形成的一种护坡型式。由于二者结合发挥了土工织物防冲固草和草的根系固土的作用,因而这种护坡比普通草皮护坡具有更高的抗冲蚀能力。

目前,所用土工织物加筋草皮护坡有两种基本型式。一种是在坡面清理整平后,撒上草籽,再覆盖一层薄型非织造土工织物。为加强护坡稳定和抗冲能力,还可加设混凝土或块石方格。草籽发芽后通过织物孔眼形成抗冲体,茂密的草还可起到保护织物的作用。另一种是采用三维织物网垫(见图 1-27)。选择的草种应因地制宜,生长迅速,根系与匍匐茎发达,抗逆性强,耐粗放管理。在三维织物网垫空隙内,可填充小石子起

图 1-27　三维织物网垫植草护坡

防冲作用。英国建筑工业研究与情报协会对普通草皮和土工织物草皮护坡进行原型试验研究的结果见图 1-28。可以看出,三维加筋土工织物护坡在淹没时间达 50 h 时,其极限抗冲流速仍可达到 4.0 m/s,比普通草皮和一般网状草皮极限抗冲流速大得多。

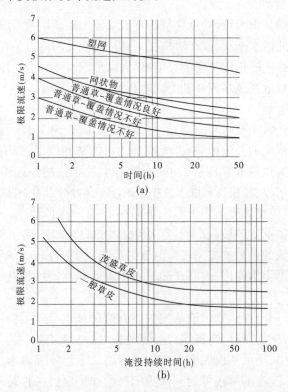

图 1-28　普通草皮和土工织物草皮护坡极限抗冲流速与淹没时间关系

随着化学工业的发展,国外也采用人工海草来滞流促淤,保护河岸或海滩。它是用密度较小的聚烯纤维丝,成丛布置或成屏帘,下端锚定于水底,上端漂浮于水中,随水流似草一样摆动。锚定物可采用水泥块或纤维袋中装砂石料封口后作沉块。人工海草具有较好的滞流促淤作用和削减波浪作用。

4)宾格护坡

宾格是一种用特种钢丝经机械编织形成的蜂巢格网,宾格产品起源于欧洲,距今已有 100 多年的历史,应用于加筋土工程约 20 余年(见图 1-29)。

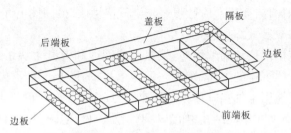

图 1-29 宾格护坡结构示意图

宾格产品就是运用一种经特殊处理后既具有一定强度,又具有不生锈、防静电、耐腐蚀功能的涂膜钢丝,宾格产品的宾格箱、垫、网是用镀锌钢丝机制成的三捻向蜂巢式网孔结构,其刚性、柔性、透水性、环保绿化、防止工程病虫害的功效,适用于永久性工程的建设,比如公路、堤岸、山坡等的防护。

13.其他材料护脚结构

土心实体坝的护脚方式主要有抛石护脚、石笼护脚、沉枕护脚、沉排护脚、混凝土四脚锥体防根石走失技术。沉枕护脚一般分为柳石枕和土工织物枕。沉排护脚又包括柴排、土木织物软体排、水下不分散混凝土固脚等结构型式。除上面介绍的护脚材料和结构外,下面主要介绍土工织物枕、土工织物软体沉排、水下不分散混凝土固脚、混凝土四脚锥体防根石走失技术。

1)土工织物枕

土工织物枕又称塑枕,由土工织物袋和沙土充填物构成。有单个枕

袋、串联枕袋和枕袋与土工布构成软体排等多种型式。塑枕已先后在长江中下游、黄河和松花江护岸中广泛运用,取得了一定的效果。塑枕所用的土工布应质轻、强度高、抗老化和满足枕体抗拉、抗剪、耐磨的要求。土工布的孔径应满足保护充填物的要求。

随着土工合成材料在水利工程上的推广应用,也有采用聚丙烯塑料编织布袋装土(含粗细砂)做土枕来代替柳石枕。沿袋的纵向用13或15根直径为5 mm的尼龙绳人工加捆。下投前塑袋内装足土料,并缝合紧口绳和扎捆腰箍筋绳,然后定位抛枕入水。由远往近抛护,先集中抛坡脚外缘塑枕,再往近岸逐渐抛护。由于塑袋枕柔软随意性好,易与河床刷深同步调整,对河床变形适应性强。与柳石枕相比,柔韧性更好、压强更大。

2)土工织物软体沉排

软体沉排由聚乙烯编织布、聚氯乙烯网绳和混凝土块组成。聚乙烯编织布是软体沉排的主体,覆盖在河床上,作为防止泥沙流失的保护层;聚氯乙烯网绳用来加强软体排的抗拉能力,相当于软排的骨干,分上下两层,将编织布夹在中间结扎,如图1-30所示。网绳排列密度,由排体受混凝土压载的重力而定,四周密,中间疏,网格尺寸为20 cm×20 cm左右,网绳直径为4 mm,混凝土压块用尼龙绳固定在网上。

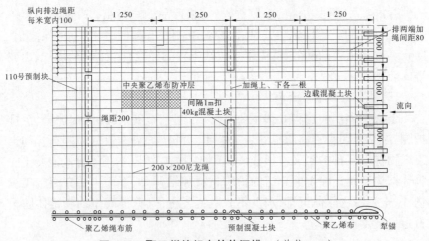

图1-30 聚乙烯编织布软体沉排 (单位:mm)

使用土工合成材料组成软体排的结构型式还有:

（1）单层编织布软体排。排体由单层编织布和压排物资（混凝土块、石料、砂袋等）组成。这种排结构简单、施工方便、造价低、与河床适应性好。缺点是压排物资是散体，受水流冲刷易脱离排体，河床地形变化较大时排体四周易卷折，影响护底效果。

（2）梢龙编织布软体排。将传统沉排与土工织物结合起来使用。由前述梢龙做成排体骨架，其下覆编织布替代铺底梢及覆梢，二者联成整体，省去一层骨架。梢龙使排体既具有浮力又加强刚度，梢龙网络对压排物资起阻滚作用，排体编织布起保护底土防止冲刷作用。

（3）褥垫软体排。是由编织布制成褥垫外套，其内充填沙袋，或褥垫外套按预定的间距缝成一系列连成一体的布筒，筒内充灌沙土而成。褥垫外套起保沙、透水作用，褥垫内的沙土起压载作用。排体施工沉放可采用浮运沉放、水上滑放或水下灌装施工方式。褥垫软体排是自重大的柔性体，能与河床紧密贴合，护底效果好，但需配置相应的施工机械设备，不能用于河床面已有尖锐抛石的河段。

（4）反滤软体排。排体按颗粒反滤原理设计，由四层反滤透水编织布，其间夹三层反滤砂石料组成。反滤料粒径自下而上、从细到粗依次配置，各层材料互相隔开，水流则能自由通过，构成完整的反滤体。反滤软体排可在工厂加工制造，由船舶运往现场沉放。它的造价较高，要求施工机械化程度高。这种排的承载能力大，反滤效果好。

（5）抽沙充填长管袋褥垫沉排结构。该结构下层为防冲排布，排布上压载物为垂直于坝轴线的充土长管袋，管袋内用混凝土输送泵充入由滩地沙拌和而成的高浓度泥浆，排体上部坝基仍采用块石护坡。抽沙充填长管袋褥垫沉排工程的结构原理与铰链式模袋混凝土沉排相同。

（6）塑料编织袋土枕及织物枕垫护岸。主要采用塑料编织布做枕垫，覆盖水下岸坡和河床，并在枕垫上抛压塑料编织袋土枕，使枕垫紧贴河床，联合工作，起到护坡护脚、加固堤岸的作用（见图1-31）。

3）水下不分散混凝土固脚

水下不分散混凝土（NDC）是在水下浇灌的混凝土中加入高分子聚合物絮凝剂等物质而成。这种混凝土在水下施工中，即使受到水流冲刷，水泥与骨料也不会发生分离，且具有自流平性、自密实性、不污染水质的特性，可用于原有抛石护脚工程的加固，将分散的块石结成紧密的板块，

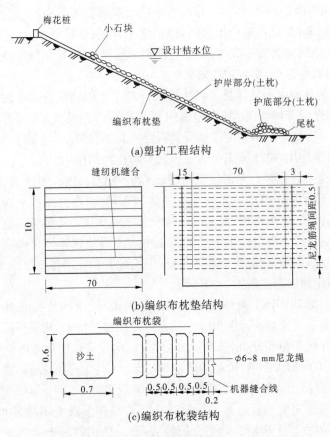

图1-31 塑料织袋土枕及枕垫护岸 （单位:m）

从而达到抗冲护脚的目的。

4）混凝土四脚锥体

混凝土四脚锥体（见图1-32）是在四面体的基础上发展起来的,由于其重心较低、稳定性强,可以有效保护工程根石。根石外抛投一定数量的混凝土四脚锥体后,将改变坡面附近的水流形态:①坡面糙率明显增加,有利于降低折冲水流的流速,减小冲刷深度;②当水流冲击坝垛时,通过缝隙间的各种绕流能量相互抵消,可有效降低水流流速,消减

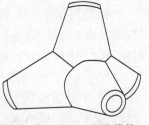

图1-32 混凝土四脚锥体

水流对坡面和河床的冲刷；③四脚锥体相互之间的咬合作用好，抗冲性强，在水流冲击下不易起动，能有效地保护下部较小的块石不被水流冲走；④四脚锥体有较好的支撑作用，阻止根石滑塌，有利于坝垛抗滑稳定。因此，该技术对已建工程的加固将起到降低工程出险概率、减少投资等效益。

实体结构建筑物修建后都要经受水流淘刷，有的用沉排护底，有的随着河床变形需抢修、加固到冲刷坑的相应深度，坡面也要不断维修，以适应水流，才能较为稳定。

二、透水结构建筑物

（一）桩、井柱等坝体淤沙装置

桩、井柱等坝体淤沙装置是一种较常用的透水建筑物，可由单排或数排桩组成。最早在缓流浅水处使用木桩坝，有缓流落淤效果。垂直桩坝的桩，打入河底部分占桩长的2/3，桩的上部以横梁联系。斜桩坝以三根桩为一群，上部用竹缆或铅丝绑扎在一起，排间连以纵横连木，基础可用沉排保护或在桩式坝内填石料保护。桩坝现已发展用钢筋混凝土桩坝或钢管桩坝，用水冲钻或震动打桩机打桩，桩长及桩入土深度均可增加，由于抗冲能力大，可用于河道主流区。

1．混凝土桩坝

1）钢筋混凝土灌注桩坝

近年来，钢筋混凝土灌注桩坝在黄河下游游荡性河段河道整治中得到了较广泛的应用。钢筋混凝土灌注桩坝由一组具有一定间距的桩体组成，按照丁坝冲刷坑可能发生的深度，将新筑河道整治工程的基础一次性做至坝体稳定的设计深度，当坝前河床土被水流冲失掉以后，坝体依靠自身仍能维持稳定而不出险，继续发挥其控导河势的作用。该坝型充分利用桩坝的导流作用及透水落淤造滩作用，使坝前冲刷、坝后落淤，冲淤相结合，从而达到归顺水流、控导河势的目的，见图1-33、图1-34。

2）混凝土透水管桩坝

混凝土透水管桩坝由一些空心钢筋混凝土管桩按一定间距排列，形成透水坝结构。各桩顶与联系梁板固结，以增加桩坝整体牢固强度，见图1-35。这种透水管桩坝在黄河下游已有实施（桩间距约为1.0 m），坝

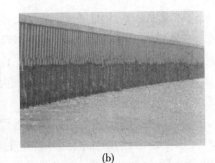

(a)   (b)

图 1-33　已修建的钢筋混凝土灌注桩长坝

(a) 韦滩灌注桩坝   (b) 修建中的张王庄灌注桩坝

图 1-34　黄河下游钢筋混凝土灌注桩坝

区缓流落淤效果较好。有的透水管桩坝的桩间距较大,约为 5.0 m,中间设铅丝网片挂淤,有的桩间还布置有横梁,既增强桩的稳定,又加大缓流拦淤效果。

3)钢筋混凝土井柱桩导流排

海河下游游荡性河道整治中也尝试了多种透水新结构型式,其中最为典型的是钢筋混凝土井柱桩导流排。钢筋混凝土井柱桩导流排是以井柱桩作支柱,通过横梁连接形成骨架,在设计造滩高度以上镶嵌挡水帘板,利用挡水板的间隔缝隙形成透水网格,是一种软硬结合的护岸工程。该结构吸收了木桩编柳、厢埽、透水石笼工程的特点,可以控制流势、降低

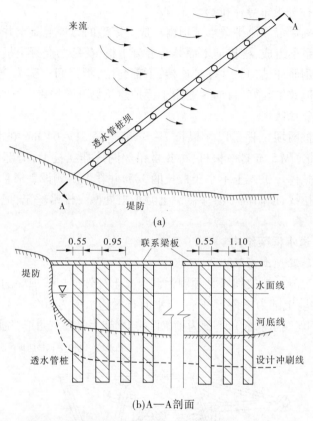

图 1-35 黄河下游河道混凝土透水管桩坝 （单位:m）

洪水流速,将泥沙拦淤在坝区,并有维修工作量小、坚固、耐用的优点。

4）井柱桩丁坝

A.井柱桩排透水丁坝

井柱桩排透水丁坝由数根混凝土井柱桩及上部混凝土联系架组成,井柱桩直径一般为 1 m,深度 20 m 左右,井柱桩为灌注式,桩间净间距 20~40 cm。通过丁坝群的联合运用,起到了导流淤滩护岸的作用。

B.井柱桩梢石笼透水丁坝

井柱桩梢石笼透水丁坝由混凝土井柱桩组成,井柱桩间距为 4 m,顶部有混凝土联系梁,井柱桩间填压有树梢和小块碎石装成的笼子。井柱桩起稳定作用,梢石笼起防冲护根作用。

C.井柱桩板帘导流排透水丁坝

井柱桩板帘导流排透水丁坝由排成一字型的数根混凝土井柱灌注桩及顶部联系梁组成,桩排迎木面装有混凝土板帘,每个混凝土板帘上部两端用悬挂钢筋环结构与井柱桩连接,下部自由,板帘间空隙为 20 cm。这种丁坝导流效果较好,目前主要用于保护建筑物上游护岸。

2.钢管桩网坝

钢管桩网坝工程是以 5 根长 7～9 m、直径 51～64 mm 的钢管作桩材,沿坝轴每隔 5 m 打一根桩,将 8 号铅丝网片挂在桩上,上部用横梁将诸桩连成整体。桩入土不小于桩长的3/5,并在上游侧设 2 根 4 股 8 号铅丝拧成的拉线,以防向下游倾倒。上游坝根处抛一排铅丝笼,把网片下端压固在河底。

(二)透水框架结构

1.钢筋混凝土框架坝

钢筋混凝土框架坝垛是预制钢筋混凝土杆件框架式坝垛的简称。它为透水结构,上部为三角形框架,迎水面布置透水率为20%～35%的挡水板(预制钢丝网带肋板),下部为梢木沉排,框架为等腰三角形,见图1-36。

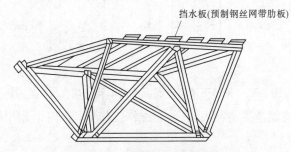

挡水板(预制钢丝网带肋板)

图 1-36　钢筋混凝土框架坝

这种坝垛经多年考验,起到了迎托水流、减缓流速、回淤河岸的作用。但是该种坝存在着结构较复杂等不足。

2.四面六边透水框架

四面六边透水框架可用混凝土或简易的以毛竹为框架,内充填砂石料,两头以混凝土封堵构成(见图1-37)。

四面六边透水框架能局部改变水流流态,降低近岸流速30%～70%,达到缓流落淤的效果,逐步使坡脚的冲淤态势发生变化,从而达到

(a)立面图　　　　　　　(b)俯视图

图1-37 四面六边透水框架结构

固脚护岸的目的。同时,能解决抛石护岸根石不稳定的问题,避免块石护脚年年被冲失、年年需要补抛的现象。

3.杩槎

用三根或四根杆件(杆件可为木料、钢材、钢筋混凝土等),一头绑在一起,另一头撑开,每两根杆件中间用横杆联系固定,做成架子,称为杩槎。杩槎内铺板压以重物(石块或柳石、柳淤包),排列沉于河底修筑成透水(也可不透水)的杩槎坝,可作丁坝、顺坝、锁坝等,适用于砂卵石河床且水深较浅处。

(三)其他结构

1.木桩透水堤和钢支撑透水堤

美国迈阿密河应用较广的透水坝有两种:木桩透水堤和钢支撑透水堤。

木桩透水堤按不同的设计,可由相距不远的单排、双排或多排木桩组成,可在桩上加钢丝以拦截砂石,从而显著减小流速。桩基可用足量的抛石以防止冲刷。

钢支撑透水堤由连接在一起并用钢丝捆扎的角钢组成,再用钢索串联成行组成防护堤带。防护堤可降低近岸流速,防止河岸冲刷。它对含有大量砂石和高浓度悬移质的河流更为有效。

2.沉梢坝

沉梢坝用块石系在树枝扎成的树排上,直立沉在河中必要地方,组成一种透水坝,这种透水坝对于减缓流速、促使淤积效果明显。

3.沉树

用石块等重物系于树干上,沉至河底,做成透水建筑物,利用树冠上

的枝梢,缓流防冲(见图1-38)。沉树分立式、卧式、立卧结合、串联式等。中国黄河常用挂柳的办法来防御风浪对岸、滩的拍击,效果较好,即将树干用绳系在河岸木桩上,树冠枝梢飘浮于水面,消杀风浪,防护河岸。

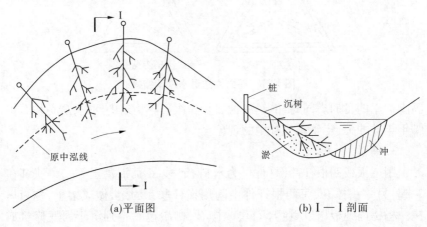

图1-38 沉树

4.编篱

在河底上打入一排或数排木桩,用柳枝、柳把或篾把编在木桩上,形似篱笆,构成透水坝。有单排编篱、双排编篱或多排编篱透水的丁坝、顺坝、锁坝,主要适用于中小河流中水、枯水河槽的整治。

5.植树(防浪林)

在堤岸前滩地上种植护岸林带(其宽度以不影响行洪为原则),对防御风浪拍击堤岸有明显作用。在堤根洼地、河滩串沟做活柳桩(将柳树的根部种植于土中)坝,也可缓流落淤,防冲固堤。

第四节 黄河下游河道工程简述

黄河水少沙多、水沙关系不协调,致使黄河下游河道河势变化大。游荡型河段极易发生"横河""斜河",大洪水甚至发生"滚河",直冲临黄大堤,造成堤防出险。为了稳定河势,控制水流,减少大堤出险的机遇,需要修建河道工程。

黄河下游的河道整治工程主要由险工和控导工程组成,见图1-39。

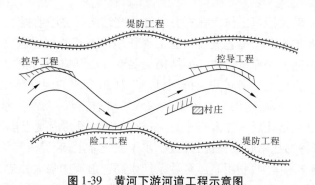

图 1-39 黄河下游河道工程示意图

一、黄河下游河道工程的发展

据史书记载,黄河下游修筑堤坝已有 4 000 多年的历史,春秋时期黄河下游已有堤防修筑。随着堤防的修建,防护堤防的护岸工程也应运而生。据《汉书·沟洫志》记载,西汉成帝时(公元前 32～前 6 年),黄河下游"从河内北至黎阳为石堤,激使东抵东郡平刚……"。《水经·河水注》载,东汉永初七年(公元 113 年),在黄河荥口石门以东修筑八激堤,"积石八所,皆如小山,以捍冲波"。到宋代,秸料埽广泛用于护岸;明清时期,埽工继续发展完善,用于护岸坝垛防护,进而有在埽前抛石护坦防冲的做法,使其坚固,今日的滩面丁坝基本沿用此法。在明清时期,由于石料昂贵,而用专门烧制的砖串联起来抛护丁坝根基,在今原阳堤坝的老坝基上还可见到。民国时期,险工坝、垛、护岸工程多以秸秆、柳枝、苇草、土料为主体,用桩绳盘结联系,做成整体的防冲建筑物,只能做临时性的防御工程,少数坝以砖代石,虽坚于秸埽但亦难持久。

新中国成立初期,黄河下游现存河道工程中最多的坝垛结构型式为传统的柳(稍)石结构,由于这种结构具有施工简单、工艺要求不高、新修坝垛初始投资少、出险后易修复等特点,故被大量采用。但传统结构存在的主要问题是抢险频繁、防守被动、抢护维修费用高。从 1950 年开始在黄河下游进行以防洪为主要目的的河道整治,依照"宽河固堤"的方针,在黄河下游堤防靠溜段修建坝垛险工,并将原埽工坝岸改为石工坝垛。对根基较深、稳定性较好的坝垛,逐步将其坦坡由散抛石改为砌石坝。

为了逐步改变汛期传统坝岸工程频繁抢险的被动局面,适应河道工

程的需要,广大治黄工作者在充分发挥传统结构优势的前提下,不断利用新材料、新技术和新工艺进行河道工程新结构型式的试验研究。1985年以前,在黄河上研究试验的新型结构主要有:以梢柳料制成的大面积排状体,上用块石压沉于河底的柴排坝;以桩、柳组合成的轻浮体积的透水结构,减轻坝前冲刷,增加坝后落淤的深水桩柳进占坝;在预先修好的土坝基上,用钻机钻孔后灌注混凝土,形成连续而封闭的混凝土连续墙坝;用混凝土杆件绑扎串联成杩槎,投放于水中或浅滩上,起导流与缓流落淤作用的混凝土杩槎坝;利用高压脉冲泵产生高速射流的强大冲击力,钻杆提升、旋转过程中射出的浆液,连续不断地搅动土体,并与其混合,最终在地层中形成圆柱状固结体的旋喷桩坝,上部为三角形框架,下部为沉排,起落淤防冲作用的钢筋混凝土框架坝垛;防止滩岸坍塌的压力灌注桩护岸;以土工织物编织袋装土代替石料及柳石枕的土工织物结构试验坝等。

20世纪80年代中期,随着土工合成材料的广泛应用,黄河下游河道工程结构型式出现了透水桩坝、长管袋沉排结构、网护坝结构、潜坝、挤压块沉排结构、编织袋沉排结构、铅丝笼沉排结构、塑料编织袋护根结构等新的试验结构型式。

目前,黄河下游新结构丁坝,经过结构、工艺、性能、施工、应用效果、经济等方面的综合比较,较为成熟的结构主要有三类:一是以土工织物为主要材料或护底材料,并结合各种压载物组成的沉排坝;二是以混凝土为主的混凝土透水桩坝;三是以模袋混凝土沉排护底的土石坝。

二、河道工程现状

黄河下游险工历史悠久,东坝头以上的黑岗口险工建于1625年,马渡和万滩险工建于1722年,花园口险工建于1744年,距今都有200年以上的历史。东坝头以下险工在1855年铜瓦厢改道后修建,当时险工多为秸埽和砖埽结构。1946年人民治黄以来,曾对险工进行了三次加高改建,一般坝垛均加高3~6 m。第一期改建是1946年至20世纪50年代,主要任务是完成了险工石化,即将原有的秸、砖结构改为石结构。第二期改建是在1963~1967年,主要任务是将原有石坝进行戴帽加高或顺坡加高。第三期改建是在1974~1985年,主要任务是对原有石坝进一步加高,对一些稳定性差的坝垛进行了拆除重建。1998年以后进入第四期改建,主要任务是对高度不足、坦石外坡陡、根石薄弱、坝型不合理、老化严重、稳定性差的靠溜坝垛进行改建加固。目前,黄河下游现有险工 143 处,坝垛 5 344 道,工程总长度 328.1 km。

黄河下游河道善淤多变,水流散乱,主流摆动频繁,容易产生大溜顶冲大堤的被动局面,抢护不及即导致冲决。为了控导河势,减少洪水直冲堤防的威胁,20 世纪 50 年代以来,自泺口以下河段开始,有计划地向上进行了河道整治。在充分利用险工的基础上,修建了大量的控导工程,与险工共同起到控导河势,减少"横河""斜河"发生的概率。经过半个世纪坚持不懈的努力,陶城铺以下河段已成为河势得到控制的弯曲性河段,高村至陶城铺河段河势也已得到基本控制。黄河下游目前已建成控导工程 229 处,坝垛 4 393 道,工程长度 434.8 km。

黄河下游河道有部分河段形成槽高、滩低、堤根洼的"二级悬河",在这样的河床形态下,在洪水漫滩后,则因滩面横比降较主槽纵比降陡,水流顺堤行洪,形成滚河。这种滚河对大堤威胁很大,需要采取工程措施加以预防。滚河防护工程是在易发生滚河或顺堤行洪的河段,为防止水流直接冲刷大堤出险、避免决口威胁而修建的防护工程,每处工程由若干道与大堤有一定夹角且与之相连接的下挑丁坝组成。

1. 坝垛断面

黄河下游河道坝垛工程是黄河防洪工程的重要组成部分,一般由土坝基、黏土坝胎、坦石、根石(控导工程一般不设根石台)四部分组成。根据抢险、存放备防石等需要,土坝体顶宽采用 12 ~ 15 m,非裹护部分边坡采用 1:2.0,裹护部分边坡采用 1:1.3。坝体和坦石之间设水平宽 1 m 的黏土胎,主要作用是防止河水、渗水、雨水的冲刷或渗透破坏。考虑到风浪、浮冰的作用力,以及高水位时水流对坝胎土的冲刷,并结合实际运用经验,扣石坝和乱石坝坦石厚度顶宽采用水平宽度 1.0 m,外边坡 1:1.5。坦石采用顺坡或退坦加高,如改建坝的坦石质量较好,坡度为 1:1.5,根石坚固,可顺坡加高,否则,应退坦加高,并将外边坡放缓至 1:1.5,内坡 1:1.3。对于险工,为了增加坝垛的稳定性,一般都设有根石台,根石台顶宽考虑坝体稳定及抢险需要定为 2.0 m,根石坡度根据稳定分析结果并结合目前实际情况定为 1:1.5。

2. 坝垛结构型式

坝垛结构均由两部分组成：一是土坝身，由壤土修筑，是裹护体依托的基础；二是裹护体，由石料等材料修筑。裹护体是坝基抗冲的"外衣"。坝基依靠裹护体保护，维持其不被水流冲刷，保其安全；裹护体发挥抗冲作用。裹护体的上部称为护坡或护坦，下部称为护根或护脚。上下部的界限一般按枯水位分，也有按特定部位如根石台顶位置划分的。裹护体的材料多数采用石料，少数采用其他材料如混凝土板，或石料与其他材料结合使用，如护坡采用石料，护根采用模袋混凝土、冲沙土袋等沉排。

石护坡依其表层石料（俗称沿子石）施工方法不同，一般分为乱石护坡、扣石护坡、砌石护坡三种，分别称为乱石坝、扣石坝、砌石坝（见图1-40）。乱石护坡坡度较缓，坝外坡1:1.5，内坡1:1.3，沿子石由块石中选择较大石料粗略排整，使坡面大致保持平整；扣石护坡坡度与乱石护坡相同，沿子石由大块石略作加工，光面朝外斜向砌筑，构成坝的坡面；砌石护坡坡度陡，一般仅为1:0.3～1:0.5。由于砌石坝坝坡陡，稳定性差，根石受水流冲刷，坡度变陡后坝体易发生突然滑塌险情，同时砌石坝依靠较大的根石断面维护坝的安全，不经济，因此这种坝型结构已被淘汰，不再新建，已有的需拆改成乱石坝或扣石坝。

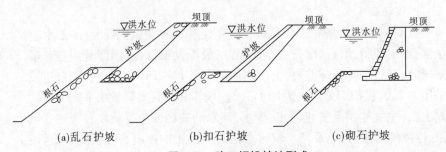

(a)乱石护坡　　　　(b)扣石护坡　　　　(c)砌石护坡

图1-40　险工坝垛护坡型式

护根除少数为排体外，一般由柳石枕、乱石、铅丝笼等抛投物筑成。护根是护坡的基础，最容易受到水流的冲刷，是坝岸最重要的组成部分，也是最容易出险的部位，有60%以上的坝岸险情是根石出险造成的。护根的强弱，即护根的深度、坡度、厚度，对护坡的稳定起着决定性作用。一般护根的深度达到所在部位河床冲刷最大深度，坡度达到设计稳定的坡度，厚度达到护根后面的土体不被冲刷时，坝垛才能稳定。

三、抢险是工程建设的继续

(一)坝垛设计因素

险工是黄河下游重要的防洪工程之一,在防止冲决中起着极为重要的作用。由于黄河下游堤防工程的级别为 1 级,依附在堤防工程上的险工属 1 级建筑物,按部颁规范规定,整体抗滑稳定安全系数应达到 1.3 才能满足稳定安全要求。根据计算,如根石台宽度保持 2.0 m 和坦石外坡 1:1.5,则根石坡度应缓于 1:3 才能使设计工况安全系数达到 1.3,非常工况安全系数达到 1.2;当根石外坡和坦石外坡的边坡系数均为 1:1.5 时,则根石台宽度应在 10 m 以上才能使安全系数达到 1.3,工程量将增加 500%,显然目前难以实现。考虑到黄河下游险工运用实践及中水冲刷机遇,目前按照正常情况下安全系数 1.0 的典型断面设计,以后通过长期的抛根护基,逐步达到规范要求的稳定安全系数 1.3。因此,由于目前国家经费所限,工程还达不到规范要求,这样工程出险的概率就多。

对小浪底水库拦沙运用期和正常运用期的水沙情况进行预估,调水调沙河床刷深是有一定时段的,黄河下游各河段设防水位恢复到 2000 年状态约为 28 年。随着调水调沙对河床冲刷作用的逐步减弱,从长时间考虑,黄河下游河床总趋势还是淤积的,设防水位恢复到 2000 年状态之后,设防流量下的设防水位还将不断升高,届时现有的工程标准将不能满足新时期、新形势下的工程防洪需要,从这个意义上讲,工程标准因水沙、河床边界条件变化而具有的时效性决定了抢险所具有的历史时期性、长久性和必然性。

(二)坝垛历史因素

黄河险工是历史上在堤防出险的情况下为保证安全而被动抢险修建的,没有统一的规划设计,较多工程平面布置不合理;部分控导工程也是在抢险的基础上修建的,布设不规则,不能适应河道整治的需要,而且由于近年来黄河下游水沙条件的变化,有些河段工程平面布局已不合理,影响了导流效果。这些地方都容易出现险情。

同时,在以往险工坝岸改建砌石坝的过程中,大多采取挖槽顺坡戴帽加高的方法,这种断面结构"头重脚轻,腰身单薄",稳定性差,抗滑稳定安全系数大多数小于 1.0,处于不稳定(或极限平衡)状态,远达不到规范

要求($K=1.3$),因此直接影响坝身安全。

(三)坝垛施工因素

坝垛施工步骤是先修土坝身,然后修建裹护体。裹护体施工以石料为主要材料时,一般先修护根,后修护坡。当坝前为滩地时,可挖槽修建护根。护根的深度取决于坝前施工时的水深即床面高程,而非最大冲刷深度,滩地挖槽深度一般为 $1\sim2$ m,如地下水位不高,也可采用施工机械增大挖深。坝垛施工时的护根深度与坝垛运用时可能发生的最大冲刷坑深度有较大差值。对于像长江等具有明显深槽的宽浅河流,差值相对较小;对于像黄河下游等无明显深槽的宽浅河流,差值相对较大。黄河下游坝垛施工最大深度,一般为 $3\sim5$ m,个别达 $8\sim10$ m,实际最大冲刷坑深度可达 $15\sim20$ m。这种差值是在运用过程中通过不断增抛根石来逐步消除的。坝垛修建的这一特点与一般水工建筑物的施工有明显区别,即一般水工建筑物的施工是一次开挖好基坑,先修建好最下部的基础,然后由下而上逐步修筑,而坝垛是先修中上部工程,靠水流冲刷增补块石护根,由上而下修筑根基。坝垛这一施工特点决定了坝垛出险的必然性。在以往坝岸改建过程中,有的坝垛下跨角没有处理好,这样坝头型式与水流就不相适应,坝下回溜严重,易出险情。

(四)坝垛管理因素

根石是坝垛的基础,它是经水流冲淘坝基及时补充块石等料物形成的。目前,大多数工程普遍存在着根石坡度陡、深度浅、工程自身稳定性差等问题,不能满足稳定要求;同时由于抛石根部的泥沙被淘深冲走,根石走失,需要探摸根石及时补充,当补充不及时就有可能出现险情。

基于以上种种因素,以土石结构为主的黄河河道工程在其历史形成的条件和当前工程现状的情形下,抢险是非常必要的。抢险是坝垛基础施工的继续,是完善和加固黄河河道工程基础的一种型式。

第二章　河道工程出险机理分析

河道工程出险影响因素很多,主要影响因素有水力因素、泥沙因素、护坡稳定性因素、河势变化因素、地质因素、土壤因素及其他因素等。

第一节　水力因素

一、流速影响

坝垛出险与河道工程处的流速密切相关,下面以丁坝为例,分析流速对坝垛出险的影响。

(一)不透水丁坝冲刷机理

1.丁坝附近的水流结构

由于河道整治工程对水流流场的影响,丁坝附近流场具有复杂的水流结构(见图 2-1)。丁坝使上游水流受阻,过水断面减小,形成壅水收缩,使行近水流的流向和速度大小都发生很大变化。迎水面表层绕流速度呈"根部小、头部大"的分布形态,即坝根附近流速小、壅水明显,靠近坝头处流速大、壅水小,在流速梯度产生的剪切力作用下,在靠近坝根上游局部区域内形成一顺时针立轴回流区。冲向坝面的水流主要分为两部分:一部分平行坝面行进,绕坝头向下游运行,明显可见的是坝头附近流线集中,单宽流量增大;另一部分沿坝面折向坝垛底脚再绕坝头而行。至于二者之间的比重,试验中定性得出随距坝的距离和坝身部位不同而变化的规律:即前者与后者之比值,随距坝前远近而相应地由小变大。在坝头附近,沿坝面的下降水流与流速增大的纵向水流结合形成斜向河底的马蹄形螺旋流。螺旋流又分为两部分:一部分为流向大河的螺旋流 A,另一部分则为沿坝面绕坝头流向下游的螺旋流 B。螺旋流 B 至坝下游,因坝后水流流速较小和水流间的剪切力作用而骤然扩散,在坝后形成尺度很大的漩涡体系和坝后回流区。丁坝绕流水流各部分的强度与来流方向密切相关,来流方向与坝垛轴线之间的夹角越小,沿坝面向下游运行部分的水流强度就越大,也就是说坝的送溜作用就越强;夹角越大,则折向坝垛底脚及回流部分的强度就越大,螺旋流的旋转角速度也增大。在一定工程基础条件下,这几部分水流强度的大小及不同组合决定了大多数坝垛险情的大小及表现型式。

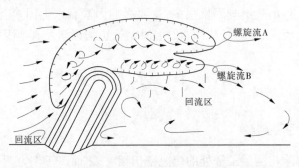

图 2-1　丁坝附近水流流态及冲坑形态示意图

2. 不透水丁坝对水流的影响

设置不透水丁坝后,坝前水面宽度减小,水流绕过坝头,其速度场及压力场都发生了变化。上游行近水流直接冲击丁坝迎水面,受丁坝阻挡,一部分水流折转向床面,形成下潜水流,然后绕过坝头流往下游,而另一部分则直接绕过坝头流往下游,丁坝上游形成突然收缩区,下游则骤然扩大,其接近水面部分因边界层的分离而形成立轴漩涡,两部分水流相遇(在较低层)的地方形成斜轴涡系向下游运动(见图 2-2)。因此,坝头附近的紊动水流结构是下潜水流和绕过坝头的水流及它们的相互作用而构成的。

不透水丁坝除显著影响坝头水流外,还影响到正对着丁坝上游河道的水流情况,即阻挡了上游河道的水流,调整了流速分布,见图 2-3。由于不透水丁坝的作用,坝前上游(10~20 倍水深)处水流开始变化,至坝前处流速呈"根部小、头部大"的分布。水流的惯性作用及丁坝的阻挡作用,在丁坝靠近坝根上游形成一顺时针回流区。

靠近坝头部分的水流流速大且与坝轴线的夹角小于 90°,这一部分的水流可分为两部分:其中一部分绕坝头而去;另一部分则沿丁坝上游坝面下潜再绕坝头而行,两部分水流混合后,产生一股较强的下沉水流冲击

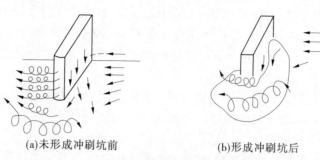

(a)未形成冲刷坑前　　　　　　(b)形成冲刷坑后

图 2-2　坝头漩涡场示意图

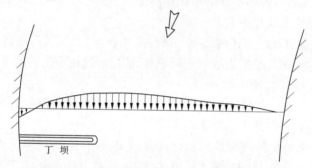

图 2-3　丁坝上游河道水面表层流速分布示意图

河床底部,正是这两部分水流的复合运动影响到了丁坝的底部,造成坝头底部的泥沙走失,形成冲刷坑。

在平均流速为 v_0 的水流中,设置不透水丁坝后,由于水流受阻,紧靠丁坝前水流流速接近为 0,动能转化为位能,在丁坝前产生壅水,其壅水高度为 $v_0^2/2g$,此壅水高度的存在使丁坝前产生反向底流区(即水流下潜区),底沙被推向上游及坝头侧。

水流受丁坝阻挡后折向坝头处,从丁坝轴线(坝根至坝头)方向流速沿程增加,至坝头处水流流速最大,经过坝头(轴线方向)水流受到主河道的水流挤压、顶冲,水流再次折向,流速逐渐减小。

不透水丁坝被冲刷的原因还有河床的泥沙粒径、级配及防冲保护设施。

3. 不透水丁坝与各水力因素的单一关系

为了更好地研究各水力因素对坝头冲深的影响,这里利用实验室的

试验资料。试验是在三个玻璃水槽中进行的,水槽长分别为26.0 m、28.0 m和24.0 m,宽分别为2.45 m、1.0 m、0.87 m。试验可供流量为150 L/s。在试验中用矩形薄壁堰量测试验流量,用六线流速仪、光纤式地型仪和普通测针量测流速、冲深和水深。

该试验选用四种不同中值粒径和级配的天然沙为模型沙,为了解各种因素对坝头附近河床冲刷的影响和作用,试验为单因素组合。通过试验得出如下结论:

(1)水深对起冲流速的影响。在维持其他条件不变的情况下,当水深较小时,起冲流速随水深的增加而减小;当水深达到某一数值时,起冲流速与水深关系变化不大。

(2)坝长对起冲流速的影响。试验结果表明:当坝长增加时,坝头附近床沙起冲流速几乎呈直线状下降趋势,即起冲流速不变的情况下,增加坝长也会使泥沙起冲。

(3)中值粒径对起冲流速的影响。通过试验,坝头附近的床沙起冲流速随中值粒径的增大而增大。

(4)挑角对起冲流速的影响。试验结果表明:最易使坝头附近床沙发生起冲的角度$\theta \approx 120°$。若在同等条件下,具有120°挑角的丁坝应具有最大冲深。

4. 不透水丁坝与各水力因素关系分析

根据上面对各影响因素的单一关系试验资料进行的阐述,对各影响因素进行综合分析,可将影响因素归为三类:水流因素、床沙因素、几何边界条件。

(二)透水丁坝的冲刷机理

前面研究的是不透水丁坝的冲刷情况,对于透水丁坝,其冲刷深度影响因素更复杂。

所谓透水丁坝,是将丁坝做成透水的,如用铅丝笼或土工织物布包裹粗砂材料做坝,或在不透水丁坝中布设过水混凝土管等都可称为透水丁坝。人们都知道,透水丁坝的冲刷深度比不透水丁坝的冲刷深度小,但是其原因还没有完全弄清。为了探讨其原因,武汉水利电力大学进行了试验。试验是在玻璃水槽中进行的,水槽长10 m、宽1 m,在试验中用矩形薄壁堰量测试验流量,用格栅尾门调节槽中水位,用长江科学院研制的小探头旋桨流速仪测量流速。

对于均匀透水丁坝,其坝前壅水高度与丁坝的透水强度有关,透水强度用 P 表示,其大小用紧邻丁坝下游的水流流速 v_2 与丁坝上游的水流流速 v_1 的比值来表示,即丁坝透水强度 $P=v_2/v_1$。逐渐增大 P 值,丁坝附近的水流的三个区逐渐发生变化,随着 P 值的增大,上回流区和下回流区逐渐变小,当 P 值超过 0.4 时,上回流区和下回流区消失。试验表明,透水丁坝坝头处的单宽流量及近底纵向流速与透水强度 P 直接相关。

（三）透水导流丁坝冲刷机理

前面讨论了透水丁坝对坝头冲深的影响,得出了丁坝透水强度 P 越大,坝头冲刷坑深 h'_s 就越小的结论,但是如果丁坝的透水强度 P 太大,丁坝就可能起不到调整主流、保护滩岸的作用。因此,必须设计一种既能透水,又能控制和调整主流流向作用的丁坝,见图2-4。

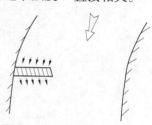

图 2-4　透水导流丁坝示意图

丁坝作为整体起调整主流的作用,大家都很熟悉,但把丁坝做成有许多格栅或孔洞,即在丁坝之间留有透水格栅或预埋混凝土管在工程里实施并不常见。

在我国,对桥墩导流的作用比较熟悉,特别是耸立于主流中的多跨桥墩,犹如一排人工导流屏,它们与主流偏角的大小常对下游河床变形产生一定的影响,严重者甚至会控制桥孔出流后的主流方向。

通过探讨桥墩导流对水流结构的影响,得出以下结论:

（1）当桥墩走向与主流向有一定偏角存在时,增加了阻水作用,从而增大了上游的壅水。

（2）有偏角存在时,桥墩起到了一定的导流作用,将桥下游主流导向一侧,而桥上游主流也略向另一侧偏移。

（四）丁坝上游边坡对冲刷坑的影响

无论是透水丁坝还是不透水丁坝,坝体横断面通常将上游迎水面做成向上倾斜的斜面（见图2-5）,即有一定边坡系数 m,上游倾斜面可减小丁坝的冲刷坑深 h_s 或 h'_s（与上游直立面丁坝相比）。

上游倾斜面丁坝减小冲刷坑深的原因为:当上游水流受到丁坝阻挡,折向成底流,由于上游面倾斜,底流会沿着倾斜面运动,由于倾斜面相对粗糙,斜边较长,底流与河床地面有一定的夹角,因此倾斜面可减小水流对丁坝的冲刷,见图2-6。

对于横断面为矩形的丁坝,水流引起的反向底流流向与河床床面垂直,即底流垂直淘刷河床;而对于横断面为梯形的丁坝,反向底流与河床床面的法线方向的夹角成 α。因此,底流淘刷河床应乘上折减系数 K_1,即 $K_1 = \cos\alpha$。

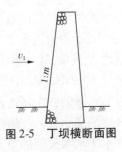

图 2-5　丁坝横断面图

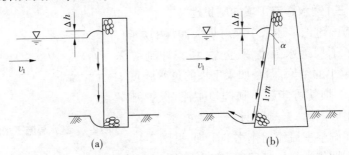

(a)　　　　　　　　　　　(b)

图 2-6　反向底流对丁坝冲刷简图

为了验证向上游倾斜的丁坝断面其坝头冲刷深度相对较小的结论,通过试验得出:丁坝上游边坡系数 m 对冲刷坑深 h_s 的影响不是很大,但在其他相同条件下,随着边坡系数 m 的增大,丁坝冲刷坑深 h_s 相应减小的趋势还是存在的。因此,可以通过改变丁坝的结构型式来减小丁坝的冲刷坑深 h_s。经过试验研究还发现,背水边坡系数的改变对水流结构没有明显影响。

（五）冲刷坑对河道工程的影响

丁坝冲刷深度一般是指丁坝坝头附近可能达到的最大冲刷深度。当丁坝根石达到或超过这一深度时,即认为该丁坝是有根基的或是基本稳定的;当丁坝根石小于这一深度时,则认为该丁坝根基薄弱或是不稳定的,工程容易出险。一般认为,坝头单宽流量的集中、底层流速的增大和马蹄形漩涡的产生是坝头冲刷的主要原因。坝头局部冲刷直接关系到丁坝自身的稳定和安全。

1. 坝前冲刷坑的形成与坝垛出险

由于床沙粒径远小于坝垛块石粒径,因而伴随着根石的走失,河床局部常常发生剧烈冲刷,形成冲刷坑。冲刷坑的形成和发展是造成坝垛坍

塌险情的根本原因。

经过试验分析,冲刷坑分布一般遵循如下基本规律:

(1)坝前冲刷坑的范围及深度随单宽流量的增加而增加。

(2)行近水流与坝垛的夹角越大,冲刷坑范围也就越大。

(3)受大溜顶冲的坝垛,不仅坝前局部冲坑水深大,而且最大冲刷水深所在的部位距坝也较近。

(4)单坝挑流坝前冲刷坑大于群坝(由间距较小、坝长较短的坝组成的丁坝群,一般沿河流凹岸布设)坝前冲刷坑。冲刷坑的分布也有明显的不同。单坝冲刷坑沿坝头分布,且冲刷坑深度较大;而群坝由于间距小,受上下游丁坝迎、送溜作用,水流相对平稳,因而坝前最大冲刷坑相对较小。

2. 最大冲刷水深的影响因素

影响坝前局部冲刷坑最大冲刷水深的因素十分复杂,主要有几个方面:一为水流条件,如坝前行近流速 v、水深 h 和坝的方位角;二为坝类型,如迎水面坡度系数 m,坝靠溜长度;三为河床抗冲能力,如床沙粒径 d 和比重 γ',床沙的大小和组成决定着河床的抗冲性;四为坝垛的平面型式和断面形态。

3. 坝垛根石走失的原因分析

河道工程受大溜顶冲,容易引起根石走失,这是工程出险的一个主要原因。所以,坝岸工程的稳定程度直接取决于坝岸根石的稳定与完整程度。如根石走失严重而未及时发现和抢护,坝身将发生裂缝、蛰陷、墩蛰或滑塌等险情,最终导致坝岸出险。多年的实践证明,坝岸发生坍塌、蛰陷等险情,60%以上是由坝岸根石走失引起的。

1)根石走失的力学原理

河道整治工程中,常用散抛石护根,以维护坝、垛与河岸的安全。由于洪水冲刷,或坝前头、迎水面、背水面河床受折冲水流和马蹄形漩涡流的强烈淘刷,散抛护根石最易被洪水冲走(即根石走失),导致工程出险。因此,防止根石走失是河道工程抢险的一大问题,历来受到水利专家和学者的重视。通过建立力学计算公式分析得出:

(1)当河床条件与块石形状一定时,水流含沙量越大,临界起动的块石边长越大,根石越易走失。因此,高含沙洪水对河道工程具有较大的破

坏性。另外,高含沙水流挟沙能力强,容易在坝前造成较大的冲刷坑,冲刷坑坡度增大,即 α 增大,使之根石临界起动的边长增大,更加速了工程的破坏。

(2)在含沙量与河床条件、根石形状一定时,垂线平均流速越大,其临界起动根石的边长就大。所以,当河势变化形成主溜贴岸或出现横河、斜河时,大溜顶冲坝头,坝前缩流加快了水流的流速,引起工程的根石走失,从而造成工程出险。因此,对高含沙洪水的破坏作用或不同来溜方向引起的根石走失,一定要引起高度的重视。

2)根石走失的方式和规律

根石走失的方式大体有两种,即冲揭走失和坍塌走失。

(1)冲揭走失。冲揭走失的机理就是水流的挟带能力大到一定程度足以将表层根石冲揭而起造成根石走失。这种根石走失方式,大、中水时期均有发生,特别是中水时期尤为明显。就散抛乱石护根和丁扣根石而言,由于后者排整较严密,石块之间的约束力相对较强,发生冲揭走失的可能性较小,而乱石护根走失的可能性则相对较大。

(2)坍塌走失。坍塌走失的机理就是受水流冲刷,坝前形成冲刷坑,随着冲刷坑的不断加深加大,坝岸根石自身稳定条件遭到破坏,导致根石坍塌下滑而走失。就散抛乱石护根和丁扣根石而言,丁扣根石为整体结构,对根石变形的适应性相对较差,一旦局部冲刷坑达到一定深度,造成该处根石坍塌,则坍塌处势必会形成陡坎,而水流沿陡坎继续向内淘刷,使根石进一步坍塌。因而,丁扣根石较散抛乱石护根更易发生坍塌走失。这种根石走失方式大、中、小水时期均有发生,尤其在大水过后落水时期,发生坍塌走失的概率较大。

4. 防止根石走失的基本方法

从根石走失临界粒径的计算公式可以看出,根石走失与水流形态、块石粒径、坝垛根石断面型式等多种因素有关,防止根石走失所采用的常规方法是增大块石粒径和减缓坝面坡度。

(1)增大块石粒径,特别是增大坡面外层块石的粒径可从根本上防止根石的走失。当块石粒径受开采及施工条件的限制不可能增加过大时,可采用铅丝石笼或混凝土结构块防止根石走失;也可采用混凝土连锁排或网罩网护坡面上的块石,防止起动走失。

（2）减缓坝面坡度,不但有助于提高块石起动流速,也可大大降低坝面折冲水流对坡脚附近河床的冲刷,增强坝垛整体的稳定性。

（3）对基础较好的坝垛坡面块石进行平整或排砌,也有助于提高块石的临界起动流速,从而减少根石走失。

二、流量影响

河道工程出险受到多种因素的影响,其中河流流量变化是重要的因素之一。现以黄河的河道工程为例,说明流量变化对工程出险的影响。

（一）流量变化与工程出险

根据河道工程所处的位置,用其临近的水文站水文资料来代表工程出险时的水文条件。通过险情统计资料与一定的水文站点水文资料,对黄河下游河南段 1984 ~ 1997 年间发生的 9 303 次险情的水沙资料进行了流量统计,其结果见图 2-7。

从图 2-7 可以看出,有近 36% 的险情发生在 1000 ~ 2 000 m³/s 流量级;有近 70% 的险情发生在 500 ~ 3 000 m³/s 流量级;而同时在较高的流量下,其发生险情的比率反而较低。数据反映出的规律提示要注意黄河下游河道工程的中小水险情。

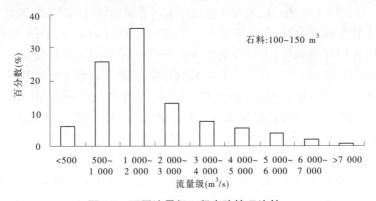

图 2-7　不同流量级工程出险情况比较

为了比较在不同的流量级下河道工程险情大小,图 2-8 给出了不同流量级下各种级别险情发生的百分率。若运用抢险时的石方用量作为衡量险情的大小,虽然用此值来反映险情大小时存在一定的人为因素,但可

以在一定程度上反映险情的大小。图 2-8 反映了在不同流量级下,河道工程出险级别的比率关系。图 2-8 与图 2-7 表现出了相类似的规律,即在较大的流量下出险并不多。当然这并不能说明较大流量下工程不易出险。众所周知,在现今黄河来水条件下,特别是小浪底水库运用以来,出现 5 000 m³/s 以上的大流量概率较小,因此大流量出险次数较少。如果采用正则化处理,即在发生同样概率的条件下比较发现,随河流流量的增大,河道工程出险次数和出险级别都大幅提高。由图 2-8 可以看出,在各种级别的险情中,都有 70% 左右的险情发生在 500～3 000 m³/s 流量级下。同时,在流量小于 500 m³/s 的流量级中,其抢险用料大于 200 m³ 的险情比率也在 5% 左右,表明在小流量下仍然存在发生大险的可能。

黄河下游游荡性河段整治工程出险多发生在 500～3 000 m³/s 流量级范围内,除概率影响外还主要有以下几个方面的原因:一是由于 20 世纪 90 年代以来上游来水偏少,洪水漫滩概率小,造成河道主槽严重淤积萎缩,主槽变得宽浅游荡,加之目前黄河下游游荡性河段是依据 5 000 m³/s 洪水整治的,两岸间整治工程布置相对 500～3 000 m³/s 洪水要求显示出宽松有余;另外,个别区间河段河道整治工程布点还未完成,对该流量级洪水还不能较好控制,从而给 500～3 000 m³/s 洪水在河槽间的自由游荡提供了机遇。从工程出险对应大河流量的统计发现,20 世纪 50～70 年代工程出险时,大河流量多在 3 000～6 000 m³/s;而 1986 年以来,尤其是 1992 年以来,大河流量在 500～3 000 m³/s 时工程出险较多,占工程险情总数的 62% 左右。由于 80 年代以后,汛期河流流量多集中在 500～3 000 m³/s 流量级,因此该流量对河床及工程的作用历时长,具备一定的造床作用,最终造成该级洪水演进中经常出现河势上提、下挫或工程大角度迎溜,有时出现"横河""斜河",造成水流集中,长时间顶冲少数坝垛,引发工程险情。此外,中小流量时水流入弯,也同样易造成工程出险。另外,即使出现大洪水也不一定频繁出险,虽然大洪水对工程作用强度大,流量越大则水流的破坏力越大,出险也越容易。当流量达到 3 000～4 000 m³/s 时,洪水一方面少量漫滩,另一方面则切割河槽中的阻水边滩,主流趋直、趋中,塑造适宜自身特点的河床形态;在洪水落水期,流量回落到 1 000～2 000 m³/s 时,常常淤堵涨水时塑造的部分河槽,使水流趋向弯曲,有时出现束水河脖,进入小水条件下的河床形态塑造过程。

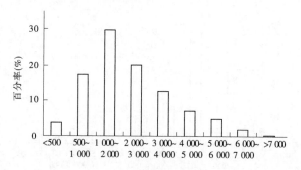

(a)石料:<50 m³

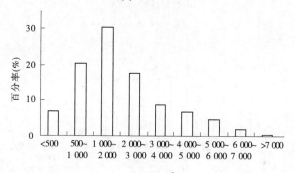

(b)石料:50~100 m³

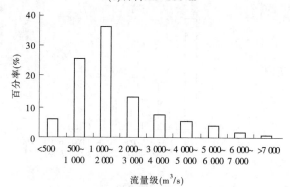

(c)石料:100~150 m³

图2-8　不同流量级工程出险情况比较

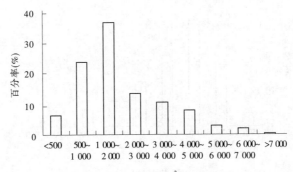

(d)石料:150~200m³

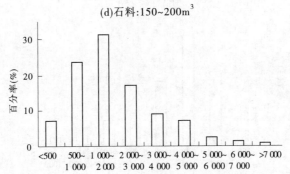

(e)石料:200~250 m³

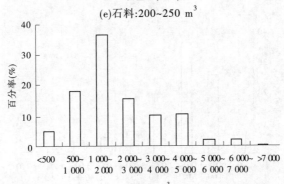

(f)石料:>250 m³

续图 2-8

（二）黄河下游工程安全要求下的流量条件

1. 不同流量级工程出险正则化修正

前面已统计分析了河流流量与工程出险的关系,虽然这样的统计较为直观,但并不能十分准确地反映工程出险和河流流量之间的客观规律。在一定流量区间内出险次数多,也可能是因为这样的流量本身出现的概率比较高,导致该区间内出险次数多。为消除不同流量出现的概率不均的影响,用一段流量区间内出险次数除以该区间内流量出现的概率进行正则化修正。

流量出现的概率是用发生某区间内流量的天数除以总天数得到的,记作 P_r。假如一年中流量为 500 ~ 1 000 m³/s 的天数是 26 d,则该流量出现的概率为

$$P_r = 26/365 = 0.071\ 2$$

如果在该流量范围内的出险次数为 $n = 50$ 次,引入条件出险次数 $n_r = n/P_r$,则有

$$n_r = n/P_r = 50/0.071\ 2 = 702.25$$

它的物理意义是:在流量为 500 ~ 1 000 m³/s 的 26 d 时间内,出险为 50 次,那么假设一年 365 d 流量为 500 ~ 1 000 m³/s,全年出险次数应当为 $n_r = 50/(26/365) = 702.25$。

这里,条件出险次数不是一个实际事件发生的次数,而是一个用来比较不同流量条件下出险难易程度的量。由于条件出险次数反映的是在相同的流量出现天数的条件下出险的次数,这样就消除了不同流量出现的概率不均的影响。一个流量范围越容易产生险情,其对应的条件出险次数就越高,反之亦然。

根据求得的条件出险,则不同流量级条件出险概率可以写成

$$P_{ri} = n_{ri}/\sum_{i=1}^{n} n_{ri} \tag{2-1}$$

式中:i 为第 i 组流量级;P_{ri} 为第 i 组流量级的条件出险概率;n_{ri} 为第 i 组流量级的条件出险次数。

2. 工程安全要求下的流量条件

对不同流量级下的工程出险按照上述的方法进行正则化处理,处理前后的工程出险次数和出险率等统计数据见表 2-1。表 2-1 中某一流量

级出现概率是通过对 1984～1997 年间日平均流量进行统计得到的。将
1984～1997 年间发生的所有 9 303 次险情按流量级进行正则化处理以
后,其出险概率分布趋势与未正则化时有较大的差异。具体表现在:随河
流流量的增大,其工程出险的概率迅速增大。

表 2-1 不同流量级工程出险情况统计

流量级 (m³/s)	该流量级出现概率(%)	实际出险		条件出险	
		出险次数	出险率(%)	出险次数	出险率(%)
<500	17.26	450	4.84	2 608	0.35
500～1 000	48.09	2 077	22.33	4 319	0.59
1 000～1 500	18.39	1 489	16.01	8 097	1.10
1 500～2 000	6.98	1 498	16.10	21 468	2.91
2 000～2 500	3.36	992	10.66	29 500	4.00
2 500～3 000	2.04	654	7.03	3 2080	4.35
3 000～3 500	1.18	510	5.48	43 332	5.88
3 500～4 000	0.88	409	4.40	46 334	6.29
4 000～4 500	0.67	404	4.34	60 070	8.15
4 500～5 000	0.52	312	3.35	59 380	8.06
5 000～5 500	0.27	189	2.03	69 174	9.39
5 500～6 000	0.08	82	0.88	97 539	13.24
6 000～6 500	0.19	152	1.63	80 357	10.91
6 500～7 000	0.02	15	0.16	71 370	9.69
>7 000	0.06	70	0.75	111 020	15.07

需要指出的是,条件概率并不是洪水发生的真实概率,两者之间或多

或少存在着随机误差。当某流量级洪水发生较频繁时,随机误差的影响相对较小,如某一流量级一年中发生了 100 d,而工程实际出险发生了 150 次,计算得到条件出险次数为 547 次;而对于高流量级洪水,发生概率较小,如按真实概率一年中有 5 d,出险次数按发生 10 次来计算,计算得到条件出险次数高达 730 次。可见这种情况下随机误差的影响较大,计算得到的条件出险次数的相对误差也较大。

按同样的正则化计算方法,对不同流量级下不同出险级别的出险概率进行了分析,得到图 2-9。从图 2-9 可以发现,较小级别的险情(石料 < 100 m³)在 5 000 ~ 6 000 m³/s 流量级出现极值。而同时,较大险情(石料 > 100 m³)随流量增大,其发生的概率增大,尤其石方用量大于 200 m³ 级别的险情更是如此,如在石方用量大于 250 m³ 的大险情,有 42% 发生在 7 000 m³/s 以上的流量条件下。

3. 黄河下游"小水"河道工程出险机理分析

小水大险是河道工程出险的明显特征。河道工程险情不仅易在大水时期发生,小水时、非汛期也可能发生(见表 2-2 ~ 表 2-4 及图 2-10)。近几年虽然河道整治工程逐步配套,河势变化也逐步得到控制,但由于河槽萎缩,工程控制范围内小洪水畸形河势特别发育,小范围的"横河""斜河"不时出现,洪水长时间顶冲工程坝垛而出险,甚至出现重大险情的事例屡屡发生。

小水大险这类险情发生的根本原因是水沙条件以及河道边界条件的变化,引起河道局部河势变形,即常见的"横河""斜河""畸形河湾"等,使工程失去对河道的控导作用,由此引发主溜顶冲坝岸,造成一系列工程险情,险情多集中在控导护滩方面。

随着小浪底水库的建成使用,黄河下游大洪水出现机会减少,中小水行河时间增长,河道工程在中小水作用下出险的机会必然增加。20 世纪 80 年代中后期以来,随着河道来水来沙量逐年减少,甚至断流现象的频频发生,河床边界条件也在不断恶化,主河槽严重萎缩,泄洪能力逐年下降,河道工程险情连年不断,使得黄河防洪压力陡然增大,不仅在中常洪水条件下河道工程易发生险情,即使在小水时也易造成重大险情,出险工程多为 1970 年以后修建的河道整治工程,还有一些工程过去未曾靠过河,没有经历抢险加固的过程,根基浅,抗御洪水冲击的能力有限。

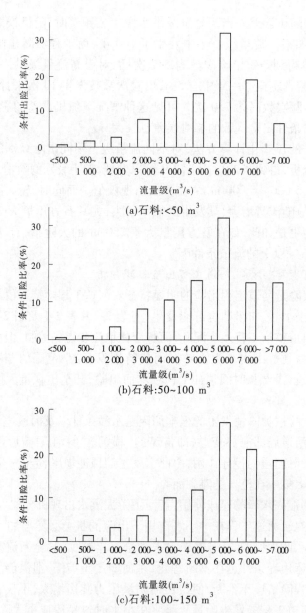

图 2-9　正则化后不同流量级工程出现情况比较

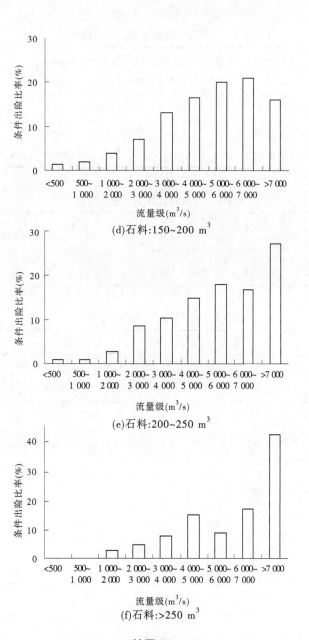

(d)石料:150~200 m³

(e)石料:200~250 m³

(f)石料:>250 m³

续图 2-9

表2-2　游荡性河段丁坝出险流量统计

流量级(m³/s)	<1 000	1 000~2 000	2 000~3 000	3 000~4 000	4 000~5 000	5 000~6 000	>6 000	合计
出险坝次	23	97	28	43	56	16	25	288
百分率(%)	8.0	33.7	9.7	14.9	19.5	5.6	8.6	100
流量频率(%)	57.2	26.6	7.8	3.6	3.1	0.9	0.8	100

表2-3　洪峰过程丁坝出险情况

水势	涨水	落水	平水	合计
出险坝次	184	344	115	643
百分率(%)	28.6	53.5	17.9	100

表2-4　丁坝险情年内分布情况

月份	1	2	3	4	5	6	7	8	9	10	11	12	7~10
出险坝次	18	6	18	21	26	54	129	345	246	130	37	24	850
百分率(%)	1.7	0.6	1.7	2.0	2.5	5.1	12.2	32.7	23.3	12.3	3.5	2.3	80.5

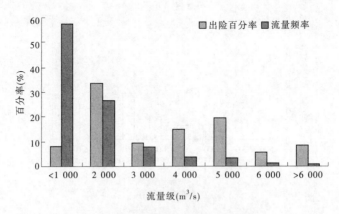

图2-10　游荡性河段丁坝出险流量统计

比较突出的是 1993 年 8 月中旬,当时花园口流量为 2 000 m³/s,由于受河心滩顶托,黄河下游驾部控导工程前形成"横河"顶冲之势,由于该控导工程靠河机会少,遂造成坦石墩蛰、坝基塌陷等严重险情。又例如,1993 年 9 月,在黄河流量只有 1 000 m³/s 情况下,在黑岗口对面形成"横河",直冲黑岗口 63#坝与高朱庄之间长 840 m 的空当,滩地塌退 600 m,主溜距大堤仅 64 m,直接危及黄河堤防的安全,经 2 000 多名军民昼夜抢修 8 个垛才保障了堤防安全。2003 年 9 月 10 日 5 时,大河流量 1 500 m³/s,枣树沟 14#～17#坝大溜顶冲、回溜淘刷,坝基沉排产生不均匀下蛰,出现坦石坍塌、下蛰和土胎蛰裂等重大险情,出险体积达 992 m³。

综上所述,河流流量变化是河道工程出险的重要因素。以上利用黄河下游河南段整治工程出险资料对河道整治工程出险与河流流量之间的关系进行了分析。结果表明,黄河下游河南段整治工程 50% 左右的险情发生在 500～2 000 m³/s 流量级,近 70% 的险情发生在 500～3 000 m³/s 流量级;以抢险时的石方用量作为衡量工程出险的级别时也发现,在各种级别的险情中,都有 70% 左右的险情发生在 500～3 000 m³/s 的流量级。因此,在现阶段黄河来水条件下,需要特别注意中小水出险的情况。从表面上看,流量大于 3 000 m³/s 时,发生险情的比率反而较低。这主要是黄河下游发生大流量的概率较低的缘故。采用正则化处理发现,如果发生频率相同,河道工程出险次数和出险级别均随流量增大而大幅增加。随着河道大洪水机会的减少和中小水行河时间的增长,河道工程在中小水作用下出险的情况必然存在。

第二节　泥沙因素

一、泥沙的来源

河流整体上作为一个动态的反馈系统,以泥沙为中介,水流和河床相互作用,局部的水沙条件变化将引起泥沙输移的变化,从而引起更大范围的调整。在这些影响中,对人类威胁最大、最直接的莫过于促成和加剧洪水灾害。由于流域水土流失严重,而且泥沙灾害具有累积效应,这种泥沙

输移变化引起河道工程出险的现象越来越严重。

天然河流中常常挟带着大量的泥沙,河流中的泥沙主要是流域表面的土壤受暴雨或融雪冲刷后,汇入河流而形成的。河槽本身的冲刷,包括河底冲刷和河岸冲刷,也是河流泥沙的一个来源。此外,风沙的沉积会使河流的含沙量增加,不过这部分泥沙所占的比重很小。影响河流挟沙的因素很多,综合起来有两个:一是气候因素,二是下垫面因素。其中,气候因素中影响最大的是降水。干旱地区植被较差,土壤含水量不足,使土壤变得松散,很容易被地面径流冲到河中。降水强度的大小对河流挟沙也有影响。降水强度大,地面径流增加,侵蚀加剧,使泥沙增多。

二、泥沙对河道工程的影响

现以黄河为例,分析泥沙对河道工程的影响。

(一)泥沙淤积的影响

众所周知,河流泥沙淤积是河流洪水危害的重要原因。冲积河流的特性取决于流域因素,来自流域的长期水沙条件决定了河槽的形态和比降及河床组成。不同河流的来水来沙条件组合不同,塑造出不同的河槽形态和比降,从而决定了水流的强弱,形成不同的输沙特性。对于一定的河槽形态,小水淤积、大水冲刷分界流量是确定的。因此,来水来沙条件组合又决定了河道的冲淤特性;不同的河槽形态对水流的约束作用不同,又形成不同的演变特性;河床组成的抗冲性与水流的强弱决定了河槽的稳定性,因此形成不同的河型。河型的不同是多因素综合的结果,是河流演变、输沙特性的集中反映。河道的输沙特性与演变特性间存在着密切的联系,其原因是它们都受河槽形态的控制。

河流粗细泥沙的排沙能力不同。从河道淤积来看,粒径大于 0.05 mm 的泥沙,来沙量占总来沙量的 20% 左右,而淤积量却占总淤积量的 50% 左右,特别是大于 0.1 mm 的泥沙,来沙量占总来沙量的 4% 左右,但淤积量却占总淤积量的 13% 左右。因此,粗泥沙是淤积泥沙的主体。

不同河型的主要差别是因为它们具有不同的河槽断面形态,而河道的输沙能力与断面形态关系密切。具有窄深河槽的河流,不仅输沙能力强,河道很少淤积,而且河势受窄深河槽的约束,河道稳定,多年坐弯得以累积,可发展成弯曲性河流。而具有宽浅河槽的河流,输沙能力低,泥沙

强烈淤积,对河道工程极为不利。

1.河槽萎缩,容易形成"横河""斜河"

由于水土流失,我国的许多江河含沙量较高,大量的泥沙淤积带来严重的防洪问题,突出表现在黄河下游河道。由于长时间小水,泥沙集中淤积在主河槽内,河槽严重萎缩,河道排洪能力降低。一旦发生较大洪水,由于河道横比降远大于纵比降,滩区过流比增大,极易发生"横河""斜河",甚至发生"滚河",产生难以预料的河势变化和险情,对河道工程极为不利。

2.过洪能力急剧减小,防洪标准相对降低

设计防洪水位是河道工程防洪标准的主要标志,河道工程顶部高程超设计防洪水位的多少,直接影响衡量河道工程防洪安全可靠性。泥沙淤积在天然河道中,引起河床的抬高,减少河槽容量和过洪能力,使同流量下的水位抬高,河道工程的防护标准相对降低,引起河道工程出险。

(二)高含沙水流的影响

早在20世纪50年代,著名泥沙专家钱宁教授开创了高含沙水流流变特性的研究。在70年代末80年代初,水利系统各单位进行了系统的试验研究,对高含沙水流的流变特性、运动特性和输沙特性的基本规律有了较全面的了解,为正确认识高含沙洪水在河道中的演变与输移规律奠定了基础。

高含沙洪水,由于其水流条件以及洪水输移特性不同于一般洪水,高含沙水流对河道具有明显的造床作用,河道冲淤变幅较大,河势演变突发性强,是造成河道整治工程顶冲出险的重要原因。其中,当洪水演进发生异常现象时,对于河道工程防护丝毫不可放松,一定要重点防范。

高含沙水流之所以具有强大的输沙能力,是由于细颗粒的存在改变了流体的性质,水流黏性大幅度增加,粗颗粒的沉速大幅度降低,很粗的泥沙颗粒在高含沙水流中输送也变得很容易。而河床对水流的阻力没有明显的改变,仍可用曼宁公式进行水力计算,在同样比降、水深的情况下,产生的流速不会减小。

以黄河为例,由于黄河是多泥沙河流,当黄河下游含沙量超过400 kg/m³时,洪水被称为高含沙洪水。高含沙水流的流变特性发生了变化,二相流变成均质流。当水流深度增大时,河床质变得容易起动,造成高滩

深槽,部分河段主槽缩窄,单宽流量加大,水流集中冲刷力增强,坝前冲刷坑就比较深,根石走失严重,容易造成工程出险。新中国成立以来,黄河下游先后在1959年、1970年、1973年、1977年和1992年多次出现高含沙洪水(见表2-5),这些洪水给河道工程造成的险情危害程度丝毫不亚于其他大水年份所造成的险情。这样的洪水具有突发性和洪水演进的异常性,因而也更具危险性。高含沙洪水对河床演变的影响主要表现在冲淤变化方面,主槽剧烈冲刷和滩地大量淤积;在洪水传播方面,表现在洪峰较小和洪峰历时较短,但水位表现却异常居高不下,而且持续时间较长,主溜容易失控,这种洪水对控导工程安全威胁较大。

表2-5 花园口站历年典型洪水特性

时间 (年-月-日)	1973-08-30	1976-08-27	1977-07-09	1977-08-08	1982-08-02	1992-08-16
洪峰流量 (m³/s)	5 020	9 210	8 100	10 800	15 300	6 260
水位(m)	94.18	93.22	92.90	93.19	93.99	94.33
最大含沙量 (kg/m³)	450	53	546	809	47.4	534

1. 高含沙洪水造成重大险情

在高含沙洪水期,水流多由几股集成一股,在游荡性河段往往切割阻水洲滩,水流滚移,引起河势大变,增加了出现"横河""斜河"的概率。例如,1977年7月9日,黄河花园口河段通过高含沙洪峰后,河势发生大幅度改变。洪峰前大河紧靠南裹头,北岸马庄工程距河较远,但洪水过后,大河主溜移至北岸,顶冲马庄工程上段。主溜遂又以近90°的角度顶冲南岸花园口险工,同时八堡断面处原有三股河归为一股。以下河段河势也发生较大变化,万滩以北河床形成长70.5 km的沙洲,本河段主流紧靠南岸行洪,有些堤段坝前水深20余m,杨桥险工的17#~21#坝及护岸工程也相继出险,坝岸坍塌200多m,抢护七天七夜,险情才被控制。这场高含沙洪水致使化工控导工程前河势突变,1 h内主流北摆500 m之多,

引起主流直逼 9#～17# 坝,2 h 后 9# 坝全部冲毁,随即 10# 坝、11# 坝也以
2～3 m/min 的速度全部塌毁,虽奋力抢修,但仍造成跑坝;又如"92·8"
高含沙洪水期,开仪及驾部河段河道大淤大冲,主溜摆动与河势变化的速
度极快,变幅又大,常为人始料不及,给防洪抢险带来很大困难。其中,在
开仪工程附近,主溜受河心滩顶托,河势上提,直逼 4# 坝,使以下 6 道坝
相继出险,抢险抛石近 1 000 m³,方化险为夷。

　　高含沙洪水引起河势改变并致大溜顶冲工程时,坝前流速可达 5～6
m/s,具有很强的冲刷能力,造成大坝根石走失,坝体失稳。如 1977 年高
含沙洪水期,黄河马渡险工 38#、40#、42#、60# 各坝先后出险;赵口险工 41#
坝,建坝已 80 年,根石深达 13 m 多,但在大溜顶冲几十分钟后即出大险。
此外,万滩、杨桥等险工也有险情出现,抢险持续一月之久。

　　高含沙洪水特殊的造床作用,常致使深槽剧烈冲刷,河宽急剧减少,
形成溜势迅猛的"河脖",对工程影响更大。例如,1977 年 7 月 10 日 8
时,花园口险工之前形成"河脖",主溜直逼花园口险工,一些工程底部受
水流淘刷,根石大量走失。特别是第二场洪峰到来之时,建坝 200 多年、
根石深达 20 多 m 的将军坝出险,抢险 13 h,抛石 250 m³,才控制住险情
发展。

　　2. 高含沙洪水工程出险原因分析

　　(1)险情滞后于汛情,多在落水期出险,在洪峰、沙峰过后,往往洲滩
易位,主溜改道,小流量时河势恶化,或险工脱河或平工变险工。

　　(2)主溜归一,溜势集中强化。高含沙洪水强烈淤滩刷槽使河宽变
小,溜势汇集,常形成"河脖"或入袖河势,使工程着溜不利,同时冲击力
成倍加大。

　　(3)河势突变,大角度来流。高含沙洪水切滩堵汊,落峰期主溜大幅
度改道,形成"横河""斜河"或"S"形河弯等畸形河势,大溜顶冲工程,来
流方向与坝轴线夹角常在 60°～70°。工程迎水面受强溜顶冲,背水面又
受环流淘刷,腹背受敌。

　　(4)"揭河底"冲刷的影响。"揭河底"冲刷发生在工程附近则使根
石大量下蛰走失,危及工程基础;发生在河中则刷深主槽,使溜势增强,直
逼工程。

　　(5)水位突变的影响。高含沙洪水运行期,河道中常产生异常高水

位和局部突然壅降水,变化迅猛且变幅很大,这将使坝内土体浸润线难以同步调整,容易引起土体失稳下滑,坝体猛墩猛蛰。另外,异常高水位还会造成超标准工程漫顶以及抄工程后路的状况。

（三）低含沙水流对河道工程的影响

黄河下游高含沙水流造成河道工程出险,低含沙或清水冲刷阶段同样可给河道工程造成险情或危害。

黄河小浪底水库自1999年10月下闸蓄水以来,通过对2001～2005年黄河来水来沙资料分析:由于小浪底水库的蓄水拦沙作用,下泄水流含沙量较低,花园口站5年平均含沙量为6.03 kg/m³,较多年平均值偏少77%,其中汛期平均含沙量为11.3 kg/m³,较多年平均值偏少71%;高村站5年平均含沙量为8.72 kg/m³,较多年平均值偏少65%,其中汛期平均含沙量为13.3 kg/m³,较多年平均值偏少62%;利津站5年平均含沙量为13.1 kg/m³,较多年平均值偏少48%,其中汛期平均含沙量为17.6 kg/m³,较多年平均值偏少49%。

由于小浪底水库的拦沙作用,下泄清水,河槽刷深,下游河道发生一定程度的冲刷下切,滩岸发生坍塌,河势变化加剧,在含沙量低的中常洪水流量长时间作用下,坝前冲刷坑加深加大,工程基础失稳,根石、坦石在横向螺旋流和竖向螺旋流的共同作用下,向冲刷坑底部滚动,根石、坦石出现坍塌,从而使河道工程相继出险。

水沙条件发生新的变化,加上河道整治工程不完善,工程控溜能力不足,使工程着溜位置发生新的变化。如果上提下挫幅度较小,着溜点不脱离主坝位置,工程出险的概率较小;如果幅度较大,着溜点从主坝变为次坝,次坝临时发挥主坝功能,由于次坝在长期小水流路下经常不靠溜,有些甚至不靠河,一旦靠溜,原来基础薄弱的坝岸迅速靠溜,根石下的土基础被水流快速淘刷,致使根石、坦石失去支撑,不能抵抗洪水的侵蚀,发生坍塌甚至墩蛰险情。

第三节　护坡稳定性因素

河道工程的护坡应该达到《堤防工程设计规范》(GB 50286—98)要求的稳定安全系数,但是有部分河道工程,由于目前国家经费不足,护坡稳定性达不到规范要求,护坡稳定性成为河道工程出险的影响因素。现以黄河河道工程为例,分析这方面的影响因素。

一、护坡稳定性分析

护坡的稳定性,应包括整体稳定和内部稳定两种情况。

(一)护坡整体稳定分析

护坡整体稳定包括护坡及护坡基础土的滑动和沿护坡底面的滑动两种情况。前者可用瑞典圆弧滑动法分析,后者可简化成沿护坡底面通过护坡基础的折线整体滑动分析(简称简化极限平衡法)。

1.瑞典圆弧滑动法

当坝垛滑裂面为土坝基时,可以采用瑞典圆弧滑动法(见图2-11)计算其抗滑稳定安全系数:

$$K = \frac{\sum (C_u b \sec\beta + W\cos\beta\tan\varphi_u)}{\sum W\sin\beta} \tag{2-2}$$

式中:b 为条块宽度,m;W 为滑动面以上条块有效重量,kN;β 为条块滑动面与水平面的夹角,(°);C_u 为土的凝聚力,kPa;φ_u 为土的内摩擦角,(°)。

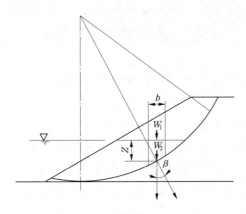

图 2-11 圆弧滑动法计算

值得注意的是,当坝垛运用过程中存在水位骤降或稳定渗流时,土的力学指标要进行相应调整。

2. 简化极限平衡法

当坝垛护坡发生整体滑动时,可简化成沿护坡底面通过地基的折线整体滑动,滑动面为 $FABC$(见图2-12)。

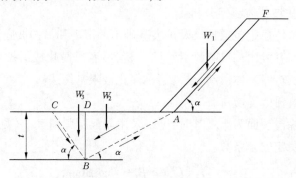

图2-12　边坡整体滑动计算

计算时,先假定滑动深度 t 值,变动 B,按极限平衡法求出安全系数,找出最危险滑裂面,土体 BCD 的稳定安全系数可按下式计算:

$$K = \frac{W_3\sin\alpha_3 + W_3\cos\alpha_3\tan\varphi + Ct/\sin\alpha_3 + P_2\sin(\alpha_2 + \alpha_3)\tan\varphi}{P_2\cos(\alpha_2 + \alpha_3)}$$

$$(2\text{-}3)$$

$$P_2 = W_2\sin\alpha_2 - W_2\cos\alpha_2\tan\varphi - Ct/\sin\alpha_2 + P_1\cos(\alpha_1 - \alpha_2) \quad (2\text{-}4)$$

$$P_1 = W_1\sin\alpha_1 - fW_1\cos\alpha_1 \quad (2\text{-}5)$$

式中:W_1 为护坡体重量,kN;W_2 为基础滑动体 ABD 重量,kN;W_3 为基础滑动体 BCD 重量,kN;f 为护坡与土胎的摩擦系数;φ 为基础土的内摩擦角,(°);C 为基础土的凝聚力,kPa;t 为滑动深度,m。

抗滑稳定安全系数 K 可按《堤防工程设计规范》(GB 50286—98)中的有关规定选取。

(二)护坡内部稳定分析

当护坡自身结构不紧密或埋置较深不易发生整体滑动时,应考虑护

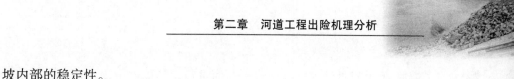

坡内部的稳定性。

护坡内部稳定分析参照《堤防工程设计规范》(GB 50286—98),采用维持极限平衡所需的护坡体内部摩擦系数 f_2 值,按下式计算:

$$
\begin{cases}
Af_2^2 - Bf_2 + C = 0 \\
A = nm_1(m_2 - m_1)/(1 + m_1^2)^{1/2} \\
B = m_2 W_2(1 + m_1^2)^{1/2}/W_1 + (m_2 - m_1)/(1 + m_1^2)^{1/2} + \\
\quad\ n(m_1^2 m_2 + m_1)/(1 + m_1^2)^{1/2} \\
C = W_2(1 + m_1^2)^{1/2}/W_1 + (1 + m_1 m_2)/(1 + m_1^2)^{1/2}
\end{cases}
\quad (2\text{-}6)
$$

$$
n = f_1/f_2 \quad (2\text{-}7)
$$

式中:m_1 为折点 B 以上护坡内坡的坡率;m_2 为折点 B 以下滑动面的坡率;f_1 为护坡和基土之间的摩擦系数;f_2 为护坡材料的内摩擦系数。

石护坡稳定安全系数可按下式计算:

$$
K = \tan\varphi/f_2 \quad (2\text{-}8)
$$

式中:φ 为护坡体内摩擦角,(°)。

边坡内部滑动计算简图见图 2-13。

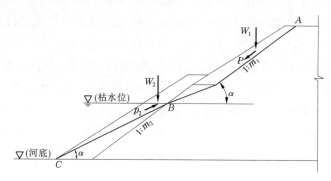

图 2-13　边坡内部滑动计算

二、护坡稳定性对黄河河道工程的影响

根据已有地质资料和不同险工情况,选取黄河的曹岗、影堂、大道王、

道旭、麻湾五处险工的五个典型断面进行了整体抗滑稳定计算分析及护坡内部稳定计算分析,并对不满足稳定要求的扣石坝、乱石坝进行了反演分析,推算出满足稳定要求的剖面尺寸,见表2-6。

计算工况分以下两种。

(一)正常情况

(1)设计中水位下稳定渗流时临水侧坡的整体稳定性。

(2)设计洪水位骤降期临水侧坡的整体抗滑稳定性。

(二)非常情况

(1)设计枯水位下(施工期)临水坡的整体抗滑稳定性。

(2)设防地震烈度下,枯水时临水坡的抗震稳定性。

以上各种工况均是在达到稳定冲刷的前提下,分别计算险工改建前后两种情况,并进行比较。

按照规范规定,整体抗滑稳定安全系数正常情况下应达到1.3,非常情况下达到1.2才能满足稳定安全要求。从表2-6可以看出,所选典型剖面的乱石坝、扣石坝,仅有影堂7#坝在正常情况中水位时、麻湾15#坝在正常情况枯水位时整体滑动能满足稳定要求。而其余险工的坝型在正常和非常情况下均达不到堤防设计规范的稳定要求。为求得稳定断面,对险工整体抗滑稳定进行了多次计算并得出结论:在其他计算参数不变的情况下,若保持坦石外边坡(1:1.5)和根石台宽(2 m)不变,则根石外边坡需缓于1:3才能使正常情况下安全系数达1.3,非常情况下安全系数达1.2。当考虑坦石外坡和根石外坡不变(1:1.5),而考虑加宽根石台时,根据结构型式和土质不同需放宽到10 m以上才能满足正常情况和非常情况下的安全系数,其工程量应增加500%,显然国家财力是难以承受的。

总体上,由于目前的工程整体抗滑稳定性不满足规定的安全系数,工程建设标准低,工程出险就多,其断面要经过多次下蛰、抢险后才能达到稳定状态。这也是工程出险的一个重要原因。所以,需要在抢险中逐步加固,防止造成坝岸失稳出现险情。

表 2-6　险工整体抗滑稳定及护坡稳定计算成果

位置		坦石				根石				整体滑动安全系数 K					护坡安全系数 K
		顶宽 (m)	坦高 (m)	外坡	内坡	顶宽 (m)	坦高 (m)	外坡	内坡	正常情况		非常情况			
										中水	高水骤降	枯水	枯水地震		
曹岗 29#	改前	0.80	2.31	1:1.0	1:0.8	1.50	1.00	1:1.3	1:0.8	1.12	0.95	1.00	0.86	
	改后	1.00	3.91	1:1.5	1:1.3	2.00	1.64	1:1.5	1:1.3	1.25	1.17	1.12	0.93	1.22
影堂 7#	改前	1.00	4.52	1:1.5	1:1.1	2.00	13.80	1:1.0	1:1.1	1.40	1.13	1.15	0.77	
	改后	1.00	4.83	1:1.5	1:1.3	2.00	14.20	1:1.5	1:1.3	1.49	1.19	1.24	0.96	
大道王 13#	改前	0.70	4.05	1:1.0	1:0.85	1.00	4.22	1:1.5	1:1.3	0.79	0.83	0.72	0.68	
	改后	1.00	4.22	1:1.5	1:1.3	2.00	8.60	1:1.5	1:1.3	0.84	0.85	0.74	0.69	0.97
道旭 7#	改前	0.50	4.47	1:1.0	1:1.0	3.00		1:1.0		1.11	1.01	1.02	1.00	
	改后	1.00	4.82	1:1.5	1:1.3	2.00	12.50	1:1.5	1:1.1	1.19	1.05	1.12	1.04	1.03
麻湾 15#	改前	1.50	4.22	1:0.8	1:0.6	2.90	11.55	1:1.0	1:1.5	1.07	0.96	1.07	1.03	
	改后	1.00	3.85	1:1.5	1:1.3	2.00	11.30	1:1.5	1:1.3	1.17	1.06	1.30	1.18	1.05

第四节　河势变化因素

河势是河道水流的平面形势及其发展趋势。平面形势主要指河道水流在平面上的分汊状况和主溜对防洪及滩区影响状况。河道水流分散，支汊多，主溜变化无常，险工、控导护滩工程脱河，堤防安全或滩区群众生产生活受到威胁，显然是不利河势；相反，河道水流单一规律，主溜变化不大，按照规划修建的工程都能靠河着溜，发挥作用，显然是有利河势。河道水流的发展趋势是指在现状河势及今后上游来水来沙条件下主溜变化的趋势。一般地说，如现状河势不利，今后发展亦不利，则是恶化河势；如现状河势有利，今后发展不利，是不利河势；如现状河势有利，今后发展亦有利，或者现状河势不利，今后发展有利，则是有利河势。

河势变化的关键是主溜，主溜位置比较稳定，河势变化小；主溜位置不稳定，河势变化大。主溜位置稳定与否，主要取决于水沙条件的变化和河岸抗冲强度。大流量主溜趋直，小流量主溜变弯；河岸抗冲能力强，主溜相对稳定，河岸抗冲能力弱，主溜不稳定。

现以黄河为例，说明河势变化对河道工程出险的影响。

一、影响河势演变的主要因素

众所周知，河床演变是具有非恒定的进出口条件和复杂可动边界的水沙两相流运动的一种体现形式。河床变化影响水流结构，水流又反过来影响河床变化，而这两者的相互影响是以泥沙运动为纽带联系的。因此，河势变化主要是上游来水来沙条件与河床边界相互作用、相互影响的结果，其中流量及含沙量的大小是影响河势变化的主要原因。水流塑造河槽、河槽约束水流。来水来沙条件的不同组合，塑造出不同的河槽形态和比降，边界条件的改变又反过来影响河道的排洪输沙，进而影响河势的调整和变化。为了控制水流，造福人类，人们在河道内修建大量的建筑物，从而改变了河道自然演变特性，这些工程对局部河段河势的影响甚至大于上游来水来沙的影响。经过多年的分析研究，影响河势演变的主要因素一般包括水沙条件、河床边界条件、工程边界条件。

（一）水沙条件

水沙条件主要指一定时期内进入下游的水沙量多少,洪峰流量大小、变差系数及含沙量高低,洪水期水沙的搭配过程等。以洪枯悬殊、含沙量高且变幅大而著称的黄河独特的水沙特性,对于游荡性河段河势的剧烈演变具有重要作用。另外,从微观上看,局部水流特性和泥沙颗粒组成也属水沙条件的范畴,包括流速、流场、悬移质颗粒级配(也包括床面交换层内泥沙颗粒级配)等。

（二）河床边界条件

河床边界条件主要指河流本身所具有的宽窄相间的河床平面形态、纵比降大小、河床物组成及抗冲性、滩槽高差等。自然形成的卡口、节点对河势的变化都会起到较好的控导作用,但卡口上下游河段往往会出现河势突变,河床抗冲性的不一则往往形成塌滩坐弯。滩槽高差的大小是反映河势稳定的一个重要指标。平滩流量大,河势则有可能稳定,反之则多变。

（三）工程边界条件

工程边界条件主要指工程长度、工程结构、布置型式、上下衔接情况和工程的靠溜情况等。多年的治河实践表明,河道整治工程在控导河势方面发挥着重要作用。如三门峡清水下泄期,水多沙少,河道主槽虽然得到了冲刷,但河道向窄深稳定的方向发展并不明显,随着三门峡水库运用方式的调整,进入下游的水沙条件不利于主槽的稳定,但工程数量的逐步增加,使主流游荡摆动的范围明显减少,表明工程边界条件对河势演变的影响在一定程度上大于上游来水来沙。另外,河道内其他工程如跨河建筑物等对河势的变化也存在一定的影响。

对黄河而言,游荡性河段河床边界条件及来水来沙条件是游荡性河段形成的主要原因,历史形成的独特河道边界条件提供了河势演变发展的空间,进而影响着河势变化幅度的大小和激烈程度。

二、河道工程出险与河势变化的关系

（一）河势变化引起工程出险的机理分析

河势变化是河道工程出险的主要因素(河势的变化就是大溜的变化)。随着水位、流量的不断变化,河势也不断发生变化,主溜左右摆动,

常形成畸形河湾,当来溜方向与河道工程坝垛轴线交角变化较大时,大溜直冲工程坝垛,使坝前冲刷坑的深度超过工程根石的埋置深度,根石发生走失,走失到一定程度,坝体即发生下蛰、坍塌,危及工程安全。

河势变化引起河道工程出险,游荡性河段发生的较多,原因是流量大小不同,河道整治工程靠河着溜位置也不同,随着流量增减,工程着溜点上提下延(挫)以及滩岸出现冲淤,对约束水流、控导河势发挥不同作用,引发不同的河势变化。

当中常洪水(不漫滩)着溜位置在工程控制范围之内时,河势较稳定。但漫滩的大洪水或特大洪水,不同的河道类型河势变化有所不同:相对窄深的弯曲型河道,一般大水流路与中水流路相近,流路取直、趋中,在整治工程控导约束下,河势相对稳定。但宽浅游荡性河段,主溜变化无常,泥沙淤积严重,滩面横比降大,形成二级悬河,洪水期间,控导工程约束能力不足,可能出现"斜河""横河",河势将会出现大尺度的突然变化,对河道工程造成威胁,时间上多发生在落水期。

"斜河""横河"一般多发生在中、小水情时,流量虽不大,但由于水流集中,淘刷甚为严重。险情有三种类型:一是大溜顶冲险工或控导工程,造成坍塌险情;二是河流在工程上首坐弯形成抄工程后路之势,被迫抢修上延工程;三是河流在堤防平工段或村庄附近坐弯,危及群众生命财产安全,需要做工程防护。

(二)"横河""斜河"的形成机理

"横河""斜河"是指水流在非工程控导条件下,由于边滩或心滩作用主溜发生剧烈变化,溜向急剧改变,形成与坝岸工程相垂直或近于垂直的河势状态。"横河""斜河"具有突发性,因受上游来溜方向的局部冲淤影响,难以预测,容易造成工程靠溜部位急剧变化,使坝岸突然靠溜或遭大溜顶冲而出险。

产生"横河"的主要原因:一是滩岸被水流淘刷坐弯时,在弯道下首滩岸遇有黏土层或亚黏土层,其抗冲性较强,水流到此受阻,河湾中部不断塌滩后退,黏土层受溜范围加长,弯道导流能力增大,迫使水流急转,形成"横河"。二是在洪水急剧消落的过程中,由于河内溜势骤然上提,往往在河下端很快淤出新滩,水流受到滩嘴的阻水作用,形成"横河"。三是在歧流丛生的游荡性河段,有时一些斜向支汊发展成为主溜,形成"横

河"。

凡是受"横河"顶冲的险工或滩岸,在横向环流的作用下,对岸滩嘴不断向河中延伸,致使河面缩窄,单宽流量与流速增大,险工、滩岸被严重淘刷。如滩嘴一时冲刷不掉,环流不断加强,险工、坝岸被淘刷不已,如抢护不及,即会造成工程出险,导致严重灾害。所以,"横河""斜河"对丁坝的冲刷远大于一般情况下的水流冲刷,受"横河""斜河"顶冲的丁坝出险概率和严重程度明显高于一般靠河的丁坝。

(三)河势演变的基本规律与工程出险的关系

河势变化的主要原因在于输沙的不平衡及其所造成的边界(即岸边)条件的变化,一般的规律有如下几点:

(1)小水上提入湾,大水下挫冲尖(滩尖)。

当河道内涨水时,流速增大,比降变陡,水流趋顺,主溜(也称大溜)一般表现为脱湾下挫,冲刷滩尖,此时工程一般无险或有轻微的险情发生;当洪峰过后,河水下落时,则出现相反的情况,水流变得弯曲,主溜一般上提入湾冲刷工程,此时,受大溜顶冲的工程坝垛易出现下蛰或坍塌等各类险情。

(2)此岸坐弯,则对岸出滩,滩湾相对。

在河道的弯道内,水流横向环流的作用,将泥沙推向凸岸,则出现"湾退则滩进,撇湾则失滩"的规律。一旦主溜入湾,则河面缩窄,流速加大,而河床受冲下切,形成"河脖"。此时,弯道内若有防护工程,则受溜冲刷严重,各类险情易发生,是防守的重点;河湾内若无防护工程,则河湾迅速向深化和下移发展,使河道更加弯曲。如弯道的下嘴有胶泥潜滩,则极易形成"入袖"河势,也叫"秤钩河",此时流速加大,冲刷力极强,工程出险机遇较多。

(3)上湾河势变则下湾河势亦变,上湾河势稳则下湾河势亦稳。

上湾河势变则下湾河势亦变,上湾河势稳则下湾河势亦稳,这是河流向下传播的一种连锁反应。但是,事情总是一分为二的,在不同的弯道内,也有不同的连锁反应。所谓"上湾河势稳则下湾河势亦稳",是指在边岸固定,而河道的来水来沙基本稳定的前提下,上下弯道的相互关系。也就是说,河湾的平面几何尺寸,在一定水流形态的作用下,能够产生一种比较固定的传播关系。因此,在估计工程坝岸险情的发生或发展时,可

根据上一湾的导溜情况来估计本工程的靠溜坝垛,以及上提下挫的大致范围。

如在犬牙交错,边、心滩密布的河段内,即使上湾河势下挫,因受过渡段边、心滩的阻水影响,下一湾的河势有时反而会上提,不遵循原来的传播关系。

(4)当上下两湾边界条件(如高程、土质等)差异时,估计河势变化时要特别慎重。

一般来说,如果上湾边滩土质系淤土(耐冲),下湾是沙质土,则下湾河势多是逐渐上提趋势,工程上段的坝垛出险机遇较多;反之,如果上湾系沙土(易于消逝),下湾是淤土,则下湾河势多是下挫趋势,工程下段的坝垛出险机遇较多。总之,河势上提下挫受溜顶冲的坝垛是出险的重点。

三、黄河调水调沙对河势变化的影响

下游河道淤积主要原因是"水少沙多,水沙不平衡"。调水调沙即是通过中游水库联合调度,建设完整的黄河水沙调控体系,下泄具有"和谐"水沙关系的人造洪峰(时间持续 20 d 左右),使下游河道主槽得到全线冲刷,输沙入海。通过 11 年 14 次黄河调水调沙,河道得到了有效冲刷,河道流路已逐步趋于稳定,加上河道整治力度加大,河道工程控溜能力增强,河道已经基本适应中常洪水,形成了相对稳定的河势流路,改变了 20 世纪 90 年代长期持续来水偏小,造成河道淤积萎缩的不利局面,使严重恶化的河道形态得到改善,断面趋于窄深,河势趋于稳定。所以,调水调沙直接影响河势变化。

(一)有利的方面

每年汛前 6 月中下旬(20 d 左右),通过小浪底水库水量集中持续下泄,造床能力强,河床冲刷下切,同流量水位降低,主槽过流能力加大,平滩流量增加,流路规顺、趋直,畸形河湾有所调整;整治工程靠河坝岸段数增加,着溜段增长,有些长期不靠河的工程重新靠河着溜,工程控导溜势能力增强,河势朝有利方向发展,河势流路逐步趋于稳定。调水调沙之前,由于连续枯水少沙,多数河段河势上提,甚至有的工程上首滩岸坍塌;在调水调沙期间,由于河道流量增大,河势下延,由工程上段着溜变成中下段,增强了控导河势能力;调水调沙过后,这种有利河势一般还要维持

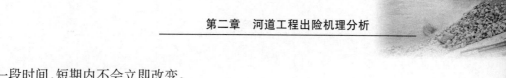

一段时间,短期内不会立即改变。

（二）不利的方面

由于河道冲刷下切,还要展宽,滩地坍塌,有些整治不完善、布局不合理的工程出现新的或不利的河势变化,如濮阳郑庄户、万寨、垦利十八户工程上首等处;再者坝前水流冲刷力增强,对部分工程特别是新修的坝垛可能造成险情,须加强防守,及时组织进行抢护,确保安全。

在调水调沙过程中,中水持续时间长,含沙量低,冲刷力强,极易出现大溜顶冲、河岸坍塌现象,如抢护不及时,有时可引起河势变化,导致工程出险,严重威胁河道工程安全。例如,2007 年调水调沙期间,随着大河流量逐步增大,菏泽杨集上延工程河势下滑,8 月 2 日,主溜下滑至 $1^{\#}\sim8^{\#}$ 坝、$7^{\#}\sim13^{\#}$ 坝受大边溜冲刷,该工程是新建工程,未经受过大洪水考验,基础薄弱,受水流冲(淘)刷,坝前形成冲刷坑,最深达 13 m。自 8 月 2 日 05:50 至 12:00,$7^{\#}\sim13^{\#}$ 坝相继发生墩蛰和坍塌等严重险情。经过全力抢护,8 月 2 日 18 时,$9^{\#}\sim13^{\#}$ 坝险情得到控制。$7^{\#}$ 坝、$8^{\#}$ 坝在抢护过程中,由于受主溜冲刷,于 8 月 2 日 14:20 时险情急剧发展,出现了前节墩蛰的重大险情,坍塌长度分别为 22 m 和 20 m,深度 7 m,险情进一步发展,直到 3 日 7 时,$7^{\#}$ 坝、$8^{\#}$ 坝险情得到基本控制。8 月 4 日至 13 日,$3^{\#}$ 坝、$6^{\#}\sim13^{\#}$ 坝又多次出现险情,经过奋力抢护,截至 8 月 14 日,所有险情得到控制。

四、不同水沙条件下河势演变带来的险情机理分析

以黄河为例,下游来水来沙条件对分析游荡性河段河势演变的基本规律至关重要。在工程边界不发生显著变化的条件下,进入下游的水沙年内、年际的分配不同,特别是大洪水期水沙组成的不同对河势演变的影响也不同。

从高含沙洪水、大洪水、枯水少沙系列条件下黄河下游游荡性河段河势演变的情况看,洪水期河势变化剧烈,高含沙洪水因其强烈的造床作用,对局部河段河势的影响尤为剧烈,主溜上提下挫和坐弯现象时有发生,易形成"横河""斜河",威胁河道工程安全;枯水少沙条件下,因其水流动力作用的减弱,主槽淤积严重,河道宽浅,河势散乱,心滩众多,畸形河湾增加,继而导致局部河段"横河""斜河"的出现,大溜顶冲坝岸而出险。

第五节　地质、土壤因素

一、地质、土壤与河道工程险情

河道工程修建在土质地基上,分析研究它所处区域的地质土壤、构造活动、地震等地质条件,对河道工程抢险具有十分重要的意义。现以黄河为例,分析地质、土壤对河道工程险情的影响。

地壳因地质历史变动及相随发育衍生而成的不同地质结构,决定着基本地貌格局和不同地质发展变化的岩性结构。从地史演变进程看,黄河开始孕育发展成河,约在新生代第四纪的更新世早期,距今有130万～150万年。当时,黄、淮两大河系尚未形成,直到晚更新世始具雏形。

黄河、海河、淮河河系的广大冲积平原,地质育成复杂。全新世中期以来(距今约3 000年),黄河上中游各种外来侵蚀作用使下游河道堆积的泥沙增多,冲积平原发育扩大,随后泥沙不断堆积,河道频繁改道,也促使河口三角洲不断发育、堆积、改道,抬高着黄河口的侵蚀基面。由于黄河中游黄土高原的水土流失严重,土壤在水流冲蚀、分解、搬运作用下向下游输移,加剧着下游河道地质土壤结构变化,而形成不同岩性配置及其各自的物理力学特性,而且局部变化较大。黄河下游的河道工程均建于这种工程地质条件之上,并以此类土壤作为工程构筑主体或作为其重要组成部分。因此,地质、土壤条件与河道工程抢险息息相关。

为分析掌握河道工程强度和控制出险情况,以便采取必要的防险、抢险措施,必须对土的结构及其工程性质有符合客观实际的了解。

由于土壤的形成过程不同,土的种类很多,土层结构、分布情况复杂,其工程性质更难相同,所以必须根据工程的具体要求,了解土壤的实际结构及其相应的物理力学性质。

对于河道工程抢险,土料对抢险成败十分重要。

(一)土的分类情况

为了选择土料和评价工程质量,用一组通用的名称对土进行分类定名,使其反映和代表各种土的不同工程性质。世界上土的工程分类有多种方法,还无统一标准。如按工程目的划分的有美国公路分类法、机场分类法;按颗粒组成划分的有三角坐标分类法、塑性指数分类法。近年来又开始推行土的统一分类法。

（1）三角坐标分类法。在三角坐标图上按土中砂粒含量（0.05～2 mm）、粉粒含量（0.005～0.05 mm）和黏粒含量（小于 0.005 mm）的组合确定土的名称,见图 2-14。

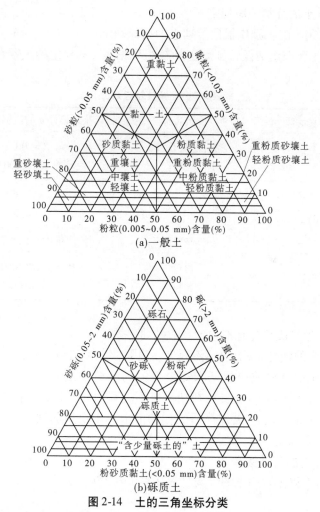

图 2-14　土的三角坐标分类

（2）塑性指数分类法。根据塑性指数 I_P 对土进行分类,适用于黏性

土。

（3）统一分类法。粗粒土主要根据土粒大小和级配结合塑性图分类，细粒土按其稠度指标（液限 W_L 与塑性指数 I_P）组成的塑性图进行分类，将粗粒土和细粒土纳于统一体系中分类定名。此法优点是能直观地反映土的基本成分与性质，适用于粒径 76 mm 或 60 mm 以下的颗粒。

（二）土的分类一般规定

工程用土的类别应根据下列土的指标确定：

（1）土颗粒组成及特征。土的粒组根据表 2-7 规定的土颗粒粒径范围划分。

表 2-7　土颗粒粒组划分

粒组统称	粒组名称		粒组粒径 d 的范围（mm）
巨粒	漂石（块石）粒		$d > 200$
	卵石（碎石）粒		$60 < d \leqslant 200$
粗粒	砾粒	粗砾	$20 < d \leqslant 60$
		细砾	$2 < d \leqslant 20$
	砂粒		$0.075 < d \leqslant 2$
细粒	粉粒		$0.005 < d \leqslant 0.075$
	黏粒		$d \leqslant 0.005$

土颗粒组成特征有不均匀系数和曲率系数。

（2）土的塑性指标，包括液限 W_L、塑限 W_P 和塑性指数 I_P。

（3）土中有机质应根据未完全分解的动植物残骸和无定形物质判定，可采用目测、手摸或嗅觉判别。当不能判别时，可将试样放入 100 ～ 110 ℃ 的烘箱中烘烤，若烘烤后试样的液限小于烘烤前试样液限的 3/4，则试样为有机质土。

（三）土的分类标准

河道工程抢险用土的分类见表 2-8 和表 2-9。

表2-8 砂类土的分类

土类	粒组含量		土代号	土名称
砂	细粒含量 小于5%	级配:$C_u \leqslant 5$ $C_c = 1 \sim 3$	SW	级配良好砂
		级配:不同时满足 上述要求	SP	级配良好砂
含细粒土砂	细粒含量5% ~ 15%		SF	含细粒土砂
细粒 土质砂	细粒含量 >15% ≤50%	细粒为黏土	SC	黏土质砂
		细粒为粉土	SM	粉土质砂

表2-9 细粒土的分类

土的塑性指标在塑性图中的位置		土代号	土名称
塑性指数 I_P	液限 W_L		
$I_P \geqslant 0.73(W_L - 20)$ 和 $I_P \geqslant 10$	$W_L \geqslant 50\%$	CH	高液限黏土
	$W_L < 50\%$	CL	低液限黏土
$I_P < 0.73(W_L - 20)$ 和 $I_P < 10$	$W_L \geqslant 50\%$	MH	高液限粉土
	$W_L < 50\%$	ML	低液限粉土

(四)黄河下游土的分类

黄河下游土大体分三种土粒:①黏粒,粒径小于0.005 mm的颗粒;②粉粒,粒径为0.005 ~ 0.05 mm的颗粒;③砂粒,粒径为0.05 ~ 2 mm的颗粒。通常土壤按上述三种土粒所占比例分类,见表2-10。

根据土工试验成果对土壤进行分类是较为准确的,但实际工作中往往缺乏实验室设备条件。为了能够大致、粗略地对土质作出评价,可在现场凭视觉、嗅觉、触摸,或借助简单工具(如放大镜、小刀、水皿等),采用搓条、切割土等方法,按土样塑性、黏性、砂性程度,大体分辨出土壤属于黏土、壤土、砂壤土、砂土、粉砂、粉土、砾质土类等。《堤防工程施工规范》(SL 260—98)规定,土料质量控制,在现场以目测、手测法为主,辅以简单试验,鉴别筑堤土质及天然含水量。同样也适用于河道工程。

表 2-10　黄河下游土壤按土粒含量分类

土壤分类		土粒含量(%)		
		黏粒 (<0.005 mm)	粉粒 (0.005~0.05 mm)	砂粒 (0.05~2 mm)
黏土	重黏土	>60	0~40	0~40
	黏土	>35	0~40	40~60
	砂质黏土	<35 >30	小于黏粒含量 0~30	小于黏粒含量 40~60
壤土	壤土 粉质壤土	10~30 10~30	小于砂粒含量 (大于砂粒含量)	(大于粉粒含量) 小于粉粒含量
砂壤土	砂壤土 粉质砂壤土	3~10 3~10	小于砂粒含量 大于砂粒含量	(大于粉粒含量) (小于粉粒含量)
砂土	砂土 粉砂	<3 <3	0~20 20~50	77~100(50~100) 47~80
粉土	粉土	<3	>50	<50

　　黄河下游河道地质冲积层形成于新生代第四系岩圈母岩的最上部。河床深层多有砾质土类,河床表层多为冲积砂壤土及砂土,河漫滩及背河或远离主河道的低洼地,黏性土或砂壤土较多,且多河积裂隙黏土(淤泥土)。一般冲积土层中间常有黏土透晶体存在(黏淤土与砂土互层)。根据勘测结果,地表以下 10 m 范围内砂壤土居多,其次为砂土、粉砂,也有局部范围的细砂和黏土互层。透水性较大的土层也多在这一范围。

　　黄河河道工程多为历史上人工就地取土填筑,土质类别、土粒级配情况复杂,随处而异,极不均匀,难以作为具有固定独立特征的土类。土质多为壤土(两合土),也有不少河段为砂土或粉砂土质,个别河段有粉土,也有相对稠度小于 0 或含水量大大小于塑限的裂隙黏土(牛头淤)。

　　河道工程地基及坝身土质情况说明,汛期高水位持续、土壤饱和时,较容易发生各类险情。

　　例如黄河下游济南王家梨行险工,曾于 1898 年决口,堵口采用大量的秸料,背河常年渗水,以前修石坝及护岸时开挖基础均见到黑泥和腐烂的秸料。基础为黑色可塑状砂壤土、灰色壤土类秸料及黄色、灰色塑状黏土。1981年9月14日在8#浆砌块石护岸顶部发生1条长25 m、宽8 mm的顺堤裂缝和2条竖缝,在7#坝面上有2条深2 m、宽3~4 mm的裂缝,以后不断发展延伸至11#坝。12月13~25日进行挖沟槽填土夯实处理。12月25日夜在大河水位回落至低于汛期最高水位(28.2 m)4.14 m的情况下,由于堤、坝背河土质大部分为砂土及粉质砂壤土、粉砂,且在背河淤背区水位(32.32 m)高于大河低水位(24.03 m)8.29 m时,河势又上提靠近坝前深槽,此时堤坝背后填土(包括淤背区)经长时间浸水已经达到或接近饱和,土密度加大而抗剪强度则大为减小(事后钻探试验不及20 kPa),加之在石坝基础底(22.32 m)以下8.32~9.32 m深处有有机质黏土层,更使坝体(包括一部分地基)抗滑力矩大大小于滑动力矩,工程内外作用力系失衡,从而导致8#~11#的4段砌石坝岸顺河长达81.6 m发生石坝连同地基的大滑坡险情(见图2-15)。滑体最大位移(向河)达3.1 m,中间最大滑塌6.5 m,坝体蛰裂破碎,坝岸根石最低处的前趾隆起上升高达4~5 m。这次滑坡幸好发生在汛后低水期,得以及时进行改修、恢复、加固,才转危为安。

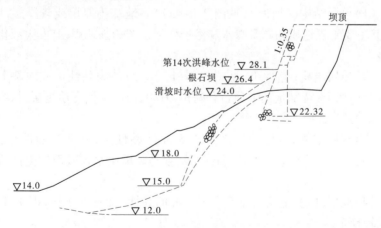

图2-15 王家梨行坝岸滑坡示意图

作为河道工程主体或重要组成部分的土体,抗冲性能一般较低,必须有一定工程结构防护,而工程(水工、土工)又必须以土体为依托或有

土体支撑,二者互为表里,相辅相成,才能发挥作用。例如坝埽护岸受到水流冲刷,就与发生裂缝、脱坡、坍溃等险情关系密切。河道工程与土壤(包括本身与基土)是相互依存又相互制约的对立统一体,而水的因素对土壤的性质和工程安危常起主导作用。因此,掌握土壤性质和水土对立统一规律,是主动做好防险、抢险工作,保证安全度汛的关键。

二、黄河河道工程地基地层结构

(一)地基地层结构类型

黄河自孟津县宁嘴以下地貌类型有平原区(包括冲积扇平原、冲积平原及冲湖积平原、冲海积平原)以及部分丘陵区、山地区。其地貌主体是黄河冲积形成的广阔华北平原。由于黄河土层的特性,河床形态变化大,具有游荡多变的性质,并在不同河段形成不同程度的"悬河"。又因历史上多决溢、改道,河槽摆动频繁,使河床不同岩相沉积呈互相叠置、堆积。黄位河道工程基础坐落在岩性复杂多变的松软土层上。为了解和掌握河道的地层岩性分布与工程出险之间的相互关系,根据新中国成立以来的地质勘探资料进行综合分析,将黄河河道工程地基的地层结构划分为如下9种类型:

(1)单层结构(砂性土,见图2-16(a))。地基为厚层或较厚层砂性土,其主要工程地质问题是渗水和渗透变形。若遇强地震,有发生液化的危险。

(2)单层结构(黏性土,见图2-16(b))。地基为黏性土或地基上部为厚层黏性土,特别是其中分布有湖相、海相、沼泽相淤泥质土层时,容易产生不均匀沉降和滑动变形。

(3)双层结构,上层为厚度小于3 m的黏性土,其下为砂性土(见图2-16(c))。当发生洪水时,黏性土层容易被承压水顶破而发生渗透变形。

(4)双层结构,上层为厚度大于3 m的黏性土(见图2-16(d)),其地基比较稳定。

(5)多层结构,砂性土为主,黏性土和砂性土相间分布,砂层分布较多或上部为薄砂层时(见图2-16(e)),主要发生渗水及渗透变形险情,还存在坝基容易被冲刷、产生较深的冲刷坑的问题。

94

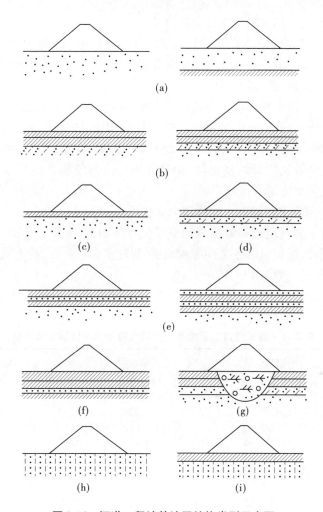

图 2-16　河道工程地基地层结构类型示意图

（6）多层结构（见图 2-16（f）），黏性土为主，黏性土和砂性土相间分布，但砂性土薄且深，主要发生沉降及滑动变形的险情。

（7）多层结构，含老口门（见图 2-16（g））。老口门地基填料情况十分复杂（有秸料、树枝、木桩、块石等），主要发生渗水和渗透变形等险情，同时存在不均匀沉降及滑动等问题。

（8）黄土类土（见图 2-16（h））。地基为上更新世黄土类砂壤土、壤

土,主要是黄土的湿陷性而发生的险情。

(9)上覆黏性土的黄土类土(见图 2-16(i)),地基上部为全新世冲积黏性土,下部为黄土类土,除具有弱湿陷性外,还存在轻微渗水问题,强震时也可能有液化的危险。

总之,河道工程的稳定性或出险程度,关键在于地基地层结构和河道工程本身土体的稳定性,如筑坝土料(黏土、壤土、砂壤土、粉土、粉砂、细砂)的物理力学指标(如干密度、压缩系数、凝聚力、内摩擦角、抗剪强度、抗渗透比降等),以及地基沉降、滑动变形等。只要能掌握基本情况,对河道工程防汛抢险就比较主动。

(二)河道工程地基土的物理力学性质

黄河下游河道地基地层就地质年代总体而言,主要为第四纪全新世后期沉积的,近表层的各类冲海积地层,岩性多为粉砂质、粉土质、砂壤土质,地层厚度一般为 13 ~ 19 m。

综合分析黄河河道工程地基土的基本物理力学性质,其概化指标见表 2-11。

表 2-11　黄河河道工程地基土的概化物理力学性质均值指标

土质	干密度 (g/cm³)	比重	压缩系数 (MPa⁻¹)	凝聚力 (kPa)	内摩擦角 (°)
黏土	1.42	2.73	0.30	48.0	8.06
壤土	1.55	2.70	0.23	27.7	15.50
砂壤土	1.50		0.16	13.0	28.00
粉土	1.43		0.12	9.0	31.50
砂土	1.50		0.11	11.0	29.70
粉砂	1.47		0.14	4.8	32.17

各类土质以全新世晚期上层结构为代表,综合各种资料可得其渗透系数概化值,见表 2-12。

表 2-12 黄河河道工程地基土的渗透系数概化值

土质	渗透系数 K （cm/s）	土质	渗透系数 K （cm/s）
砂壤土	4.2×10^{-3}	轻粉质壤土	3.51×10^{-5}
粉土	3.59×10^{-4}	细砂	5.4×10^{-3}
粉砂	2.3×10^{-3}		

三、主要工程地质问题与险情分析

（一）坝基土质与坍塌、滑动险情的关系

黄河下游地层不少属于土质疏松、压缩性较大的软弱岩性地基，或夹有淤泥、黏土及腐殖质土层，在汛期高水位时，土体受水浸泡饱和，物理力学性质发生很大变化，抗剪强度降低，容易在浸水后发生不均匀沉陷，出险坍塌、滑动等险情。遇地震影响或突然面临河势变化、大溜淘刷坝根等，也常常导致上述险情。

由于河势突然发生变化，大溜冲击河道工程，淘刷坝基，土质疏松，也往往造成河道工程急速坍塌出险；如果发生高含沙洪峰，也会造成异常冲刷，使河道工程出现坍塌、滑坡等险情。

黄河下游河道总的演变趋势是淤积，主槽日益淤高，河槽萎缩，使河道排洪能力降低，在洪水时可能发生险情（如漫溢、冲刷、改道）。在中小洪水情况下，由于河槽是在冲积平原区发育而成的，往往存在复杂土层、多层结构地层。在浅层部位，也常有自然形成的黏土透镜体或结构互层，加之当前河势控导工程对稳定河势仍显得数量不足，力度不够，尤其在游荡性河段，当洪水发生涨落变化时，往往可能出现异常河势变化，突然形成"横河""斜河"或串沟滚河、顺堤行河等突发性河势险情，使未加衬护的河岸突然遭受剧烈冲刷，难以及时做到有效抢护。一旦有失，往往导致坝岸坍溃。

（二）地质构造、地震与险情

1. 地质构造

黄河下游广泛分布着第四纪及前第四纪地层，地质构造属华北板块，

该板块内部有 4 条特征显著的构造带,如山西隆起断陷带、太行山山前断裂带、沧东断裂带、郯庐断裂带。与黄河防洪工程关系最密切的是沧东断裂带、郯庐断裂带及其组成的冀中板块和冀鲁板块,地质构造十分复杂。其中,聊(城)兰(考)深大断裂,构造异常发育,断距 3 000~8 000 m,它从兰考经东明、菏泽、鄄城、范县、聊城北到韩庄,长 360 km,同时有纵横交错的黄河断裂以及长垣、曹县、巨野、汶泗、郓城、原阳、封丘至商丘、菏泽、齐河至广饶等断裂带。该区域存在水平位移和垂直升降运动,每年地壳还在上升或下降。据测量,最大断裂上下两盘变形速率为 28.3 mm/a。从地质整体来看仍具有新构造活动的继承性,对于黄河河道工程的稳定极为不利,与发生裂缝、坍滑、沉陷等险情有密切关系。

2. 地震

黄河下游位于多震的华北平原,根据地震部门分析评估,在未来的100 年内该地区的震害危险区有以下几处,值得黄河防洪特别注意:①东明至菏泽一带,震级 5.5~5.75 级,烈度Ⅷ度区;②范县朝城震级 6~6.5级,烈度Ⅷ度区;③聊城市—博平、平原县—高唐县地震烈度Ⅶ度区;④安阳市—汤阴县震级 6~6.5 级,烈度Ⅶ度区;⑤山东省渤海湾 5.5~5.75级,烈度Ⅶ度区。

按目前黄河河道工程设计条件,由于河道长,工程分布广,加固费用巨大,抗震措施难度很大,一般未考虑抗震设计要求。

黄河下游河道广泛分布有饱水、松软中细砂质、粉砂质土层,地下水埋深浅,饱水的无黏性土或少黏性土,在地震作用下,土中所含孔隙自由水的压力增大,抗剪强度降低并趋于消失,出现喷水冒沙现象,以致丧失其承载能力或发生滑动变形,即形成土体的液化破坏。当地层砂性土的相对密度低,而其相对含水量(其饱和含水量与液限含水量 W_L 之比)大于 0.9~1.0 时,或液性指数在 0.75~1.0 时,均有可能发生液化现象。黄河下游抗震稳定性,在河南省武陟县—封丘县—范县—台前县及山东东明县—菏泽市一带属最差区域;山东省聊城市—阳谷县—东阿县、梁山县—平阴县及垦利县—东营市一带属较差区域;其他可属基本稳定区域。在烈度Ⅶ度以上较差区,对河道工程会造成损害;烈度Ⅶ度以上最差区会造成严重损害。例如:①1937 年 8 月 1 日山东菏泽地震震级 7 级及 6.75级,震中烈度Ⅸ度,刘庄险工裂缝宽 30 cm,斜切堤身,附近均发生管涌冒沙,口径 7 ~ 40 cm。②1983 年 11 月 7 日菏泽地震,震级 5.9 级,波及济宁市 11 个县(市),刘庄险工 4 段坝坝身发生裂缝。

从以上所述可以看出,黄河下游河道工程附近地质构造活动和地震险情不少,如发生坍滑、裂缝、沉陷等,均属此类险情。

总而言之,在震害比较严重地区,古河道、老口门、粉细砂层等河道工程薄弱处,是防震害的重点,应加强测报预警,出险时迅速进行抢护,平时对重点河段要采取有针对性的措施,加强其稳定性。

第六节　其他因素

一、工程管理

工程管理不善,同样会造成河道工程出险。按要求应定期对河势工情进行观测,发现根石断面不足或险情,及时抛根加固或组织力量抢护。否则,会导致丁坝出险或险情扩大。挖泥船或泥浆泵靠近丁坝取土挖沙,在丁坝前沿形成人为冲刷坑,造成根石蛰动或坝岸出险。另外,淤背区长期积水,临河丁坝受渗透水压力和饱和土压力共同作用也会造成坝岸滑塌出险。

二、工程布局

布设合理的河道工程对河势的控导作用是显著的,河势比较稳定、归顺;而布设不合理的工程对河势的控导作用较弱,河势变化大。现有的河道整治工程由于存在布局不合理的情况,工程整体迎溜能力不强,送溜不稳,引发河势发生较大变化,出现"横河""斜河""畸形河湾"现象,致使工程出险较多。尽管近年来国家加大了治理的力度,逐步调整了部分工程的平面布局,但历史形成的工程布局一时难以改变。

(1)从工程的整体布局看,坝裆过大造成上游坝掩护不了下游坝形成回流,甚至出现主流钻裆,冲刷坝尾出现大险。还有个别坝位突出,形成独坝抗大溜,造成水流翻花,淘根刷底,坝前流速增大,水流冲击力超过根石起动流速,被大溜冲走块石,造成根石走失,出现大险。部分工程位置明显靠前或退后。位置靠前的工程兜溜过死,直将溜挑到下一工程的

上首,使工程上首坝岸单坝或少数坝靠溜,险情频发且严重,甚至在工程上首的滩地坐弯;位置靠后的工程不靠溜或靠溜不紧,无法控制溜势,使下游河道河势不稳,上提下挫反复变化,加剧险情的发生和发展。

(2)工程平面布局不合理。部分工程平面布局呈"外凸型"或多个"内凹型"。一处工程存在多个道,各个迎、导、送溜能力不同,不但极易造成工程出现较大险情,而且出溜方向极不稳定,严重影响下段河道的河势稳定,造成以下工程出险。此种平面布局的工程游荡性河段较多,过渡性河段次之,而弯曲性河段一般较少。如黄河上东明县王高寨控导、高村险工等都属于此种情况。

(3)从工程位置线看,一处工程相邻坝的长短差别很大,工程位置线整体虽呈圆弧形的曲线,但相邻坝岸长短不一,呈折线形,造成了工程少数坝岸挑溜过重,容易出现较大险情,同时水流很容易在长坝下首的短坝处形成回溜,刷连坝或坝后尾的土坝基,造成工程出险。

三、施工条件

传统结构修建时的坝体基础深度受到一定限制。旱工结构,因其在旱地上施工,滩面以下的根石深最多达到 4 ~ 5 m;水中进占坝,虽然比旱工结构基础深些,但也是有限的。如果修做时水流集中,大溜顶冲,坝前冲刷坑较大,基础虽相应增加,但施工难度及用工用料也成倍增加,稍有不慎有跑埽的危险。虽然施工时有些工程冲刷水深较大,但仅靠施工期达到稳定冲刷深度的工程是很少的。因此,传统结构新修坝必须经过抢险才能达到稳定。从某种意义上讲,抢修就是丁坝加深加固基础的施工过程。

四、施工质量

现有工程建设尽管按施工规范进行,但有些地方受施工人员素质、施工场地、施工季节、材料等条件的限制,施工质量未能满足设计要求,造成工程靠溜后出险。如冬季或初春中进占的工程,因缺乏青埽,用干柳或树枝修做搂厢或捆枕,虽然起到挑流、防冲的作用,但缓冲落淤作用不好,清水穿过树枝后有足够的能量带走后面被保护的土体,造成土体流失,使丁坝坦坡失去依托,坍塌入水。再如,因土坝基的土源不足,部分采用机淤沙土修做,沙土之间凝聚力小,遇水易饱和,流失快,也会造成工程出险。再有因坝基碾压不实,暴雨浸泡和冲蚀,导致坝体沉陷形成水沟浪窝,积水进一步冲刷坝身,使土体流失坍塌出险。另外,施工时没有严格按程序进行,搂厢、枕、铅丝笼等没有按要求捆扎和抛投,以及土胎没有黏土包边或包边厚度不足等,有可能增加丁坝出险概率。

五、凌汛危害

凌汛成因的复杂性和表现的特殊性决定了凌汛的危害性,河道封冻后,阻拦了部分上游来水,使河槽的蓄水量不断增加,水位上涨;解冻开河时,部分被拦蓄的水量急剧释放出来,向下游推移,沿途冰水增多,形成凌峰。凌峰自上而下传播时往往是一个递增的过程,凌汛期的水位由于冰凌施加水流的阻力作用,相同流量的水位比无冰期高。凌情严重年份,局部河段水位壅高,凌汛洪水虽不如主汛期洪水量大,但在水流的动力作用下,对河道工程造成极大的破坏,导致工程出险。

第三章　河道工程巡查与监测

　　河道工程是河流抗御洪水的主要设施与工具,由于受大自然和人类活动的影响,工作状态和抗洪能力都在不断的变化,随时可能出现一些新情况,若未能及时发现和处理,一旦汛期情况突变,往往给抢险工作造成被动局面。因此,应及时对河道工程、行洪障碍进行巡查与监测;对根石进行探摸,加强抢险工程的河势观测等,把风险降到最低,确保工程完整。

第一节　巡查责任制

　　河道巡查工作由河道主管部门技术骨干负责,专业巡查队伍与群众队伍相结合,分为定期巡查与不定期巡查,定期巡查即每周或每月对靠河着溜坝垛进行巡查,发现险情及时报告。不定期巡查一般在洪水期间(主汛期)或中小洪水长时间大溜顶冲坝垛时进行,必要时昼夜巡查,确保险情及时发现,及早抢护。

一、河道巡查的重要性

　　水是生命的源泉,河道是水的重要载体,在整个人类发展史上河道起着重大作用。考古研究表明,几乎所有的猿人、古人遗址都在河道两岸。世界上的许多大城市都傍水而建,借水发展。我国的北京、上海、南京、广州、武汉、杭州、济南、郑州等,都在江河之畔建城发展。河道具有改善生态环境、防洪排涝、灌溉抗旱、航运排污、城乡供水等功能,如不加以有效保护和治理,遇洪水堤防失事,便会造成洪水泛滥成灾。

　　防汛和抢险是不可分割的两部分,抢险是临危情况下的被动应急措施,防汛的重点是预防。"防"得周密严谨,"抢"得就少而易,因此历来强调"防重于抢"。"防"包含的内容很多,包括对防洪工程可能出现的各种险情的检查、观测,发现问题及时有效地整治,做到"防微杜渐、治早治小"。

（一）河道汛期类型

由于各河流所处的地理位置和涨水季节不同，汛期的长短和时序也不相同。根据洪水发生的季节和成因不同，汛期类型一般分为四种：

（1）以夏季暴雨为主产生的涨水期称为"伏汛期"。

（2）以秋季暴雨（或强连阴雨）为主产生的涨水期称为"秋汛期"。

（3）以冬、春季河道因流凌引起的涨水期称为"凌汛期"。

（4）以春季北方河源冰山或上游封冻冰盖融化为主产生的涨水期，以及南方春夏之交进入雨季产生的涨水期称为"春汛期"。在黄河上，由于上游开河的凌洪传到下游，正值桃花盛开的季节，故又称"春汛期"为"桃汛期"，也叫"桃花汛"。因为"伏汛期"和"秋汛期"紧接，又都极易形成大洪水，一般把二者合称为"伏秋大汛期"，通常简称为"汛期"。

不同的河流，虽然主汛期发生时间不同，对河道工程巡查与监测的内容与要求基本上是一致的。

（二）河道汛期时段的确定

中国多数江河的暴雨洪水发生在伏秋大汛期，暴雨洪水的季节性与雨带南北移动和台风频繁活动有密切关系，所以各河流流域汛期的起止时间不一样。汛期（主要指伏秋大汛）起止时间的划分，一般用该时段洪水发生的频率来反映。以超过年最大洪峰流量多年平均值的洪水称为"大洪水"。汛期时段的确定，是要保证90%以上的"大洪水"出现在所划定的时段内；主汛期则以控制80%以上的"大洪水"来确定时段。

例如，江南地区4~9月是汛期，5~6月是主汛期；珠江4月中旬至9月为汛期，其中4~6月为前汛期，7~9月为后汛期，5~6月是主汛期；长江5月至10月中旬为汛期，7~8月是主汛期；淮河6~9月为汛期，7~8月是主汛期；黄河7~10月为汛期，7~8月是主汛期；海河7~8月为汛期，7月下旬至8月上旬是主汛期；松花江7~9月为汛期，8月下旬至9月上旬是主汛期。

中国各地汛期开始时间随雨带的变化自南向北逐步推迟，而汛期的长度则自南向北逐渐缩短；珠江、钱塘江、瓯江和黄河、汉水、嘉陵江等有明显的双汛期，前者分前汛期和后汛期，后者分伏汛期和秋汛期；7~8月是全国大洪水出现频率最高的时期。

世界各地汛期各不一样，例如非洲的尼罗河每年的7~10月为汛期，

美国的密西西比河 2~5 月为汛期,南美洲的亚马孙河 6~7 月为汛期。

另外,由于暴雨比洪水超前,加上防汛工作的需要,政府部门规定的汛期一般要比自然汛期时间长一些。如政府部门规定珠江汛期起止时间为 4 月 1 日~9 月 30 日,长江为 5 月 1 日~10 月 31 日,黄河为 7 月 1 日~10 月 31 日,松花江为 6 月 1 日~9 月 30 日等。

黄河流域的伏秋汛期重点在"七下八上",即每年的 7 月下旬至 8 月上旬,是黄河工程出险高峰期;凌汛期为每年的 12 月 1 日至次年的 2 月底。大清河的汛期为每年的 6 月 1 日~9 月 30 日。

因此在汛期,特别是主汛期,各流域河道主管部门要结合所在流域河道情况,制订出切实可行的河道巡查与监测工作计划,对易出险的重点河段、险工及控导工程坝岸,更要加强河道巡查与监测工作,发现险情,立即上报,确保河道安全度汛。

二、河道巡查队伍

为取得防汛抢险斗争的胜利,除发挥工程设施的防洪能力外,组织好河道工程巡查队伍、充分发挥河道工程巡查的作用也是十分重要的。总结历史上防汛成功的经验,重要的一条就是"河防在堤,守堤在人,有堤无人,与无堤同"。河道工程巡查队伍的组织,要坚持专业队伍和群众队伍相结合,实行军(警)民联防。各地防汛指挥部应根据当地实际情况,研究制定河道工程群众巡查队伍和专业巡查队伍的组织方法,它关系到防汛安全与成败,必须组织严密,行动迅速,服从命令,听从指挥,并建立技术培训制度,使之做到思想、组织、抢险技术、工具料物、责任制"五落实",达到"招之即来,来之能战,战之能胜"的要求。河道巡查队伍一般由专业、群众、人民解放军和武警部队组成,是防汛抢险的强大力量。

(一)专业巡查队伍

专业河道工程巡查队伍是防汛抢险的技术骨干力量,由河道工程管理和维修养护单位的管理人员、养护人员等组成,平时根据掌握的管理养护情况,分析工程的抗洪能力,划定险工、险段的巡查部位,做好巡查准备。进入汛期即进入巡查岗位,密切注视汛情,带领并指导群众巡查队伍巡堤查险,及时发现与分析险情。河道工程专业巡查队要不断学习工程管理、维修养护知识和防汛抢险技术,并做好专业培训和实战演习。

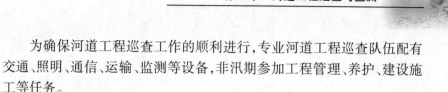

为确保河道工程巡查工作的顺利进行,专业河道工程巡查队伍配有交通、照明、通信、运输、监测等设备,非汛期参加工程管理、养护、建设施工等任务。

(二)群众巡查队伍

黄河、长江及其他江河的群众巡查队伍组织并不完全统一,多是从实际出发,因地制宜,一般是以沿江河的乡镇为主,组织青壮年或民兵汛期对河道工程分段巡查。根据实际防汛需要安排巡查力量。组织型式按团、营、连、排、班军事建制,主要任务是当发生大洪水或特大洪水时,参加河道工程巡查工作。

群众巡查队伍由防汛基干班、群众抢险队、防汛预备队的部分人员组成。人数比较多,由沿河道堤防两岸和闸坝、水库工程周围的乡、村、城镇街道居民中的民兵或青壮年组成。常备巡查队伍组织要健全,汛前登记造册编成班组,做到思想、工具、料物、一般抢险常识四落实。汛期达到各种防守水位时,按规定分批组织出动。

三、巡查的组织与人员

汛期的工程防守和巡查任务由当地防汛指挥部组织,河务部门指导群众防汛队伍实施。

(1)在大河水位低于警戒水位时,由当地河务部门负责人组织河道巡查,由河务部门岗位责任人承担。

(2)达到或超过警戒水位后,由县、乡人民政府防汛责任人负责组织,由群众防汛基干班承担,河务部门岗位责任人负责技术指导。

①由河道工程所在地乡镇建立工程巡查指挥所,负责所属堤段河道工程巡查。以河道工程所在村为单位组织河道工程巡查组,具体落实河道工程巡查有关任务。

②以村为单位对河道工程坝岸进行分段包干,每段均应设立责任人标志牌,各村以村民小组为单位分组编班,每组5~6人。各班由村干部、党员任班长,负责每个班次交接到位、人员督察要到位、任务落实抓到位。

③各村将巡查小组班次安排、带班班长、各班人员登记造册,并报乡镇河道工程巡查指挥所、县(市、区)防汛指挥部办公室留存备查。

④县河务部门对上岗巡查人员进行工程巡查及抢险有关知识培训,

使其了解和掌握不同险情的特点、检查及抢护处理方法,做到判断准确、处置得当。

四、巡查队伍岗位责任制

汛期管好、用好水利工程,特别是防洪工程,对搞好防汛、减少灾害是至关重要的,巡查队伍实行岗位责任制,明确任务和要求,定岗定责,落实到人。岗位责任制范围、安全要求、责任等一目了然。

洪水期间,一线群众巡查队伍上坝后,担负防守工程和巡坝查险任务,其职责是:保持高度警惕,认真巡坝查险,严密防守工程,及时发现、处理险情,恢复工程完整,确保工程安全。

(1)学习掌握查险方法、各类险情的识别和抢护知识,了解责任段的工程情况及抢险方案。

(2)上坝防守期间,严格遵守防汛纪律,坚决执行命令,密切注意坝岸、堤防等工程动态,及时发现、迅速判明险情,立即向上级报告,并及时处理。险情紧急的可边抢护、边上报。

(3)群众巡查队伍上坝后,要及时清除高秆杂草等有碍查险的障碍物,整修查险小道,检查处理隐患,做好护坝、护树、护料、护线、保护工程设施和测量标志等工作。负责修复水(雨)毁工程,填垫水沟浪窝,平整坝顶。

(4)发现工程上的可疑现象要及时上报,并做好观测守护工作,必要时固定专人观测守护。

(5)提高警惕,防止一切人为的破坏活动,保卫工程安全。

五、河道管理职工班坝责任制

班坝责任制,是指专业管理(包括运行观测、维修养护)与防守险工(包括控导护滩工程)坝垛的工程班组和个人实行分工管理与防守的责任制度,即根据工程长度、坝垛数量、管理或防守力量等情况,把管理和防守任务落实到班组或个人,并提出明确任务要求,由班组制订实施计划,认真落实到实处,确保工程完整与安全。

黄河流域:对河道工程的每段堤防,每处险工、控导(护滩)工程的每个坝垛,都指定黄河职工专人管理、维护和巡查防守,定岗定位,责任到

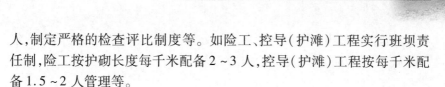

人,制定严格的检查评比制度等。如险工、控导(护滩)工程实行班坝责任制,险工按护砌长度每千米配备2~3人,控导(护滩)工程按每千米配备1.5~2人管理等。

六、专业巡查队伍技术责任制

在河道巡查工作中,每组由河道主管部门专业技术骨干作为专职技术员,为充分发挥技术人员的技术专长,实现科学抢险,为防汛指挥提供准确的数据、做好参谋和耳目,凡是有关预报数据、评价工程抗洪能力、采取抢险措施等技术问题,应由各巡查小组的技术骨干负责,建立技术责任制。关系重大的技术决策,要组织相当技术级别的人员进行咨询,以防失误。

在河道工程抢险期间,巡查现场每组应设一名专职技术员,负责巡查过程各种险象的判明、记录,必要时附险情图片、影像,发现问题,随时上报。汛期河道主管机关县级防汛办公室应按规定每日上报一次。有特殊情况应随时报告。

(1)长江流域。做法一是落实防汛队伍责任制,抢险队员实行军事化管理。在进入防汛的非常时期,一线抢险队伍集中在大堤防守责任段的工棚里,统一吃住;预备队除吃饭不集中外,其余时间全部集中在村委会待命。遇到险情,抢险队伍随即赶到,真正做到及时发现、及时抢护,化险为夷。如1998年九江段干堤堵口抢险,当彭泽县棉船圩出现较大泡泉(管涌)时,开始冒水就发现了,随即鸣锣报警。3 min后抢险人员就扛着砂石袋赶到现场,仅1 h多紧急抢护,险情就得到了控制。二是防汛纪律严明,对不恪尽职守、不遵守纪律的人员严肃查处。三是做到巡堤查险"十个一",即一个乡一个指挥部、一个专职技术员、一个哨棚、一部电话、一个记录本、一盏应急灯、一面锣、一面旗、一辆翻斗车、一艘船。

(2)黄河流域。治黄专业队伍是防汛抢险的骨干力量,高度重视专业队伍建设,强化措施,完善制度,制订计划,采取自学、举办培训班、知识竞赛、技术比武、考试等多种方式,加强专业队伍防汛抢险法规、知识及技术的学习和抢险技能的培训与操练,不断丰富更新防汛抢险业务技术知识,设立技能人才开发培训基金,加大岗位技术培训力度,培养和引进一大批防汛抢险技术人才,提高防汛抢险业务工作水平,增强现场指导、指

挥查险抢险的能力和应对突发事件的处置能力,全面提高治黄队伍的整体素质,以适应防大汛、抢大险的需要。

第二节　工程巡查制度

防汛是一项责任重大的工作,工程巡查工作是防汛工作的重要组成部分,河道管理部门必须建立健全工程巡查制度,使巡查人员明确工程巡查的主要内容与方法,逐步实现巡查工作正规化、规范化,做到有章可循,各司其职。

一、工程巡查的时间

靠河工程非汛期要求每天至少巡查一次,汛期每天早晚各一次,洪水期(包括涨水、洪峰、落水期)每隔 2 h 一次。对于新修工程、工程基础浅或大溜顶冲的坝垛,要增加巡查观测次数。

二、工程巡查的方法

(1)按分配的责任段,巡查人员横排定位,按坝的根石部位、坝坡、坝顶各一人,"一字型"分布前进,从迎水面去,背水面回;2 组同时相向进行,严禁出现漏查点。对重点险工险段设立坐哨,不同的河流流域人员组成数量不同,黄河流域 3 ~ 5 人一组,4 ~ 6 h 一轮换。

(2)巡查人员必须聚精会神,在巡查河道工程时要做到"四到",即手到、脚到、眼到、耳到。

手到:要用手探摸检查,对坝岸上有草或障碍物不易看清而又有可疑的地方,应用手拨开检查。

脚到:借助于脚走(必要时应赤着脚走)时的实际感觉来判断险情,分以下几种情况:

①从水温来鉴别。雨天沿堤脚都有水流,可从水的温度来鉴别雨水或渗漏水。一般情况下,从坝岸内渗漏出来的水流总是低于当时雨水的温度。

②从土层软硬来鉴别。如坝岸土是由雨水泡软的,其软化只为表面一层,内部仍是硬的;若发现软化不是表层,而是踩不着硬底,或是外面较

硬而里面软,可能有险情。

③从虚实来鉴别。对水下堤坡有无塌坑或崩陷现象,可凭脚踩虚实来判断。

眼到:要看清坝面、坝坡有无崩陷裂缝、漏水等现象,坝岸及其迎水面有无崩塌。

耳到:用耳探听附近有无隐蔽漏洞的水流声,或滩岸崩塌落水等其他异乎寻常的声音。

(3)巡查人员做到"三有"(有照明用具、有联络工具、有巡查记录),"三清"(险情查清、标志做清、报告说清),"三快"(发现险情要快、报告要快、处理要快)。在吃饭、换班、黄昏、后半夜黎明和刮风下雨时要特别注意,严防疏忽忙乱,遗漏险情。

(4)各巡查人员必须佩带标志,挂牌巡查,强化责任,接受监督。

三、工程巡查制度

(一)查险制度

各级河务部门要及时向防守人员介绍防守工程的历史险情和现存的险点,及时报告。基干班查险要形成严密、高效的巡查网络,能随时掌握责任区内工情、险情、薄弱环节及防守重点,制定工程查险细则、办法,并经常检查指导工作。查险人员必须听从指挥,坚守岗位,严格按照巡查办法及注意事项进行巡查,发现险情应迅速判明情况,做好记录,并及时向上级汇报情况,迅速组织抢护。

(二)交接班制度

查险必须实行昼夜轮班,并严格交接班制度。查险换班时,相互衔接十分重要,接班人要提前上班,与交班人共同巡查一遍。上一班必须在查险的线路上就地向下一班组交接。夜间查险,要增加组次和人员密度,保证查险质量。县(市、区)、乡镇及驻堤干部全面交代本班查险情况(包括水情、工情、险情、河势、工具料物数量及需要注意的事项等)。对尚未查清的可疑险情,要共同巡查一次,详细介绍其发生、发展变化情况。相邻队(组)应商定碰头时间,碰头时要互通情报。

(三)值班制度

防汛队伍的各级负责人和驻堤带班人员必须轮流值班、坚守岗位,全

面掌握查险情况,做好查险记录,及时向上级汇报查险情况。

(四)汇报制度

交接班时,班(组)长要向带领防守的值班干部汇报查险情况,带班人员一般每日向上级报告一次查险情况,发现险情随时上报,并根据有关规定进行处理,及时上报抢险情况。

(五)请假制度

查险人员上坝后要坚守岗位,不经批准不得擅自离岗,休息时就地或在指定地点休息。原则上不准请假,个别特殊情况,必须经乡镇防汛指挥部批准,并及时补充人员。

(六)督查制度

建立三级督查责任制,即县(市、区)防汛指挥部抽查,乡镇领导督查,村干部检查。督查组必须对照登记名册督查到人,检查参加巡查的领导和人员是否到位,是否按照规定的要求开展巡查,各项制度措施是否落实。

(七)奖惩制度

加强思想政治工作,工作结束时进行检查评比。对于工作认真、完成任务好的要给予表扬,做出突出贡献的由县级以上人民政府或防汛指挥部予以表彰、记功或物质奖励。对不负责任的要批评教育,玩忽职守造成损失的要追究责任,情节、后果严重的要依照法律追究责任。

注意事项:

(1)一处工程巡查的重点。一是要放在着溜较重的坝垛上。二是着溜较轻但根基薄弱的坝垛。三是要根据河势上提下挫变化,对新靠河着溜的坝垛加强观测,防止突发险情发生。

(2)靠溜较紧的某一坝垛巡查时也应注意观测的重点部位是迎水面、拐点、坝前头与上跨角。上下游回溜较大时,应加强对迎水面尾部和背水面的观测,防止坝基未裹护部分至联坝被冲刷抄后路。观测、探摸根石台或坦石是否有坍塌现象,坝顶是否有纵横向裂缝等。

(3)巡查时要做好巡查记录,记录的主要内容有险象的发现时间、坝号、部位、河势、工情的变化、长度、宽度、高度、坍塌体入水深度、出险原因、险情类别等,并及时上报。遇重大险情要及时上报、派专人看护,并迅速组织抢护。

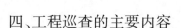

四、工程巡查的主要内容

工程靠河靠溜情况,上下首滩岸变化情况,水位观测,坝体(土坝基与石方护坡)、根石及坦石裂缝、蛰动,根石走失情况等。巡查人员应认真填写观测记录,并签名负责。

河道工程巡查主要是对坝体的巡查,即土坝基与石方裹护部位的巡查。

(一)土坝基巡查

1. 土坝基巡查的主要内容

(1)坝基有无裂缝,裂缝是平行于轴线的纵缝还是垂直于轴线的横缝,或者是圆弧形缝,度量缝宽、缝长及缝深。对于纵缝,要注意其平面形状及延展趋向;对于横缝,则着重查明是否贯穿整个坝基及其深度;对于圆弧形裂缝,要注意其延伸范围及滑动面错落情况。对于可能导致重大险情的裂缝,应加强观测,分析和判断发生的原因,密切注意其变化趋势,并对裂缝加以保护,防止雨水注入和人畜践踏。

(2)观察坝顶及坡面有无滑坍、塌陷、水沟浪窝等。

(3)观察有无害虫(如白蚁)、害兽(獾、狐、鼠)等活动痕迹,发现后应及时追查洞穴并加以处理。

(4)对表面排水系统,应注意有无裂缝或破坏,沟内有无障碍阻水及泥沙淤积。

(5)观察坝顶有无挖坑、取土、开缺口、放牧及耕种农作物、搭棚屋等人为损坏现象。

(6)观察坝顶标志桩(坝号桩、各种测量标志桩)、界碑、路标、历史事件标志碑是否松动、缺失,发现后及时处理,确保标志完整。

(7)观察护坝树木情况,如发现树木被盗或被牲畜啃食,应立即制止和报警。

(8)观察河道防护工程外护堤地内的树木和界桩标志是否松动、缺失,发现后及时处理,确保标志完整。

(9)观察其他附属工程。观察坝基顶部土牛、备防石等是否人为损坏、被盗。

2. 土坝基巡查时观察和检查方法

坝基险情如果在坡面或顶面显露出来，一般均能及时发现和处理。最危险的险情是在坝基内部存在的裂缝、洞穴等内部隐患。

（二）石方裹护部位巡查

石方裹护部位巡查的主要内容如下：

（1）石方裹护部位包括石方护坡与护根，即坦石与根石有无翻起、松动、塌陷、架空、垫层流失或风化变质等现象。

（2）密切注意本河段的河势变化，观察上下游及对岸河湾演变趋势、河中心滩及对岸边滩的冲淤移动、险工贴溜范围及主溜顶冲点上提下挫位置及变动情况。

（3）工程附近流速流态观察，观察有无漩涡、泡水及回流现象，它们的范围、强度有无变化。

（4）基础及根石的探摸，河道防护工程大多以抛石为基础，由于防护工程所在处大多是水深溜急的主溜顶冲区，因此经常发生基础根石沉陷和走失，严重威胁工程安全，因此应经常探测基础根石的稳定情况，探明根石是否流失，坡度、厚度是否达到要求等。

目前，探摸根石还缺少行之有效的机械探测方法，黄河流域黄河下游基本上仍是人工探摸。

第三节　河道巡查

河流是人们赖以生存的基础。依水定居、沿河生息，人类文明无一例外的都是在水边繁衍孕育的，河道在经济社会发展中具有十分重要的地位和作用。近年来，随着社会经济的发展，在河道上架设桥梁、浮桥等，因此河道行洪安全越来越多地受到影响。

河道行洪障碍巡查要求，严格按照河道清障责任制"实行地方人民政府行政首长负责制。防汛指挥部负责清障工作具体事宜"。及时对河道行洪障碍物、跨河建筑物以及蓄滞洪区等进行巡查，分析影响河道行洪的原因，建立清障机制、依法加强管理等解决措施。采取经常巡查、定期与不定期巡查相结合的方式，加大河道工程巡查的密度和力度，并对重点地段、案件多发地段加强巡查的次数，做到发现问题、及时制止，将一切违

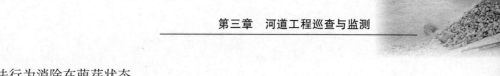

法行为消除在萌芽状态。

一、河道行洪障碍巡查

河道行洪障碍物,即对河道行洪有阻碍的物体。它是降低河道排洪能力的主要原因,要通过清障检查,查找阻水障碍,摸清阻水情况,制定清障标准和清障实施计划,按照"谁设障、谁清除"的原则进行清除。

(1)检查河道滩地内有无片林,分析是否影响过水能力。

(2)检查河道内有无违章建房和堆积垃圾、废渣、废料,造成缩窄河道,减小行洪断面,抬高洪水位。

(3)计算障碍物对行洪断面的影响程度,将有障碍物的河道水面线与原水面线进行比较。

(4)检查河道内的生产堤、路基、渠堤等有无阻水现象。这种横拦阻水不仅壅高水位,降低泄洪能力,而且促使泥沙沉积,抬高河床。

(5)检查河道糙率有无变化。许多河道是复式河床,滩区一般都有茂密的植物生长,使糙率变大,影响过洪流量。

另外,河口淤积使河道比降变缓,以及码头、栈桥、引水口附近的河势变化等,都是影响河道泄洪的因素,在检查中都应予以注意。

二、跨河建筑物巡查

跨河建筑物在洪水期有的有阻水作用,如黄河流域河道跨河建筑物主要有铁路桥、公路桥、浮桥等,在黄河河道易形成行洪障碍的建筑物主要是黄河浮桥。

(一)铁路桥、公路桥

随着国家经济建设与人们交通生活的需要,在河道上修建铁路桥、公路桥越来越多,有的已经运行多年,有的工程在建,因此对河道行洪是否产生障碍,也越来越被人们重视。

检查河道上桥梁墩台等有无阻水现象。有些河道上桥梁的阻水壅水现象很突出,由于壅高水位,不仅降低河道的防洪标准,而且过洪时也威胁桥梁的安全。

汛期及洪峰期间,要经常查看桥墩处是否有大量河道漂浮物阻水。如有,应要求大桥管理部门的防汛人员立即清除。黄河流域当花园口站

洪峰流量超过 6 000 m³/s 时,察看辖区内在建铁路(或公路)大桥的施工便桥是否按规定拆除。

(二)浮桥

以黄河浮桥为例,浮桥对沿河两岸交通和经济发展起着重要作用,但也直接对防洪和防凌及河道管理带来不利影响。由于浮桥数量多,过往人员多、车辆多、难管理,特别在庄稼收获季节,附近村民过往浮桥,易损坏附近工程上的辅道、备防石等。

检查河道上码头等有无阻水现象。有些河道上码头的阻水壅水现象很突出,由于壅高水位,不仅降低河道的防洪标准,而且过洪时也威胁码头的安全。

在大汛期及小浪底水库调水调沙期间,黄河流量较大时浮桥阻水,改变河势,影响防洪安全,要查看浮桥是否达到规定的拆除宽度,浮桥前的漂浮物是否有严重壅水现象,发现后立即清除。

汛期,要求浮桥按上游河道的来水预报及时拆除,如不能及时拆除,黄河浮桥出险的可能性相对增大,一旦浮桥断裂,承压舟沉落河底,将使浮桥上游水位瞬间抬高,形成洪水漫滩及偎堤。久而久之,还会造成脱坡、管涌、顺堤行洪、坍塌、漏洞等险情,不但严重影响黄河的防汛工作,而且会给两岸人民的生命与财产安全造成威胁。

在冬季,淌凌期间,大面积的冰凌顺流而下,对浮桥产生很大的威胁,同时浮桥拦冰阻水,很容易在浮桥区域形成冰塞、卡冰壅水等严重险情。查看浮桥前的漂浮(漂凌)状态,是否有卡冰情况,天气变化时,是否按要求拆除。若不及时拆除,就有可能引起封河,甚至造成局部冰塞、冲毁浮桥、滩区漫滩等后果。黄河洪水和冰凌也危及浮桥上行人和车辆的安全。

到开河期,在文开河情况下,浮桥对防凌工作的影响相对较小,但为了安全,也应及时拆除浮桥;在武开河情况下,流淌的冰块破坏力极大,黄河浮桥若不及时拆除,将使浮桥断裂甚至造成承压舟下沉,给黄河两岸人民的生命财产造成严重的威胁。

《黄河下游浮桥建设管理办法》要求,黄河浮桥建设和运用不得缩窄河道,浮桥两岸不得设立永久性的桥头建筑物。不得影响水文测验和河道观测,不得影响黄河工程管理。水文测验断面及引黄涵闸上下游各500 m 内不准架设浮桥。

该办法还规定,浮桥的架设必须符合防洪防凌的要求,黄河伏秋大汛(7~10月)期间,不准架设新的浮桥,当预报花园口流量 3 000 m³/s 以上时,已架设浮桥必须在 24 h 内拆除;凌汛期(12月至次年2月底)艾山以下河段不准架设新的浮桥,已有浮桥一律拆除;艾山以上河段已架设浮桥,当泺口河面出现淌凌时,必须在 24 h 内拆除。

2007年黄河防总规定,当预报花园口流量 3 000 m³/s 以上时,浮桥管理单位必须在规定时限拆除,拆除宽度不得小于浮桥总长度的 90%。抢险调用、运送料物、水文测验、河道查勘等应急通过浮桥所在河段时,浮桥管理单位必须在规定的时间内拆除,拆除宽度不得小于 30 m。

当洪峰过后,浮桥所在河段水文站小于 1 500 m³/s 且预报没有后续洪水时,经省级河道主管机关防汛主管部门批准后,浮桥方可恢复运行。

三、河道清障工作

(一)河道清障责任制

实行地方人民政府行政首长负责制。防汛指挥部负责清障工作具体事宜。

(二)河道清障范围

1. 长江流域

四川盆地内主要干支流江河沿岸是长江上游地区的防洪重点,其治理必须坚持蓄泄兼筹,中、近期以保障洪水安全宣泄为主。除结合兴利在主要干支流上游修建具有防洪作用的水库调蓄洪水外,把沿江河的堤防建设和防止乱建、乱占、乱倒、阻碍河道行洪作为清障的重点。

2. 黄河流域

(1)清除河道行洪障碍。当花园口站洪水流量超过 3 000 m³/s 时,拆除辖区内全部浮桥。当花园口站洪峰流量超过 6 000 m³/s 时,拆除辖区内在建公路、铁路大桥的施工便桥和影响行洪的临时设施。

(2)滩区群众迁安救护。当预报花园口站洪峰流量为 4 000~6 000 m³/s 时,按照责任分工,由市民政局负责,根据滩区迁安救护方案,进一步落实滩区群众的迁安救护准备工作,视情实施迁安救护。

(3)黄河河槽水边线两侧各 1 000 m 滩地范围内,不得种植高秆作物。

（三）河道清障权限

河道清障任务应由河道主管机关提出清障计划和实施方案，由防汛指挥部责令设障者在规定的期限内清除。

四、对河道行洪障碍巡查要求

汛期河道内险情的发生和发展，都有一个从无到有、从小到大的变化过程，只要发现及时，抢护措施得当，即可将其消灭在早期，化险为夷。巡查是河道管理防汛抢险中一项极为重要的工作，不可掉以轻心，疏忽大意，要能够及时发现引起险情发生的原因及影响河道行洪的障碍物。具体要求：

（1）挑选熟悉河道情况，责任心强，有河道管理经验的人担任巡查工作。

（2）巡查人员力求固定，整个汛期不变。

（3）巡查工作做到统一领导，分工负责。要具体确定巡查内容、路线及巡查时间（或次数），任务落实到人。

（4）当发生暴雨、台风、地震、水位骤升骤降及持续高水位或发现有异常现象时，增加检查次数，必要时对可能出现河势重大变化及重大险情的部位实行昼夜连续监视。

（5）巡查时带好必要的辅助工具和记录簿、笔。巡查情况和发现的问题应当记录，并分析原因，必要时写专题报告，有关资料存档备查。

（6）巡查路线上的道路符合安全要求。

第四节　抢险河势观测

河势观测是对河道水流的平面形势及其发展变化趋势的观测。河势观测在洪水期特别是易出险的河段、坝岸非常重要，在防汛抢险工作中加强对河势观测，是制订抢险方案、确定正确的抢护方法时必须做好的基础工作，使抢险工作顺利进行，少走弯路，尽量使人力、物力少受损失，做到"抢早抢小、一气呵成"，确保工程安全。抢险工作完成后，继续加强河势与工情的观测，预测河势发展变化，随时做好抢险的准备工作。

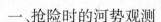

一、抢险时的河势观测

抢险时的河势观测工作是制订抢险方案的重要依据,抢险河势分析落脚点在于出险坝垛河势的稳定程度。根据上游两三个河湾的河势溜向状况、坍塌状况,结合来水状况,分析预估该出险坝垛河势是否会发生变化,由此确定或调整抢险方案,一般有以下两种情况。

(一)河势变化较小

短期内河势发生变化的可能性较小,出险的坝、岸预示着将在较长时间内受到同一河势的影响,这时要做好打持久战的准备。对于新修控导(护滩)工程的抢险,这种河势是不利的,一段时间集中冲刷新修工程,冲刷坑将不断加深,新修工程的根石将需要不断补充,补充不及时,会引起坦石坍塌,必须引起高度重视,备足抢险人员、料物和机械,做连续不间断抢险的准备。如果抢抛料物不及时,也有垮坝、跑坝的可能。

有一定基础的老坝基,由于大溜长时间冲刷,也容易发生根石走失,必须及时进行根石探测,发现坝、岸根部石料小于稳定坡度及时补充料物,确保工程的稳定性。

(二)不稳定河势

在工程范围内上提下挫,变化范围大,受到大流顶冲的坝岸时常发生变化,不同的坝岸将可能发生新的险情,这时抢险要打拉锯战、持久战、被动战,这是最为不利的河势。

河势变化大、主溜摇摆不定,分别靠在工程的上部、中部或下部,主溜顶冲工程的部位不同,发生的险情也不同。

1.主溜顶冲工程上首

一般情况下按照河势的变化,根据需要才修筑上延工程,所以工程上首修筑的坝岸会晚于工程的中部主要坝段,工程基础较浅,平时工程上首靠溜较少,根石的深度难以达到一个较理想的程度。当河势主溜顶冲工程上部时,如果工程处在节点部位,入流比较陡,水流集中所形成的冲刷坑的范围及深度比较大。由于工程坝岸受到大流的顶冲,坝前冲刷坑的形成,就会形成新的险情。如果变化的大溜可能顶冲工程上首处的滩地,冲刷滩唇遇有串沟,就有可能发生滩地走溜,甚至发生抄工程后路的险情,应高度警惕。

抢险软料如由外运来料更好,没有条件外运来料时,可就近砍伐联坝上的树枝,如抢险工地附近有村庄的,应立即动员群众将村内的树枝砍伐,必要时群众存放的麦秸、稻草、玉米秆、高粱秆、芦苇等一齐征用。

2. 主溜顶冲工程中部

虽然工程中部的坝岸基础一般较好,可根据修建时的基础及近几年的河势变化,顶冲主溜的能力强弱不同,顶冲主溜比较强的坝,即主坝;否则为次坝,所以观测人员应根据河势变化,及时探摸靠溜坝岸的根石情况,特别加强对主坝的河势观测。

工程中部坝垛受大溜顶冲,如果两道坝及多坝同时被主溜顶冲,要注意加强最上面那道靠主溜的坝的河势观测,昼夜观测,及时探摸根石,发现根石走失,及时抢护。还要加强主溜顶冲部位联坝的河势观测,要警惕联坝险情,要注重对柳料、秸料及其他软料的筹备,备足人员、料物,发现险情,及时抢护。

如果河势大幅度变化,主溜趋中,溜走中泓,整个工程各坝垛均不靠大溜,则抢险是暂时的,随着河势溜向的逐渐外移,险情逐渐会得到缓解。

3. 主溜顶冲工程下部

一般下延工程的修建,是为了控导调整河势,因河势变化被动抢修而成,修建时间往往会晚于中间的坝岸,修建时间短,经受洪水、洪峰的次数较少,坝岸的基础稳定性差,观测河势应引起重视,才能及时发现险情。

主溜顶冲工程下部时,特别是一些新修工程的下部,由于工程根基基础浅,大洪水时,洪水漫滩出槽,水流随串沟夺流,或老流路走河,极易发生顺堤行洪或发生“横河”“斜河”的险情。这种险情的特点是:水流失去控制、工程无根基、险情发展快、防守及抢护难度大。为了预防此类险情的发生,对新修工程要加强根石探摸,不断补充根石及坦石,如根石走失严重,要及时抛投柳石枕,或柳石搂厢。备足抢险人员、料物、机械设备,做好抢大险的准备。

总之,在抢险过程中要加强河势观测,不断分析,及时确定和调整抢险方法,尽快使险情化险为夷。

二、抢险后的河势观测

抢险工作结束后,思想也不能放松,对险情的控制也许只是暂时的,

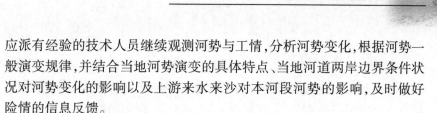

应派有经验的技术人员继续观测河势与工情,分析河势变化,根据河势一般演变规律,并结合当地河势演变的具体特点、当地河道两岸边界条件状况对河势变化的影响以及上游来水来沙对本河段河势的影响,及时做好险情的信息反馈。

如上游河湾溜势不稳定,可能上提下挫到河道工程的其他坝垛上,这时要注意跟踪观测河势溜向变化,对其他坝垛加强河势观测,确保整个工程的安全。

第五节　根石探摸

准确掌握根石状况,可为防洪抢险提供最基础的参考资料。根石探摸是探测河道坝岸工程水下工作状态安全程度,争取防汛抗洪工作主动的重要手段。因此,上级要求每年汛前、汛中、汛后均对河道工程特别是靠河坝垛的根石进行探摸。根石探摸工作结束后,根据探摸结果,还要及时撰写根石探摸报告,报告中写明拟采取的抢险或加固措施。

一、进行根石探摸的重要性

河道整治工程是河道防洪工程的重要组成部分,主要包括控导工程和险工两部分。控导工程和险工由丁坝、垛(短丁坝)、护岸三种建筑物组成。土坝体、护坡的稳定依赖于护根(根石)的稳定。这些工程常因洪水冲刷造成根石大量走失而导致发生墩、蛰和坝体坍塌等险情,严重时将造成垮坝,直接威胁堤防的安全。为了保证坝垛安全,必须及时了解根石分布情况,以便做好抢护准备,防止垮坝等严重险情的发生。因此,根石探测是防汛抢险、确保防洪安全的重要工作之一。

长期以来,根石探摸技术一直是困扰黄河流域黄河下游防洪工程安全的重大难题之一,解决根石探测技术问题,及时掌握根石的分布情况,对减少河道整治工程出险、保证防洪安全和沿黄农业丰收至关重要。几十年来,水下根石状况大多数靠人工探摸。

人工探摸范围小、速度慢、难度大,探摸人员水上作业时还有一定的危险性,难以满足防洪安全的要求。

二、根石探摸的要求

坝垛根石探摸是在预先设置的固定观测断面上进行的,观测断面一般由2个固定点决定,一个在坝顶上口,另一个在坝顶轴线部位或坝坡上或根石台顶。观测断面的数量依坝垛长短确定,一般100 m长的丁坝,迎水面设置2个或3个观测断面,上跨角、坝前头、下跨角、背水面各设置一个断面。

根石探摸成果包括断面图、缺石工程量及分析报告三部分。断面图是按一定比例绘制的坝垛临水侧轮廓线图,一般由坝顶、护坡、根石、河床四部分组成。坝顶不一定全部绘出,可绘2～3 m宽,护坡可按实测或原竣工资料绘制,根石坡度及深度按实际探测资料绘制。断面图必须标注工程名称、坝垛编号、断面位置及编号、坝顶高程、根石顶高程、河床床面高程、探测日期及当地流量和水位、探测方法等。由于根石探摸的目的是了解根石情况,因此除根据探摸资料准确绘制根石坡度形状外,还应用适线法绘出探测的根石平均坡度及设计稳定坡度,必要时应将上一次探摸结果套绘于同一断面上,以便对比分析。

三、根石探摸的时间

(1)汛前探摸。在每年4月底前进行探摸。对于上年汛后探摸以来河势发生变化后靠大溜的坝垛进行探摸,探摸坝垛数量不少于靠大溜坝垛的50%。

(2)汛期探摸。主要是对汛期靠溜时间较长或有出险迹象的坝垛及时进行探摸,并适时采取抢险加固措施。

(3)汛后探摸。一般在每年10～11月进行,探摸的坝垛数量不少于当年靠河坝垛数量的50%。

(4)抢险时的根石探摸。若发生猛墩猛蛰入水险情,应探明入水深度,滑塌边脚的位置,以估算工程量及预计险情发展趋势,一般抢险中探测抛石、抛笼坡度,指导抛投位置,同时注意探测河底土质,发现有淤泥滑底时,应及时改进抢护方法。在抢险后应进行一次全坝探摸,了解抢险后根石状况,研究是否还需要在下次洪水期间加固。

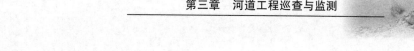

四、根石探摸的方法

根石探摸方法很多,主要有人工探摸和专用仪器探摸两类。仪器探摸比人工探摸具有准确率高、速度快等优越性,但现在并未广泛采用,究其原因,仪器探摸有很多局限性,如仪器的布局、抢险时机、仪器的造价高昂、所需仪器的数量等局限性,现在人工探摸的方法在防汛工作中最为常用。

(一)人工探摸

人工探摸按使用机械工具不同有探摸杆、探摸船、锥探、绳探等方法,锥探是黄河下游目前应用最广泛的方法。

人工探摸是采用探测根石表面某点深度的方法,用皮尺测量平距,然后据此绘出根石断面图。锥杆由直径 16～19 mm 优质圆钢制成,下端加工成锥形或用丝扣连接一锥头,以便在锥探时能穿过抛投物上的沉积土层。具体操作步骤是在设置断面坝坡外口或根石台外口用皮尺每隔 1～2 m 测一根石表层深度。如锥头锥入河床泥土内一定深度后仍遇不到石块,应继续测两三个点;若仍遇不到石块,则表明已超出根石裹护范围,即以最后遇石一点的深度作为根石深度。在测量根石断面时,若坝前无水,锥探可在滩地上进行,锥用支架固定支撑;如坝前有水,锥在船上支撑,若水深超过 10 m 或坝前流速很大,可改用绳栓重物加测。

探摸杆探摸:探摸杆一般为 5～6 m 长的木杆,有经验的探摸人员手持探摸杆,在岸上进行,一般一人探摸,另一人记录,系好安全设施,注意人身安全。

探摸杆与探摸船结合探摸:主要是利用组合船体作为根石探摸的工作平台进行作业,利用两台 15 马力❶发动机做动力,驱动螺旋浆行走,进行根石探测能迅速到达指定位置。探摸船上装有收缩式行走轮,在陆地上可以拖着走。利用发动机发电,可用于行走动力、抢险照明及抢险工作中人员生活等。

组合式多功能抢险船组合体分体后可用于根石探测,船体稳定,操作简单易行、安全,探测数据准确。

---

❶　1 马力 = 735.499 W。

抢险船由两部分组合而成,船只装有两台 15 马力发动机,用于行走、照明的动力,装有四个收缩式轮,在陆地上可以拖着行走,每条船上设有生活舱。组合式多功能抢险船共分船体、动力、行走、附助设备四部分:

(1)船体由两条船组成,每条船上都有动力、照明、行走装置。

(2)动力由两台 15 马力发动机提供。

(3)行走由发动机带动螺旋桨驱动。

(4)附助设施包括栏杆照明、拆卸式顶蓬、陆地行走轮、缆绳桩、绞关、电动根石探测机、捆抛枕架等。

锥探根石简单易行,但是该方法也存在以下几个方面的问题。

1.探摸的外边界问题

通常在探摸时,险工从根石台、控导工程从沿子石开始向外探摸,这个可以称作内边界;向外探摸至无石为止,可以称作外边界。探摸时,随着平距的增大,根石深度越来越深,人工锥探的难度也增大,当深度达到 15 m 以上时,再遇到特殊地质(如淤泥、硬土层等),就无法继续探摸。再者,当平距很大时,就算能探摸到根石,也不好判断是该坝的根石还是上游走失的根石。因此,进行根石探摸时首先应确定一个合适的外边界,这样不仅可以提高工作效率,降低劳动强度,而且能够提高探摸质量,缩短探测时间,节约投资。

2.探摸精度较低

(1)水流湍急的部位,人工锥探无法进行。常用的探锥会被水流冲弯,其着石部位难以保证是否是真正的探摸部位,且探摸深度也会因锥杆的弯曲而使丈量的读数变大,精度不能达到标准要求。若特制一些较粗的锥杆,由于水流速度较快,探摸时操作不方便。

(2)探摸断面受坝前水深的影响。按规定,每 20～30 m 确定一个探摸断面,上跨角、圆头、下跨角必测。然而在实际工作中,大部分迎水面及下跨角部位为淤泥或水很浅,既无法靠船,又无法站人,造成探摸断面的不完整,影响探摸质量。

(3)探摸船只难以按要求部位准确固定。按规定,垂直坝轴线向外每 2 m 将确定一个探摸点,然而在实际工作中,由于水流作用,船只很难按要求固定,特别是大溜顶冲时,或近或远、或前或后的情况时有发生,所探点不一定在同一线上,影响探摸精度。

(二) 仪器探摸

黄河水利委员会根石探摸项目组依托水利部"948"项目"坝岸工程水下基础探测技术研究",引进了国内浅地层剖面仪,在黄河流域经过对探测设备软硬件的升级改造及现场反复试验研究,解决了水下根石探摸问题,大量的对比探摸资料表明,仪器探摸精度满足工程需要,并具有探摸范围大、速度快、安全性高等特点,为黄河下游防洪工程建设与管理提供重要的技术支撑。

1. 浅地层剖面探摸条件

黄河下游根石探摸需要穿透的介质主要为含泥沙的黄河浑水、河水底部的沉积泥沙、硬泥等介质。含泥沙的黄河浑水介质并不均匀,从水面到底部泥沙颗粒逐渐增大,其相应的物性参数特征值也逐渐变化,但水底与沉积泥沙接触面存在突变;黄河河床底部沉积泥沙、硬泥从上到下硬度逐渐增加,相应的物性参数也逐渐变化,但与根石接触的界面存在物性参数的突变。因此,在对根石进行探测时,必须穿透浑水、沉积泥沙或硬泥等介质。

黄河河道工程根石探摸作业范围小、坝垛附近流态复杂、布设测线困难、根石散乱、坡度陡,精度要求高,并须穿透浑水和淤泥层。利用浅地层剖面仪,通过组合的 GPS 动态差分仪、综合集成软件进行了大量的现场试验,经对比试验和生产试验,解决了河道工程根石探摸的技术难题,改变了长期依靠人工锥探的落后方法。

2. 探摸原理

浅地层剖面仪由船上单元、水下电缆和拖鱼组成,拖鱼与一条电缆连接悬在水中,它装有宽频带发射阵列和接收阵列。探测采用声呐原理,发射阵列发射一定频段范围内的调频脉冲,脉冲信号遇到不同波阻抗界面产生反射脉冲,反射脉冲信号被拖鱼内的接收阵列接收并放大,由电缆送至船上单元的数控放大器放大,再由 A/D 转换器采样转换为反射波的数字信号,然后送到 DSP 板做相关处理,最后把信号送到工作站完成显示和存储处理。经时深转换与数据处理,可得到水面以下浑水介质和地层分布情况。可采用定点观测与断面探摸工作方法。

3. 探摸方法

浅地层剖面仪主要用于海洋调查勘探,其工作水域一般是以千米计,

探测范围大,分辨率要求不高,首次将浅地层剖面仪引入黄河下游河道工程根石探摸工作中,而黄河根石探摸的工作水域,是由坝垛和长期运行后水下根石的分布区域决定的,其作业范围较小、精细化程度较高。采用浅地层剖面仪,通过组合 GPS 定位仪和船载探测系统,并与数据处理软件和黄河河道整治工程根石探测管理系统综合集成,形成了快速高效的探测技术手段,实现小尺度水域的精细化探摸,从而取得了良好的探摸效果。

具体的探摸方法:坝垛上用 GPS 定位仪测量断面位置后,在岸上固定好断面,在坝顶断面桩处竖立两根测量花杆控制断面测量方向。探摸设备在水中沿着断面方向进行探摸,探摸数据经处理后绘制根石断面图或在坝垛附近水域随测量定位给出坝垛根石等深线图,按需要截取不同的根石断面图。由于河水、沉积泥沙、根石界面之间存在着很大的波阻抗差异,当声波入射到水与沉积泥沙界面和沉积泥沙及根石界面时,会发生反射,仪器记录来自不同波阻抗界面反射信号,同时将 GPS 定位系统测量的三维坐标记录到采集的信号中,对信号进行识别、处理,得到水下根石的分布信息,把探摸到的根石分布信息输入黄河河道工程根石探摸管理系统中,对根石进行网络动态实时管理。根石探摸现场工作方法,是在河水高流速的情况下进行的,如果行船航迹不能沿设定断面探摸,也可采用绕坝探摸模式。

4. 探摸成果

探测的原始记录用灰度图实时地显示在仪器显示屏上,通过原始记录即可大体看出水下淤泥与抛石分布情况,左侧为淤泥层反射界面,界面比较光滑;右侧为抛石的反应,能量很强,但有发散情况。

为适应在浅地层剖面仪软、硬件环境及新的工作模式下,准确、快捷地处理解释数据资料,项目组开发了一套数据处理软件,提取探测数据,对数据进行快速处理与解释。首先调用原始数据,显示原始数据影像,经处理转换成波形图,提取出 GPS 数据绘制航迹图,根据轨迹图追踪波形反射界面,自动存储探测数据,计算缺石面积和缺石量等,绘制断面图,并可导出成果统计分析表。

5. 仪器与人工锥探对比

在项目研究过程中,对仪器探测与人工探摸工作进行了对比,为保证探测结果的可靠性和代表性,选择了动水、静水、有石无沙、有石有沙和无石等具有代表性的断面进行对比探测。内容包括探测能力、探测精度、水上定位精度、探测效率等。

断面探测对比时,人工锥探和仪器探测分别沿同一断面上进行探测。探测地点选择在水流较缓水域。探测时,仪器在探测载体运动状态下沿着测量定位线连续移动探测;人工锥探仍采用靠船边沿着同一条测量定位线每间隔 2 m 进行探测。在黄河下游长垣周营控导工程 28#坝、29#坝沿固定断面进行了仪器探测(见图 3-1、图 3-2),并与同测线下的人工锥探作了对比。人工锥探与仪器探测剖面以及探测资料的对比显示,探测深度、根石比降基本一致。由于人工锥探探测数据量少,其探测断面线呈直线状;而仪器探测数据量大,清晰完整地反映了水下根石的真实状态。两图探测断面形态吻合良好,深度最大误差小于0.3 m。

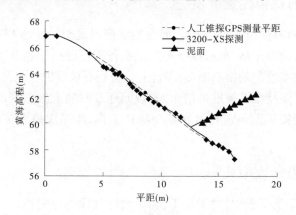

图 3-1 黄河下游长垣周营控导工程 28#坝迎水面

黄河下游河道工程根石探摸是确保防洪工程安全的一项重要工作。将海洋调查专用的大功率非接触式浅地层剖面仪应用于多沙河流根石探摸,将浅地层剖面仪、RTK 移动测量 GPS 定位系统、综合集成软件、自主开发的船载探测系统有机配合,在实时同步情况下,采集的脉冲信号与定位数据相匹配,提高了采样密度和精度,实现了小尺度水域的精细化探摸。解决了河道工程根石探摸中穿透淤泥层等技术难题,改变了长期依靠人工锥探的落后方法。

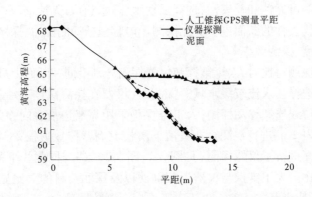

图 3-2 黄河下游长垣周营控导工程 29#坝迎水面

五、根石探摸注意事项

为规范根石探摸工作,全面、细致地掌握河道整治工程根石分布状况,争取防洪抢险主动,根石探摸要严格执行根石探摸管理办法,并不断总结经验,根据绘制的根石断面比较图,分析根石坡度的变化及根石的运动情况,研究维持根石坡度的措施,发现问题及时向上级主管部门反馈。其次,根石探摸工作一定要做好安全防护工作,确保探摸人员的人身安全。

六、根石断面型式

在河道整治工程中,对于险工,为了增加坝垛的稳定性,一般都设有根石台。控导(护滩)工程一般不设根石台。

根石台顶宽为 2.0 m,护坡石坡度,枯水位以上部分内坡与土坝的外坡相同,外坡 1:1.1~1:2.0。枯水位以下内坡很不规则,它是水流冲刷后填充起来的;外坡也不规则,平均坡度为1:1.3~1:1.5。根据黄河下游部分险工坝垛的根石探摸资料,根石深度及宽度多为十几米到几十米,根石坡度并非均一,多为折线,一般上部坡度较陡,下部较缓。

七、根石探摸报告

根石探摸工作结束后,及时对探摸资料进行数据录入和整理分析,并

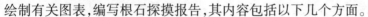

绘制有关图表,编写根石探摸报告,其内容包括以下几个方面。

(一)对所探摸根石断面的分析

根据绘制的有关图表对根石断面进行分析,根石断面分析是对实测现状根石坡度与设计稳定根石坡度进行对比分析。黄河河道整治工程抛石护根设计稳定坡度一般取 1∶1.3 ~ 1∶1.5,当实测根石平均坡度小于 1∶1.3 时,说明根石处于不稳定状态,要考虑加固;当根石平均坡度为 1∶1.3 ~ 1∶1.5 时,说明根石处于基本稳定状态,是否采取加固措施,需根据坝垛靠溜及投资等情况确定;当根石平均坡度大于或等于 1∶1.5 时,说明根石处于稳定状态,不需加固。实际操作中还有一个危险临界坡度,即根石平均坡度小于或等于 1∶1.0 时,任何情况下都需要采取措施进行加固,如在汛期发现,说明可能有险情出现,应立即加固。

(二)计算缺石量

坝垛缺石量是指根石平均坡度小于设计稳定坡度时所缺石料数量。计算方法是将根石平均坡度与设计稳定坡度之间所围成的面积乘以该面积所代表的长度,即得一个断面的缺石量。将一个坝垛各断面的缺石量相加即得该坝垛的总缺石量,依次类推可求出一处工程所有坝垛总缺石量(见图 3-3)。

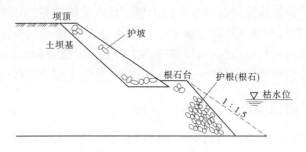

图 3-3　根石断面示意图

$$M = LS \qquad (3-1)$$

式中:M 为所缺根石量;L 为缺石量代表的长度;S 为缺石处断面面积。

计算时要注意的是,坝头的断面代表长度应取断面重心处的长度,而不能在坝顶上取裹护体长度。抢险时在出险范围内可根据出险长度临时增设探摸断面,并据此计算抢险抛投物工程量,以求准确。在确定采取工程措施进行加固时,主要依据断面坡度,其次考虑根石深度及靠溜状况

等。所计算的缺石量实际是所缺的体积,即抛投物工程量。

(三)拟采取的抢险或加固措施

根据探摸结果,报告中写明该坝拟采取的抢险方法或加固措施。

最后,把逐坝所缺的根石量汇总,计算出该工程所缺根石量,以及整治加固措施,上报上级主管部门。

第六节　河道工程险情监测

河道工程坝垛出现险情要早抢护,这样抢险容易成功,确保工程安全;抢晚了,险情发展大了,不仅耗费大量人力、物力,而且会使险情变得复杂,抢险难度加大,甚至导致抢险失败,工程被冲垮,要达到险情"抢早抢小",必须做好险情监测工作,及早发现险情,把险情消灭在萌芽状态,因此险情监测在抢险工作中占有重要地位。

不同的江河流域,由于地理位置及其他条件不同,传统与现代先进的险情监测方法也不相同。

一、险情监测的定义

河道工程抢险险情监测在时间上包括日常险情监测、汛期险情监测、特别险情监测;在险情抢险过程中包括险象监测、抢险期间险情监测及抢险工作完成后进行的监测;具体实施办法包括人工监测和仪器监测;在一处险工的险情监测应包括对一段坝、多段坝、整处工程等进行的监测。

二、险情监测的目的

河道工程抢险险情监测由传统险情监测方法向现代先进的险情监测方法的转变提升,是河道工程抢险的必然要求,逐步实现防洪工程工情、险情信息自动采集、图像实时传输、险情及时发现、数据正确分析和资料迅速上报,为防洪调度指挥提供及时、准确的科学决策作依据,为提高防洪工程科学化管理水平,真正做到防洪抢险工作有的放矢和"抢早、抢小",不打无准备之仗,不打无把握之仗,变被动抢险为主动抢险,从而最大限度地降低工程出险概率和破坏程度,以确保河流防洪安全。

三、险情监测的种类与规定

(一) 险情监测的种类

对于河道工程抢险险情监测,从河道工程抢险施工完成后,都应自始至终地进行险情监测。

河道工程的抢险险情监测一般分为日常险情监测、汛期险情监测和特别险情监测三类。

1. 日常险情监测

根据河道工程的具体情况和特点,制定切实可行的险情监测制度,具体规定险情监测的时间、部位、内容和要求,并确定日常的险情监测路线和险情监测顺序,由有经验的技术人员负责进行。

2. 汛期险情监测

在每年的汛前汛后、洪峰期前后、冰冻较严重的地区的冰冻期和融冰期,按规定的检查项目,由河道主管单位负责人组织领导,对河道工程进行比较全面或专门的险情监测。

3. 特别险情监测

当河道工程遇到严重影响安全运用的情况(如发生暴雨、大洪水、有感地震、强热带风暴,以及水位骤升骤降或持续高水位等)、有蚁害地区的白蚁活动显著期、发生比较严重的破坏现象或出现其他危险迹象时,由河道主管单位负责组织特别检查,必要时应组织专人对可能出现险情的部位进行连续监视。

(二) 险情监测规定

(1)布设的监测基点应设在稳定区域内,测点应与坝体或岸坡牢固结合。基点及测点应有可靠的保护装置。

(2)险情监测用的平面坐标及水准高程,应与设计、施工和运行诸阶段的坐标系统相一致。

(3)险情监测设施及其安装应符合技术要求。

四、险情监测项目和内容

(1)坝顶。有无裂缝、异常变形等情况。

(2)迎水坡。护面或护坡是否损坏,有无裂缝、剥落、滑动、隆起、塌

坑、冲刷等现象,近坝水面有无变浑或漩涡等异常现象。

(3)背水坡。有无裂缝、剥落、漏洞、隆起、塌坑、雨淋沟、散浸、积雪不均匀融化、冒水等现象,排水沟是否通畅,草皮护坡植被是否完好,有无兽洞、蚁穴等隐患。

(4)联坝。有无裂缝、滑动、崩塌、溶蚀、隆起、塌坑、异常渗水和蚁穴、兽洞等。

五、险情监测的方法和要求

(一)险情监测方法

1.常规方法

用眼看、耳听、手摸、鼻嗅、脚踩等直观方法,或辅以锤、钎、钢卷尺、放大镜、石蕊试纸等简单工具对工程表面和异常现象进行检查。

2.特殊方法

采用开挖探坑(或槽)、探井、钻孔取样或孔内电视、向孔内注水试验、投放化学试剂、潜水员探摸或水下电视、监控、水下摄影或录像等方法,或对水下坝基进行检查。

(二)险情监测工作要求

(1)日常险情监测人员应相对稳定,监测时应带好必要的辅助工具和记录笔、记录簿。

(2)汛期险情监测和特别险情监测时,均须制订详细的监测计划并做好如下准备工作:①采取安全防范措施,确保工程、设备及人身安全;②准备好工具、设备、车辆或船只,以及量测、记录、绘草图、照相、录像等器具。

(3)各项监测应使用标准的记录表格,统一格式,认真记录、填写,严禁涂改、损坏和遗失。监测数据应随时整理和计算,如有异常,应立即复测。当影响工程安全时,应及时分析原因和采取对策,并上报主管部门。

(4)在采用自动化监测系统时,必须进行技术经济论证。仪器、设备要稳定可靠。监测数据要连续、准确、完整。系统功能应包括数据采集、数据传输、数据处理和分析等。

六、抢险险情监测

（一）险象监测

河道工程出险前的监测即险象监测，险象是河道工程坝垛可能发生出险的征兆，一般有根石局部蛰动，坦石裂缝、蛰陷，坝顶裂缝等现象。

（1）如果根石在水面以上部分蛰动，反映水下根石已经有走失现象，如继续大量走失，可导致上部根石和坦石坍塌出险。这时要详细记录开始蛰动时间、尺度（平均长度、宽度、深度），为以后监测提供最基础数据和依据。对多次监测数据进行比较，如坍塌速度加快，出险尺度增大，则应立即上报，河道主管部门组织人员进行抢护。

（2）如坝坡出现裂缝、蛰陷，可能是根石蛰动引起的，也可能是坝基土胎变形引起的。前者是较大险情的征兆，后者是一般险情的征兆，这时监测要选择多个固定点观测裂缝和护坡裂缝两侧高差的变化，对基础薄弱蛰动产生的裂缝，更要派专人连续监测。

（3）坝顶裂缝多发生在土坝基靠近临河侧，走向与坝轴线基本平行，略呈弧形向临河方向延伸，裂缝一般为 1 条，有时 2～3 条，主缝缝宽、较长。新修工程如为搂厢进占修筑或柳石枕抛护，此时坝顶裂缝是软料变形引起的，可用填土处理裂缝，无须再监测，但对于基础薄弱产生的裂缝要作为重点监测，特别是大溜顶冲的坝岸更应该重视。同时，要进行根石探摸，根据探摸断面，如发现根基坡度过陡或有明显凹陷，应采取加固措施，防止重大险情出现。

以上为河道工程抢险的日常险情监测，还要注意对汛期的险情监测，以及特别情况下的特别险情监测，使河道工程抢险工作未雨绸缪。

（二）抢险时的险情监测

河道工程抢险时的监测，即一边抢险一边监测，重点监测以下内容。

1. 监测险情被控制的程度

监测险情被控制的程度，即检验所用的抢险方法是否正确、合理，由此确定或变更抢险方法。有经验的技术人员，为了人身安全，最好站在抢险船只上，随时探摸出险部位的水深、水下是否有漩涡、水下抢护进展尺度等，根据抢护进度情况，及时调整抢护方案。

2.对河势溜向的监测

根据该坝险情部位和国家主要江河近几日水情预报,结合当地气象部门雨情预报,分析上游河道来水情况,预测河势溜向发展方向,及时调整抢护措施。

3.对河底土质的监测

有经验的技术人员迅速探摸河底土质,河床土质类型有沙质壤土河床、淤土河床、格子底河床,根据河床土质,及时调整抢护方法。

4.对所用人员、料物的观察

抢险指挥人员对参加抢险工作的队伍,要注意观察,充分发挥训练有素、作风顽强、技术精湛的专业抢险队的作用,及时调整到险情最严重的部位,这样尽量摆脱人力、料物不足的困境,即"好钢放在刀刃上",达到使险情尽快得到遏制的目的。

总之,在抢险过程中要加强险情监测,对各种不可预估的原因不断分析,及时调整抢护方案,节约人力、财力资源,化险为夷。

(三)抢险后的险情监测

河道工程抢险工作完成后的险情监测工作非常重要,要引起高度重视,有人工监测、仪器监测两种方法。

1.人工监测

河道主管部门一定要派责任心强、技术本领过硬的技术人员负责该项工作,并及时反馈抢险后的险情监测工作信息。

2.仪器监测

河道工程抢险工作完成后的仪器监测,也要派经验丰富的技术人员负责对险情、险象等各种数据的对比、分析,发现数据异常,立即报告河道主管部门,采取应对措施,确保河道安全、万无一失。

七、长江、黄河流域的险情监测

(一)长江流域

1.传统险情监测

1)长周期的静态险情监测

(1)水平位移监测。根据长期监测的结果,长江堤坝水平位移的静态变形值为±50 mm,当采用静态 GPS 用坐标法进行水平位移监测时,变

形值的变化速度为 ±0.6 mm,监测的周期为 83 d。如果采用 COAS 系统,还可以适当延长监测的周期。

(2)沉降监测:长江堤坝垂直位移的静态变形值的变化速度为 ±0.11 mm,监测的周期为 90 d;采用二等水准即可满足监测要求。

2)短周期的静态险情监测

(1)水平位移监测。长江在 6~9 月的汛期,常会出现一定周期的水位变化以及以 1 d 为周期的潮汐变化的影响,因此造成了江岸、堤坝相应的短周期的规律性变形。根据统计规律和经验,监测周期为 5~30 d,为了提高效率,可分别对安全江段和险工险情段给予重点关注和监测。

(2)沉降监测。长江江岸、堤坝相应的短周期的规律性沉降变形,也可以 5~30 d 为一个周期进行监测,根据具体情况,可分别对安全江段和险工险情段分轻重缓急给予重点关注和监测。

3)动态险情监测

(1)水平位移监测:在长江汛期,江岸、堤坝常会因一定方向的荷载或冲击,出现连续性的位移变形。对于这种特征的变形,应根据预计的沉降速度采用连续性的监测。根据变形量的大小和变形速率,随时调整检测的频率和精度标准。实践证明,当变形量较小时,精度不太高的水平位移监测效果不明显,可采用精密导线测量,对个别险工险情段给予重点关注和监测。

(2)沉降监测。当有动态的垂直方向位移变形时,根据预计的沉降速度采用连续性的监测。根据变形量的大小和变形速率,随时调整检测的频率和精度标准。可以几小时到几天为一个周期,对个别险工险情段给予重点关注和监测。

4)主流航道的险情监测

主流航道的险情监测主要是对主流航道的位移监测,由于长江河底地质构造、泥沙淤积、水力学、河床动力学等复杂的原因,河底的深泓点以及相应的主流航道发生位移,潜伏着长江的不稳定流对江岸的冲刷而崩岸塌江的风险。这种变化要及时地发现,一般采用抛石加固堤坝的方法,预防灾害的发生。

5)港口及沿江建筑物和构筑物的险情监测

长江流域沿江有众多的港口、码头、工业设施、建筑物和构筑物,对其

133

进行险情监测是一项负责任的重要的工作。

该项工作一般执行《工程测量规范》(GB 50026—2007)、《建筑变形测量规程》(GB JGJ8—2007)。

2.险情远程监测系统

长江重要堤段和重要水工建筑物变化的实时数据可直观地传递到千里之外的湖北省防汛抗旱指挥部办公室,利用移动监测系统,将长江堤防、坝岸延伸监测到每个角落。

湖北长江干堤险情监测系统覆盖范围包括武汉江堤、汉南长江干堤、荆南长江干堤、粑铺大堤和黄冈长江干堤等5个重要堤段和重要水工建筑物。该系统通过在重要堤段和重要水工建筑物内埋设闸位计、水位计、渗压计、测斜仪等传感设备,安装视频监控设备,对干堤、水工建筑物等重点险工险段的沉降与位移、渗流、水位、河床和岸坡冲刷等情况进行监测,利用自动化采集模块收集并储存传感器的原始数据,利用监控软件将原始数据与相应的长江水位等因素进行相关分析,及时发现异常现象,对堤防和水工建筑物的安全及时预警,并通过水利防汛专用网络的传送,实行异地监测。

目前,在项目区设立了15个数据采集站、11个基础站和武汉、荆州、鄂州、黄冈4个分中心站,在湖北省防汛抗旱指挥部办公室建立了监控中心站。配备8套固定视频监控设备、4套移动视频传输设备和4套网络视频会议系统。

(二)黄河流域

1.传统险情监测方法

目前,黄河流域丁坝监测主要以直接探测坝体表面变化为主,如传统的锥探法,还有电阻率法和声纳探测法。

(1)锥探法。该法是应用最早的监测方式,由探测锥杆探测,根据探测点距岸边距离推算出水下坝体的大体位置及根石走失情况。该法的缺点是劳动强度大、速度慢、效率低等,且汛期危险性较高。锥探法技术要求低、易掌握,在黄河下游坝岸监测中,依然作为抛石抢险的主要依据而广泛运用。

(2)声纳探测法。该法的原理是利用声纳发生装置产生声脉冲场,当声波向下传播遇到具有不同波阻抗分界面时产生发射,利用接收换能

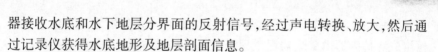

器接收水底和水下地层分界面的反射信号,经过声电转换、放大,然后通过记录仪获得水底地形及地层剖面信息。

2. 险情实时监测技术

1)黄河险工控导工程工情险情实时监测系统

黄河险工控导工程工情险情实时监测系统是"数字黄河"建设的重要内容之一。该系统利用现代先进的传感器技术、电子技术、计算机网络与通信技术、图像识别技术,借助于工程内部埋设的传感器和工程外部安装的数字摄像机,对工程内部的运行状况与出险情况进行实时监测与监视。以此为基础,通过现有黄河广域网和无线宽带网,实现了工程的网络化分级管理,为防汛指挥提供了及时、准确、可靠的依据。

在黄河流域原阳段双井控导工程成功安装和运行了该系统,在2003年9月的黄河洪水考验中,此系统以其独特的优势及时监测了根石走失情况和河势变化,同时采集了大量的数字信息资料,为确保工程安全运行提供了必要的数据保证。该系统主要由以下几个部分组成:

(1)系统软件。在本系统的开发中,操作系统采用 Windows 2000 Server,软件开发采用 Delphi6.0 和 SQL Server2000 数据库。

①系统软件功能主要包括:能全天候地实时监视工程出险情况并自动报警;能实时监测根石走失情况;自动测量当前河宽;自动接收无线水位计传来的临河水位数据;显示当前该段黄河河势变化情况;显示坝、垛出险及水位三维图上标示出出险点及水位线位置;自动记录水位、根石走失等数据资料,生成历史数据库,以供查询分析;自动生成各种水文报表并打印。

②根石位移采集技术:水下根石位移数据的采集主要靠位移传感器来实现。传感器采用拉绳式电位器,并选用高精度电位器。

③图像监测技术:坝岸图像监测主要是通过摄像机采集坝岸的图像,通过图像处理技术来监测坦石、沿子石的走失、滑落、裂纹,连坝坍塌等出险情况。

④河宽测量技术:利用图像处理来测量河宽,利用图像处理技术找到河岸与水面的分界线,然后与事先标定的参数进行对比,估算出当前河宽。

(2)系统硬件。

①根石监测系统:根石监测系统由8台位移传感器和1台位移采集器组成。传感器由采集器提供恒流供电,采集器采集到的数据经串行通信模块传送到计算机。

②视频监测系统。系统组成:视频监测系统由4台摄像机和1块视频采集卡组成。其中,2台摄像机分别监测18#坝背水面和17#坝迎水面,1台摄像机监测河宽,1台摄像机监测河势;视频采集卡采集视频信号。

2)光纤光栅传感技术监测

光纤光栅监测技术作为一种精度高、适用性好的被动式监测技术,在测量微小形变方面有着独特的优势。

光纤光栅监测机制分为强度调制性、相位调制性、波长调制性等。针对黄河丁坝监测要求监测微形变的核心问题,选用波长调制性传感器。

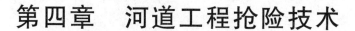

第四章　河道工程抢险技术

在河道工程出险后,要立即查看出险情况,分析出险原因,有针对性地采取有效措施,及时进行抢护,以防止险情扩大,保证安全。否则,不但不能把险情抢护好,反而可能使险情加剧,甚至造成垮坝危险。

第一节　土石结构河道工程抢险

土石结构坝岸的河道工程常见险情有根石坍塌、坦石坍塌、坝基坍塌(墩蛰险情)、坝垛滑动、坝垛漫溢、坝岸倾倒、溃膛险情及坝裆坍塌等。常用的抢护方法有抛投块石、铅丝笼、土袋、柳石枕及柳石搂厢等。本书介绍的多为单坝险情及抢护方法,对于一处工程多处出险,抢护方法类似单坝,但应统筹安排,确保重点。同时,要根据河势上提下挫的发展趋势,抢护或加固较轻险情的坝垛,防止出现大险。抢险工作完成后,要安排专人守护,加强观测,确保安全。现以黄河流域河道工程为例,介绍土石结构河道工程抢险技术和经验。

黄河下游土石结构的河道工程丁坝、垛、护岸简称坝垛,由土坝体、坦石(护坡)、根石(护根)三部分组成(见图4-1)。

一、根石坍塌

根石是坝垛稳定的基础,其深浅不一,根石薄弱是坝垛出险的主要原因。坝垛前沿的局部冲刷坑的深度一般为 9～21 m,当出现"横河""斜河"时,冲刷坑的深度还会加大。

河道下游砂粒的组成较细,河床质粒径 $D_{50} = 0.06～0.10$ mm,抗御水流的能力很差。坝垛靠溜后,易被水流淘刷,在坝垛前形成冲刷坑。为了保护坝体的安全,防止冲刷坑扩大,需及时向坑内抛投块石、铅丝笼、柳石枕等。由于护根的绝大部分材料为块石,习惯上将护根称为根石。对于险工,为了增加坝垛的稳定性,一般都设有根石(控导工程一般不设根

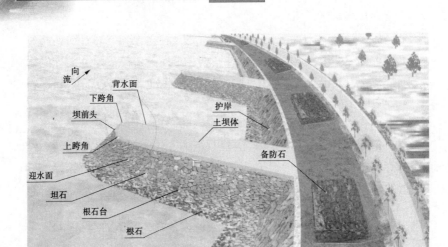

图 4-1　险工丁坝示意图

石台)。根石台顶宽度为 2.0 m。根石的坡度,枯水位以上部分内坡与护坡的外坡相同(见图 4-2)。

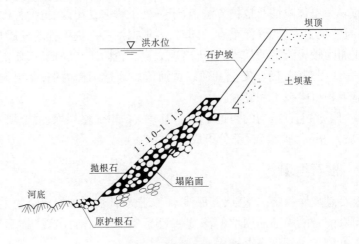

图 4-2　根石坍塌示意图

(一)险情说明

河道整治工程的丁坝、垛、护岸着溜重,受水流集中冲刷,基础或坡脚淘空,造成根石的不断走失,会引起坝岸发生裂缝、沉陷或局部坍塌,坝身失稳。

(二)原因分析

1．水流的因素

(1)冲刷坑的形成。在丁坝上下游主溜与回溜的交界面附近,因流速不连续或流速梯度急剧变化,产生一系列漩涡,回溜周边流速较大,在丁坝上下跨角部位冲刷。受大溜冲刷的概率大,着溜重,冲刷深。此部位根石易被湍急水流冲刷走,有的落于冲刷坑内,有的被急溜挟带顺水而下,脱离坝根失去作用。

(2)高含沙水流的影响。高含沙水流的流变特性发生了变化,二相流变成均质流。当水流速度增大时,河床质变得容易起动,造成高滩深槽,部分河段主槽缩窄,单宽流量加大,水流集中冲刷力增强,坝前冲刷坑就比较深。

(3)弯道环流的影响。弯道环流作用使得凹岸冲刷较重,凸岸淤积,黄河下游大都是受人工建筑物控制的河湾,水流因受离心力作用,对工程冲刷力加强,促进根石走失。

(4)"横河""斜河"影响。"横河""斜河"使水流顶冲坝垛,造成根石走失,抢险的概率较大。

2．工程断面的因素

(1)根石断面不合理。散抛石大部分堆积在根石上部,形成坡度上缓下陡、头重脚轻的现象,这种情况对坝体稳定极为不利,很容易出现根石走失。

(2)根石外坡凹凸不平。外坡不平增大了水流冲刷的面积和糙率,加大了河底淘刷,影响根石稳定。

(3)断面坡度陡。护坡坡度越陡水流的冲刷作用越强,冲刷坑越深,造成根石走失越严重。

3．块石尺寸的因素

使用的石料体积和质量不足,坝前的流速大于根石起动流速时,流速大、抗冲能力差,不能保持自身稳定,块石从根石坡面上,就会被一块一块地揭走,造成揭坡。石块被急溜冲动走失。

4．工程布局的因素

工程布局不合理,坝挡过大造成上游坝掩护不了下游坝形成回溜,甚至出现主溜钻挡,甚至窝水兜溜,加剧根石走失,冲刷坝尾出现大险。还

有个别坝位突出,形成独坝抗大溜,造成水流翻花,淘根刷底,坝前流速增大,水流冲击力超过根石起动流速,被大溜冲走块石,造成根石走失,出现大险。

5. 施工方法的因素

(1)施工改建。在控导工程加高改建时,把原有的根石基础埋在坝基下,往外重新抛投根石。即使过去已经稳定的根石,也会重新坍塌出险。

(2)加抛根石不到位。在工程受大溜顶冲发生险情时,居高临下在坝顶上投抛散石,会造成大量块石被急流卷走,一部分则堆积在根石上部,也不稳定。这样不但造成浪费,很难有效缓解险情,而且可能增加险情,造成进一步的坍塌。

(3)基础清理不彻底。旱地施工,在挖根石槽时,没有清理好槽底就抛固根石,泥土、石块混合,一旦着溜,根石易走失。

(三)抢护原则

抢护根石走失险情应本着"抢早、抢小、快速加固"的原则抢护,及时抛填料物抢修加固。

(四)抢护方法

发现根石走失险情,一般采用抛块石、抛铅丝笼的方法进行加固。

1. 抛块石

水深溜急、险情发展较快时,应尽量加大抛石粒径。当块石粒径不能满足要求时,可抛投铅丝笼、大块石等,同时采用施工机械,加快、加大抛投量,遏制险情发展,争取抢险主动。

在实际抢险中,大块石的质量一般采用 30~75 kg,在坝垛迎水面或水深溜急处要用大块石。抛石可采用船抛和岸抛两种方式进行。先从险情最严重的部位抛起,依次由下层向上层抛投,并向两边展开。抛投时要随时探测,掌握坡度(见图4-3)。

2. 抛铅丝笼

当溜势过急,抛块石不能制止根石走失时,采用铅丝笼装块石护根的办法较好。铅丝笼体积在 1.0~2.5 m³,铅丝网片一般用 8# 或 10# 铅丝做框架,12# 铅丝编网,网眼一般 15~20 cm 见方。网片应事先编好,成批存放备用,抢险时在现场装石成笼。抛铅丝笼一般在距水面较近的坝垛顶

向流

根石　　坍塌处

图 4-3　抛石固根示意图

或中水平台上抛投,也可用船抛。

1)操作方法

(1)在坝垛抛投处绑扎抛笼架。

(2)在抛笼架上放三根垫桩,以便推笼时掀起。

(3)把铅丝网片铺在垫桩上装石,小块石居中,大块石在外,或底部铺放一层薄柳,以免漏石,装石要满,笼内四周要紧密均匀,装石量不小于笼容积的 1.1~1.2 倍(自然方)。放石动作要轻,以免碰断铅丝。装满后封笼口,先笼身,后两端,每米长绑扎不少于 4 道。用绞棍将封口铅丝拧紧。

(4)推笼:先推笼的上部,使铅丝笼重心外移,再喊号子,一齐掀垫桩加撬杠,将笼推入水中。

2)注意事项

(1)抛铅丝笼应先抛险情严重部位,并连续抛投到出水面为止。可以抛投笼堆,也可以普遍抛投。抛投时要不断探测抛投情况,一般抛投坡度约为 1:1.1。

(2)抛石要到位,尽量采用船只定位抛投。

(3)铅丝笼一般用于坝前头部位,迎水面、背水面裹护部位不宜抛投。由于装填铅丝笼及抛投需多道工序,加固速度较慢,一般仅用于土坝基未暴露,以加固性质为主的抢护。

(4)抛石后,要及时探测,检查抛投质量,发现漏抛部位要及时补抛。

(5)在枯水季节,对水上根石部分要全面进行整修,清理浮石,粗排

整平。

（五）如何避免发生根石走失险情

（1）在旱地施工时，槽底增加防护，使坦石与坝基隔离开，以土工网笼代替柳石枕或铅丝笼。

（2）水中进占时采用护底进占，提高工程基础的抗冲能力，即可节省投资，又可减轻坝前冲刷，防止根石走失。既利用了传统工艺操作简便的优势，又能使其结构改进得更合理，能减少坝基土流失，减轻坝前冲刷，节约进占料物。

河道整治工程的根石是坝体的基础，一旦根石走失，就会造成坦石滑动，坝体基础失去稳定而坍塌。根石走失是目前河道工程出现险情的主要原因。减少根石走失，及时抛石护根，是保障河道工程安全的关键。

二、坦石坍塌

（一）险情说明

坍塌险情是坝垛最常见的一种较危险的险情。坝垛的根石被水流冲走，坦石出现坍塌险情。坦石坍塌是护坡在一定长度范围内局部或全部失稳发生坍塌下落的现象（见图4-4）。

流向

坍塌坦石

图4-4　坦石坍塌示意图

（二）原因分析

坝垛出现坍塌险情的原因是多方面的，它是坝前水流、河床组成、坝垛结构和平面型式等多种因素相互作用的结果。主要原因有：

（1）坝垛根石深度不足，水流淘刷形成坝前冲刷坑，使坝体发生裂缝和蛰动。

（2）坝垛遭受激流冲刷，水流速度过大，超过坝垛护坡石块的启动流速，将根石等料物冲揭剥离。

（3）新修坝岸基础尚未稳定，而且河床多沙，在水流冲刷过程中使新修坝岸基础不断下蛰出险。

（三）抢护原则

坝垛出现坦石坍塌险情，由于坍塌的根石、坦石增加了坝垛基础，一般不需再抛石护坦，只需将水上坍塌的根石、坦石用块石抛投填补，按原状恢复，如果上跨角或坝头出险，且溜势较大，可适当抛铅丝笼固根。

（四）抢护方法

坦石坍塌险情的抢护要视险情的大小和发展快慢程度而定。一般坦石坍塌宜用抛石（大块石）、抛铅丝笼等方法进行抢护。当坝身土坝基外露时，可先采用柳石枕、土袋或土袋枕抢护坍塌部位，防止水流直接淘刷土坝基，然后用铅丝笼或柳石枕，加深加大基础，增强坝体稳定性。具体方法如下。

1．抛块石或铅丝笼

块石或铅丝笼抛投方法同根石走失抢险，但块石抛投量和抛投速度要大于坦石坍塌险情，有条件的尽量船抛和岸抛同时进行，以使险情尽快得到控制（见图4-5）。

图4-5　坦石坍塌险情抢护示意图

2. 抛土袋

当块石短缺或供给不足时,也可采用抛土袋等方法进行临时抢护。方法是:草袋、麻袋、土工编织袋内装入土料,每个土袋质量应大于 50 kg,土袋装土的饱满度为 70% ~ 80%,以充填沙土、沙壤土为好,装土后用铅丝或尼龙绳绑扎封口,土工编织袋应用手提式缝包机封口。土工编织袋最好使用透水的。用麻袋、草袋装土抢护时,抛投强度要大,避免袋内土粒被水稀释成泥流失。

抛土袋护根最好从船上抛投,或在岸上用滑板滑入水中,层层压叠。河水流速较大时,可将几个土袋用绳索捆扎后投入水中,也可将多个土袋装入预先编织好的大型网兜内,用吊车吊放入水,或用船、滑板投放入水。抛投土袋所形成的边坡掌握在 1∶1.0 ~ 1∶1.5(见图 4-6)。

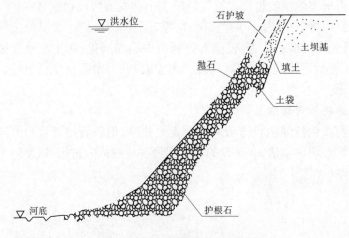

图 4-6　抛土袋抢护示意图

3. 抛柳(秸)石枕

当坝基土胎,险情较严重时,水流会淘刷土坝基,仅抛块石抢护因石块间隙透水,效果不好,而且抢护速度慢、耗资大,这时可采用抛柳(秸)石枕的方法抢护。枕长一般为 5 ~ 10 m,直径为 0.8 ~ 1.0 m,柳、石体积比为 2∶1,也可按流速大小或出险部位调整比例。

柳石枕的具体做法如下:

(1)平整场地。在出险部位临近水面的坝顶选好抛枕位置,平整场地,在场地后部上游一侧打拉桩数根,再在抛枕的位置铺设垫桩一排,桩长 2.5 m,间距 0.5~0.7 m,两垫桩间放一条捆枕绳,捆枕绳一般为麻绳或铅丝,垫桩小头朝外。捆抛枕的位置应尽量设在距离水面较近处,以便推枕入水。

(2)铺放柳石。以直径 1.0 m 的枕为例,先顺枕轴线方向铺柳枝(苇料、田箐或其他长形软料)宽约 1 m,柳枝根梢要注意压茬搭接,铺放均匀,压实后厚度为 0.15~0.2 m。柳枝铺好后排放石料,石料排成中间宽、上下窄,直径约 0.6 m 的圆柱体,大块石小头朝里、大头朝外排紧,并用小块石填满空隙或缺口,两端各留 0.4~0.5 m 不排石,以盘扎枕头。在排石达 0.3 m 高时,可将中间栓有"十"字木棍或条形块石的龙筋绳放在石中排紧,以免筋绳滑动。待块石铺好后,再在顶部盖柳,方法同前。如石料短缺,也可用黏土块、编织袋(麻袋)装土代替。

(3)捆枕。将枕下的捆枕绳依次捆紧,多余绳头顺枕轴线互相连接,必要时还可在枕的两旁各用绳索一条,将捆枕绳相互连系。捆枕时要用绞棍或其他方法捆紧,以确保柳石枕在滚落过程中不折断、不漏石(见图 4-7)。

(4)推枕。推枕前先将龙筋绳活扣拴于坝顶的拉桩上,并派专人掌握绳的松紧度。推枕时要将人员分配均匀站在枕后,切记人不要骑在垫桩上,推枕号令一下,同时行动合力推枕,使枕平稳滚落入水。

需要推枕维护的出险部位多受大溜顶冲,水深流急,根石坍塌后,断面形态各异,枕入水后难以平稳下沉到适当位置,这时应加强水下探测,除及时放松龙筋绳外,还可用底钩绳控制枕到预定位置。底钩绳应随捆枕绳一同铺放,间距 2.5~3.0 m,强度介于龙筋绳与捆枕绳之间。

如果河床淘刷严重,应在枕前加抛第二层枕,随着枕的下沉再加抛,直至高出水面 1.0 m,然后在枕前加抛散石或铅丝笼固脚,枕上用散石抛至坝顶。

三、坝基坍塌(墩蛰)险情

(一)险情说明

坝岸基础被主流严重淘刷,造成坝体墩蛰入水的险情即坝岸坍塌(墩蛰)险情,造成此险情发生的原因是河底多沙,工程基础浅,大溜顶冲

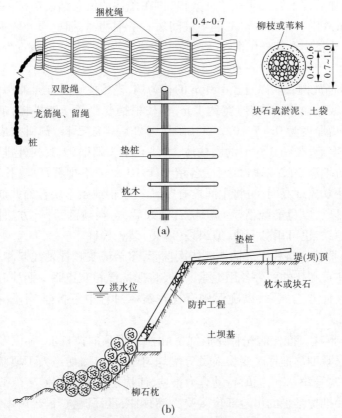

图 4-7 **柳石枕构造、剖面示意图**　（单位：m）

或回溜严重时，很快淘深数米甚至十几米，导致基础淘空，出现墩蛰现象（见图 4-8）。

（二）原因分析

坝基的土质分布不均匀，基础有层淤层沙（格子底），当沙土层被淘空后，上部黏土层承受不住坝体重量，使坝体随之猛墩猛蛰；坝基坐落在腐朽体上，由于急流冲刷，埽体淘空，坝体墩蛰；搂厢埽体在急流冲刷下，河床急剧刷深，原已修筑到底的埽体依靠坝岸顶桩绳拉系而维持稳定，若水流继续淘深，绳缆拉断，坝体承托不住，即出现墩蛰。

（三）抢护原则

坝岸坍塌（墩蛰）的抢护应以迅速加高、及时护根、保土抗冲为原则，

墩蛰出险段

流 向

图 4-8 坝基坍塌(墩蛰)险情示意图

先重点后一般进行抢护。因此,必须注意观察河势,探摸坝岸水下基础情况,要根据不同情况,采取不同措施加紧抢护,以确保坝岸安全。

(四)抢护方法

坍塌(墩蛰)险情抢护应先采用柳石搂厢、柳石枕、土袋加高加固坍塌部位,防止水流直接淘刷土坝基,然后用铅丝笼或柳石枕固根,加深加大基础,提高坝体稳定性。

1. 抛土袋

当坝垛发生坍塌(墩蛰)险情时,土胎外露,这时急需对出险部位进行加高防护,防止土坝基进一步冲刷险情扩大。对土坝基的加高防护可采用大量抛投土袋的方法,当土袋抛出水面后,再在前面抛投块石裹护并护根(见图 4-9)。

2. 抛柳石枕

当坍塌(墩蛰)范围不大时,可采用抛柳石枕方法进行抢护,柳石枕的制作和抛投方法同坦石坍塌险情的抢护,所不同的是靠近坝垛的内层柳石枕必须紧贴土坝基,使其起到保护土体免受水流冲刷的作用(见图 4-10)。

3. 柳石(淤)搂厢

柳石(淤)搂厢是以柳(秸、苇)石(淤)为主体,以绳、桩分层连接成整体的一种轻型水工结构(见图 4-11),主要用于坝垛墩蛰险情的抢护。它具有体积大、柔性好、抢险速度快等优点,但操作复杂,关键工序的操作

第三步：修复土坝体

流向

第四步：抛石还坦

第二步：抛石

第一步：抛压土袋

图4-9 抛土袋抢护坝基坍塌示意图

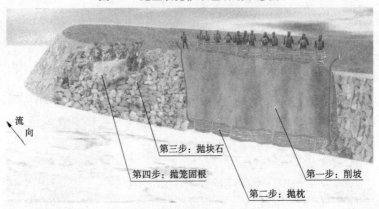

流向

第三步：抛块石

第四步：抛笼固根

第一步：削坡

第二步：抛枕

图4-10 抛枕抢护坝基坍塌示意图

人员要经过专门培训。具体施工方法如下：

（1）准备工作。当坝垛出现险情后，首先要查看溜势缓急，分析上下游河势变化趋势，勘测水深及河床土质，以确定铺底宽度和使用"家伙"；其次是做好整修边坡、打顶桩、布置捆厢船或捆浮枕、安底钩绳等修厢前准备工作。

（2）搂厢。首先要在安好的底钩绳上用练子绳编结成网，其次在绳网上铺厚约1 m的柳秸料一层，然后在柳料上压0.2～0.3 m厚的块石一层，块石距埽边0.3 m左右，石上再盖一层0.3～0.4 m厚的散柳，保护柳石总厚度不大于1.5 m。柳石铺好后，在埽面上打"家伙桩"和腰桩。将底钩绳每间隔一根搂回一根，经"家伙桩"、腰桩拴于顶桩上，这样底坯完

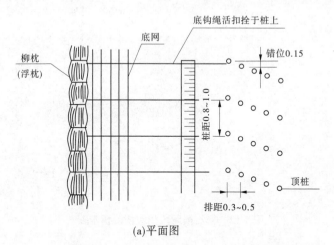

(a)平面图

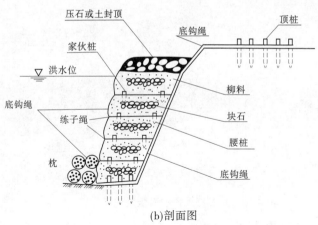

(b)剖面图

图 4-11　柳石搂厢示意图 （单位:m）

成。以后按此法逐坯加厢,每加一坯均需打腰桩。腰桩的作用是使上下坯结合稳固,适当松底钩绳,保持埽面出水高度在 0.5 m 左右,一直到搂厢底坯坠入河底。将所有绳、缆搂回顶桩,最后在搂厢顶部压石或土封顶（见图 4-12、图 4-13）。

（3）抛柳石枕和铅丝笼。为维持厢体稳定,搂厢修做完毕后要在厢体前抛柳石枕或铅丝笼护脚固根。

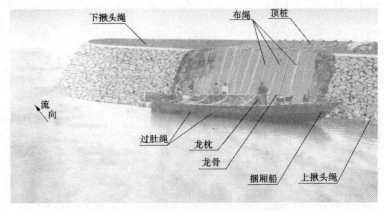

图 4-12 柳石搂厢抢护墩蛰险情步骤一

图 4-13 柳石搂厢抢护墩蛰险情步骤二

4. 柳石混合搂厢

柳石混合搂厢又叫"风搅雪"。若坍塌(墩蛰)迅速,险情非常严重,为加快抢险进度,可用柳石混搂法抢护。它的特点是施工速度快,坯间不打桩,柳石混合压厢,每坯均系于坝顶,不易发生前爬。

1)做法

(1)根据水深、土质、抢修尺度,岸坡整修成 1:0.5 左右,岸上打顶桩,桩长 1.5~2.0 m,桩距 0.8~1.0 m,要前后错开打数排。

(2)捆厢船定位,在第一排顶桩上拴底钩绳,另一端活扣拴于船龙骨上,底钩绳上横拴几道练子绳编底。

（3）备足一坯用柳料，船移至埽体计划修筑的宽度，拴紧把头缆，全力推柳铺于底网上，然后柳石混合抛压，埽面出水 0.5 m 左右，一坯成，在埽前眉加束腰绳一对，用铅丝或麻绳作滑绳，紧系在束腰绳与底钩绳交点上，三绳打成一个结，束腰绳两端拉紧拴于坝顶速腰桩上，滑绳活扣拴于顶桩上，注意束腰绳始终不能放松。

（4）加厢第二坯，继续柳石混抛，注意石料要散放，但不要集中岸边，要多向前头压，压柳石厚度为 1～1.2 m，再用束腰绳、滑绳、接底钩绳等进行绾束，只能使其起下压作用，不能使其前爬，如此坯坯成滚动形式逐渐下沉到底。在做厢时，底钩绳、滑绳要有专人掌握松紧，使埽体稳定下沉。

（5）埽抓底后，底钩绳全部搂回，拴于岸顶桩上，滑绳也要拴紧，并在埽面打"家伙桩"、腰桩，搂埽口，顶压块石厚约 1.0 m，上铺土达到计划高度。

2）注意事项

（1）柳石混合抛压抢护时，要有专人指定抛投地点，面上要随着调柳调石，使柳石体大体均衡，不使石外露和过于集中岸边。

（2）柳石混厢主要靠绳缆埽体，需平稳下沉。对于活绳，应由有经验的人员控制，以防发生意外。

（3）随时探测水深，掌握柳石混厢下沉情况。

（4）柳石混厢用石料较多，不如搂厢经济，不到险情严重时，一般不宜使用。

5. 草土枕（埽）

当抢险现场石料缺乏时，可以用草土埽代替柳石枕或柳石搂厢。草土埽的做法是将麦秸（稻草）扎成草把，用绳（麻绳、铅丝）将其捆扎编织成草帘，在帘上铺黏土，并预设穿心绳，然后卷成直径 1.0～1.5 m、长 5～10 m 的枕，推放在出险部位，推枕方法同推柳石枕。

6. 机械化作埽

（1）制作半成品埽体。首先，编制一体积与抢险运输车辆容积大小相当的铅丝笼网箱，再将该网箱放置于运输车内，用挖掘机等装卸设备将软料和石料（或土袋、土块、砖等配重物）的混合物装入网箱，网箱装满后封死。在网箱内装料的同时将一"暗骑马"植入网箱中心，并从"暗骑马"

上向网箱的前后左右和上方引出 5 根留绳绳索至网箱外,半成品埽即告完成。

(2)制作大网箱围墙。首先,在将要进占河面的上下游及占体轴线方向上固定 3 艘船,上、下游 2 艘船的轴线与占体轴线平行,另一艘船的轴线与占体轴线垂直。然后,在船上根据占体大小编织矩形网片,网片的一边用桩固定在进占起点的坝岸上,其他 3 条边分别固定在 3 艘船体上。最后,将半成品埽体用机械投放到河面上的网片内。四周固定的网片因中心受压下沉,形成一个四周封闭的大网围墙,形状像饺子,故名"饺子埽"。

(3)操作过程。在"饺子埽"和河面网箱围墙制作完成后,用自卸汽车将"饺子埽"沿占体边岸抛成两排,人工把"饺子埽"预留绳索前后左右进行连接,"饺子埽"之间形成前后左右相互连接的软沉排体,并将剩余绳索接长后拉向 3 艘船龙骨并固定。然后,用推土机推后排"饺子埽",挤压前排埽体移动至河面网箱围墙后,后排埽变成前排埽。再在前排埽的后侧用自卸汽车将"饺子埽"再卸成一排,又组成两排新的埽体沉排。往复推抛作业至埽体出水到一定高度,并将部分预留绳固定到占面上,再将上下游围墙的网边固定在新占体上,完成水中进占的一占。如此反复,完成机械化作埽的水中进占作业。

(4)"饺子埽"的优点。最适合抢恶性坍塌及堵口等重大险情。工艺简单、易学易用。

四、坝垛滑动险情

(一)险情说明

坝垛在自重和外力作用下失去稳定,护坡连同部分土胎从坝垛顶部沿弧形破裂面向河内滑动的险情,称为滑动险情(见图 4-14)。坝垛滑动分骤滑和缓滑两种。骤滑险情突发性强,易发生在水流集中冲刷处,抢护困难对防洪安全威胁大,这种险情看似与坍塌险情中的猛墩猛蛰相似,但其出险机理不同,抢护方法也不同,应注意区分。缓滑险情发展较慢,发现后应及时采取措施抢护。

(二)原因分析

坝岸滑动与坝垛结构断面、河床组成、基础的承载力、坝基土质、水流

抢护后

流向

填土整坡

削坡

险情

图 4-14 坝垛滑动险情示意图

条件等因素有关。当滑动体的滑动力大于抗滑力时,就会发生滑动险情。

(1)坝垛基础深度不足,护坡、根石的坡度过陡。

(2)坝垛基础有软弱夹层,或存在腐朽埽料,抗剪强度过低。

(3)坝垛遇到高水位骤降。

(4)坝垛施工质量差,坝基承载力小,坝顶料物超载,遇到强烈地震力的作用。

(5)由于后溃的发展造成坝体前爬。

(三)抢护原则

加固下部基础,增强阻滑力;减轻上部荷载,减少滑动力。对缓滑应以"减载、止滑"为原则,可采用抛石固根及减载等方法进行抢护;对骤滑应以搂厢或土工布软排体等方法保护土坝基,防止水流进一步冲刷坝岸。

(四)抢护方法

1.抛石固根

当坝垛发生裂缝,出现缓滑,可迅速采用抛块石、柳石枕或铅丝笼加固坝基,以增强阻滑力。抛石最好用船只抛投或吊车抛放,保证将块石、柳石枕或铅丝笼抛到滑动体下部,压住滑动面底部滑逸点,避免将块石抛在护坡中上部,同时可避免在岸上抛石对坝身造成的震动。抛石或铅丝笼应边抛边探测,抛护坝面要均匀,并掌握坡度 1:1.3～1:1.5。

2.上部减载

移走坝顶重物,拆除坝垛上部的部分坝体,减轻载荷,减少滑动力。

特别是坡度小于1:0.5的浆砌石坝垛,必须拆除上部砌体(水面以上1/2的部分),将拆除的石料用于加固基础,并将拆除坝体处的土坡削缓至1:1.0。

3. 柳石搂厢

当坝体滑动已经发生,即已发生骤滑,可用柳石搂厢法抢护,以防止险情扩大。当坝体裂缝过大,土胎遭受水流冲刷,还需要按照抢护溃膛险情的方法抢护。

4. 土工布软体排抢护

当坝垛发生骤滑,水流严重冲刷坝体土胎时,除可采取柳石搂厢抢护外,还可以采用土工布软体排进行抢护,具体做法如下。

1)排体制作

用聚丙烯或聚乙烯编织布若干幅,按常见险情出险部位的大小缝制成排布,也可预先缝制成 10 m×12 m 的排布,排布下端再横向缝 0.4 m 左右的袋子(横袋),两边及中间缝宽 0.4~0.6 m 的竖袋,竖袋间距可根据流速及排体大小来定,一般 3~4 m。横、竖袋充填后起压载作用。在竖袋的两侧缝直径 1 cm 的尼龙绳,将尼龙绳从横、竖袋交接处穿过编织布,并绕过横袋,留足长度作底钩绳用;再在排布上下两端分别缝制一根直径 1 cm 和 1.5 cm 的尼龙绳。各绳缆均要留足长度,以便与坝垛顶桩连接(见图4-15)。排体制作好后,集中存放,抢险时运往工地。

2)下排

在坝垛出险部位的坝顶展开排体,将横袋内装满土或砂石料后封口,然后以横袋为轴卷起移至坝垛边,排体上游边应与未出险部位搭接。在排体上下游侧及底钩绳对应处的坝垛上打顶桩,将排体上端缆绳的两端分别拴在上下游顶桩上固定,同时将缝在竖袋两侧的底钩绳一端拴在桩上。然后将排推入水中,同时控制排体下端上下游侧缆绳,避免排体在水流冲刷下倾斜,使排体展开并均匀下沉。最后向竖袋内装土或砂石料,并依照横袋沉降情况适时放松缆绳和底钩绳,直到横袋将坝体土胎全部护住。

五、坝垛漫溢险情

(一)险情说明

漫溢是指洪水漫过坝垛顶部并出现溢流的现象。控导工程允许坝顶

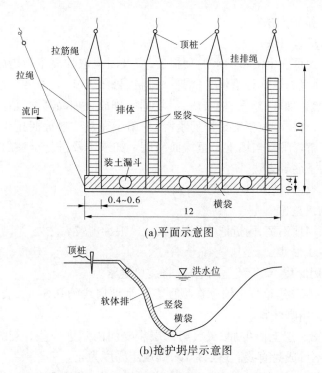

(a)平面示意图

(b)抢护坍岸示意图

图 4-15　土工布软体排示意图　（单位:m）

漫溢,一般是在漫顶前进行防护,可用压柳、压秸料、土工织物铺盖等防冲。当险工可能发生漫顶时,根据洪水位分析情况,则应采取临时加高或防护等。

（二）原因分析

造成坝顶漫溢的原因主要有:

（1）大洪水时,河道宣泄不及,洪水超过坝垛设计标准,水位高于坝顶或施工中遇到漫顶洪水。

（2）设计时对波浪的计算与实际差异较大,实际浪高超过计算浪高,并在最高水位时越过坝垛顶部。

（3）施工中坝垛未达到设计高程,或因地基有软弱夹层,填土夯压不实产生过大的沉陷量,使坝垛高程低于设计值。

（三）抢护原则

当确定对坝垛漫溢进行抢护时,采取的原则是加高止漫,护顶防冲。

155

(四)抢护方法

1.秸埽加高法

在得到将发生漫顶洪水的预报后,应及时采取加高主坝措施。方法是:在距坝肩1.0 m处沿坝外围打一排桩,桩距1.0 m,采用当地可收集的材料,如高粱秆、芦苇、柳枝等,沿坝周围排放至加高高度,秸料应根部向外排齐,柳枝应根梢交错排列紧密,并用小绳将秸料等捆扎在桩上,同时在上下游埽间空当填土直至埽面高度。如来不及进行全坝面加高,可采用加高子堰等方法。

2.土袋(或柳石枕)子堤(堰)法

1)应用范围

用于坝顶不宽,附近取土困难,或是风浪冲击较大之处。

2)施工方法

(1)用麻袋、草袋装土约七成,将袋口缝紧。

(2)将麻袋、草袋土铺砌在坝顶离临水坡肩线约0.5 m。袋口向内,互相搭接,用脚踩紧。

(3)第一层上面再加二层,第二层袋要向内缩进一些。袋缝上下必须错开,不可成为直线。逐层铺砌,到规定高度为止。

(4)袋的后面用土浇戗,土戗高度与袋顶平,顶宽0.3~0.6 m,后坡1:1。填筑的方法与纯土子堰相同。

为防止坝顶漫水冲刷,可采用麻袋、草袋或土工编织袋装土(或用柳石枕),于坝顶沿石上分层交错叠垒,子堰顶宽1.0~1.5 m,边坡1:1.0,以防御水流冲刷。土袋后修后戗宽1 m左右,边坡1:1.0~1:1.5,子堤加高至洪水位以上0.5~1 m。此法适用于坝前靠溜或风浪较大处(见图4-16、图4-17)。

3.堆石子堤(堰)法

用块石修筑的石坝或护岸,可在坝顶临水面用块石堆砌,顶部宽度一般为1.0~1.5 m,迎水边坡为1:1.0,堆石后用土料修筑土戗至相同高度。

4.柴柳护顶法

对标准较低的控导工程或施工中的坝岸,遇到漫顶洪水需要防护时,可在坝顶前后各打一排桩,用绳缆将柴柳捆搂护在桩上,柴柳捆直径一般

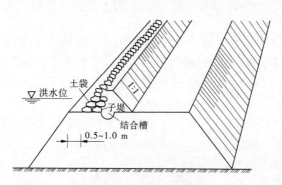

图 4-16　土袋子堤示意图

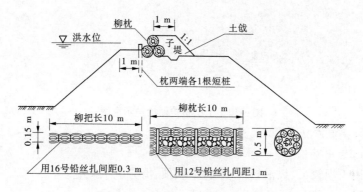

图 4-17　柳石(土)枕子堤示意图

为 0.5 m 左右,柴柳捆要互相搭接紧密,用小麻绳或铅丝扎在桩上,防止坝顶被冲,如漫坝水深流急,可在两侧木桩之间先铺一层厚 0.3 ~ 0.5 m 的柴柳,再在柴柳上面压块石,以提高防冲能力(见图 4-18)。

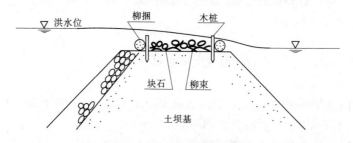

图 4-18　柴柳护顶抢护示意图

5. 土工布护顶

将土工布铺放于坝顶,用特制大钉头的钢钉将土工布固定于坝顶,钢钉数量视具体情况而定,一般行间距3 m。为使土工布与坝顶结合严密、不被风浪掀起,可在其上铺压土袋一层,也可用石坠拴压土工布(见图4-19)。

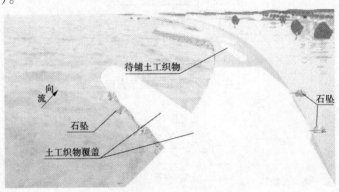

图4-19　土工布护顶抢护示意图

6. 单层木板子堰

1)应用范围

用于坝较窄、风浪较大、水将平坝顶、情势危急之处。

2)施工方法

(1)在坝顶靠上游一边,签钉长约2 m的木桩一排,桩的中心间距约为0.5 m,入土约1 m。

(2)排桩内用木板(紧急时用门板亦可)紧贴,再用铅丝或绳索系住。

(3)木板后面浇做土戗,做法与前相同。

7. 双层木板子堰

1)应用范围

用于坝顶太窄,且有建筑物阻碍之处。

2)施工方法

(1)在坝顶外侧,签钉间距0.5 m的木桩两排,前后排相隔1.0 m,木桩长1.5 m左右,入土深0.7~1 m。

(2)木桩内侧系木板一层。

(3)木板之间分层填土,夯实到顶。

（4）前后排木桩,应用铅丝拉紧。

（五）注意事项

（1）根据洪水预报,估算洪水到达当地的时间和最高水位,抓紧拟订抢护方案,积极组织实施,务必抢在洪水到来之前完成。

（2）修筑子堰必须保证质量,修筑之前要清除坝顶的树木、草皮,堆放土袋上下层要相互错开压缝,填土要分层夯实。柴柳护顶要将下游坝肩坝坡裹护好。做好防守抢险加固准备工作,不能使子堰溃决,失去防护作用。

（3）抢修子堰必须全线同步施工,突击进行,不能做好一段,再做另一段,决不允许中间留有缺口或低凹段等。

（4）子堰修在临河侧,子堰堤脚到坝肩应留出1.0 m的宽度,便于施工及查水。

六、溃膛险情

（一）险情说明

坝垛溃膛也叫淘膛后溃（或串膛后溃）,是坝胎土被水流冲刷,形成较大的沟槽,导致坦石陷落的险情（见图4-20）。具体地说,就是在洪水位变动部位,水流透过坝垛的保护层,将其后面的土料淘出,使坦石与土坝基之间形成横向深槽,导致过水行溜,进一步淘刷土体,坦石坍陷;或坝垛顶土石结合部封堵不严,雨水集中下流,淘刷坝基,形成竖向沟槽直达底层,险情不断扩大,使保护层及垫层失去依托而坍塌,为纵向水流冲刷坝基提供了条件,严重时可造成整个坝垛溃决。

坝垛溃膛险情发生初期,根石、坦石未见蛰动,仅是坦石后的坝基土出现小范围的冲蚀。随着冲蚀深度、面积的逐渐扩大,最终坦石失去依托而坍塌。坦石坍塌后并不能使溃膛停止,相反常因石间空隙增加,进一步加剧冲刷,使险情恶化。

（二）出险原因分析

（1）乱石坝。因护坡石间隙大,与土坝基（或滩岸）结合不严,或土坝基土质多沙,抗冲能力差,除雨水易形成水沟浪窝外,当洪水位相对稳定时,受风浪影响,水位变动处坝基土逐渐被淘蚀,坦石塌陷后退,失去防护作用而导致险情发生。

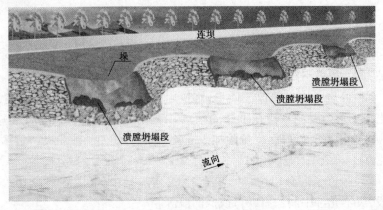

图 4-20　溃膛险情出险示意图

（2）扣石坝或砌石坝。水下部分有裂缝或腹石存有空洞,水流串入土石结合部,淘刷形成横向沟槽,成为过流通道,使腹石错位坍塌,在外表反映为坦石变形下陷。

（三）抢护原则

抢护坝垛溃膛险情的原则是"翻修补强",即发现险情后拆除水上护坡,用抗冲材料补充被水冲蚀土料,堵截串水来源,加修后膛,然后恢复石护坡。

（四）抢护方法

抢护方法有抛石抢护、抛土袋抢护（土工编织袋抢护）、抛枕抢护法（木笼枕抢护）。具体操作如下。

1. 抛石抢护

抛石抢护适用于险情较轻的乱石坝,即坦石塌陷范围不大、深度较小且坝顶未发生变形的情况（见图 4-21）。用块石直接抛于塌陷部位,并略高于原坝坡,一是消杀水势,增加石料厚度;二是防止上部坦石坍陷,险情扩大。

2. 土工编织袋抢护

若险情较重,坦石滑塌入水,土坝体裸露,可采用土工编织袋、麻袋、草袋等装土填塞深槽,阻断过流,以保护土坝基,防止险情扩大（做法同土袋抢护坝基坍塌险情,见图 4-22）。即先将溃膛处挖开,然后用无纺土工布铺在开挖的溃膛底部及边坡上作为反滤层,用土工编织袋、草袋或麻

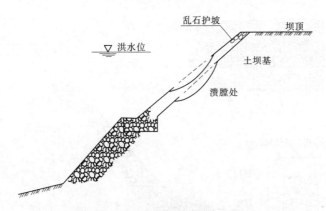

图 4-21　抛石抢护溃膛险情示意图

袋装土,每个土袋充填度 70%～80%,用尼龙绳或细铅丝扎口,在开挖体内顺坡上垒,层层交错排列,宽度 1～2 m,坡度 1:1.0,直至达到计划高度。在垒筑土袋时应将土袋与土坝体之间空隙用土填实,使坝与土袋紧密结合。袋外抛石或笼复原坝坡。

图 4-22　抢护溃膛险情示意图

3. 木笼枕抢护

如果险情严重,坦石坍塌入水,土坝体裸露,土体冲失量大,险情发展速度快,可采用就地捆枕,又叫木笼枕抢护(见图 4-23)。其做法如下:

(1)首先抓紧时间将溃膛以上未坍塌部分挖开至过水深槽,开挖边坡 1:0.5～1:1.0。

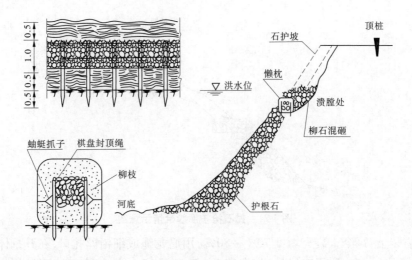

图 4-23　木笼枕抢护示意图　（单位:m)

（2）然后沿临水坝坡以上打木桩多排，前排拴底钩绳，排距 0.5 m，桩距 0.8~1 m。沿着拟捆枕的部位每间隔 0.7 m 垂直于柳石枕铺放麻绳一条。

（3）铺放底坯料。在铺放好的麻绳上放宽 0.7 m、厚 0.5 m（压实厚度）的柳料，作为底坯。

（4）设置"家伙桩"。在铺放好的底坯料上，两边各留 0.5 m，间隔 0.8 m，安设棋盘"家伙桩"一组，并用绳编底。在棋盘桩上顺枕的方向加拴群绳一对，并在棋盘桩的两端增打 2 m 长的桩各一根，构成蚰蜒抓子。

（5）填石。在棋盘桩内填石 1.0 m 高，然后用棋盘绳扣拴缚封顶，即在柳石枕顶部形成宽 0.8 m、高 1.0 m 的枕心。这种结构的优点是不会出现断枕、倒石的现象。

（6）包边与封顶。在枕心上部及两侧裹护柳厚约 0.5 m。

（7）捆枕。先将枕用麻绳捆扎结实，再将底钩绳搂回拴死于枕上，形成高宽各为 2.0 m、中间有桩固定的大枕。

（8）在桩上压石，或向蛰陷的槽子内混合抛压柳石，以制止险情发展。

162

(五)注意事项

(1)抢护坝垛溃膛险情,首先要通过观察找出串水的部位进行截堵,消除冲刷。在截堵串水时,切忌单纯向沉陷沟槽内填土,以免仍被水流冲走,扩大险情,贻误抢险时机。

(2)坝体蛰陷部分,要根据具体情况相机采用木笼枕或柳石搂厢等方法抢护。

(3)坝垛前抛石或柳石枕维护,以防坝体滑塌前爬。

(4)水位降低后或汛后,应将抢险时充填的料物全部挖出,按照设计和施工要求进行修复。

七、坝岸倾倒

(一)险情说明

重力式坝岸的砌体稳定主要靠自身质量来维持,当坝岸抵抗倾覆的力矩小于倾覆力矩时,坝岸砌体便失稳倾倒,坝岸发生倾覆前常有征兆,当坝岸发生前倾或下蛰时,坝的土石结合部或土的表面出现裂缝等。

(二)出险原因分析

坝岸根石被洪水冲走,地基淘空,抗倾力减小;坝岸顶部堆放石料或填土过高,超载过大,土压力增大;水位骤降;坝岸地基的承载能力超过允许值而发生破坏性变形,使坝身失稳。

(三)抢护原则

当发生倾倒时,根据坝下基础破坏程度,应迅速采取巩固基础的方法,以防急溜继续淘刷,维护未倾倒部分,避免险情扩大。

(四)抢护方法

1.抛石或抛石笼抢护

坝岸发生裂缝或未完全倾倒者,应迅速从险情严重处向两侧进行抛块石、石笼以加固坝基。

2.搂厢抢护

出现坝岸已倾倒,土体外露,大溜又继续顶冲大堤的严重险情时采用搂厢抢护,恢复坝体。

八、土坝裆坍塌

土坝裆坍塌险情是坝与坝之间的连坝坡被边溜或回溜淘刷坍塌后溃所形成的险情。

(一)险情说明

(1)受回溜或主溜的淘刷,坝裆滩岸坍塌后溃,使上、下丁坝土坝体非裹护部位坍塌,严重时连坝也发生坍塌。

(2)汛期高水位期间,受风浪冲刷,坡面产生下陷、崩塌。

(二)出险原因分析

(1)连坝坡土质较差,未经历洪水浸泡,遇洪水浸泡或冲刷,使坝裆坍塌后溃。

(2)坝与坝之间连坝未裹护。

(3)坝裆距过大。

(4)坝的方位与来溜方向接近90°,产生较强的回溜冲刷坝裆岸边,坍塌后溃严重,迫使坝的迎、背水面裹护延长,如抢护不及时,甚至塌至堤根,危及堤防安全。

(三)抢护原则

坝裆坍塌险情抢护的原则是缓溜落淤、阻止坍塌、迅速恢复。

(四)抢护方法

坝裆坍塌险情主要采用以下抢护方法:

(1)在坝裆坍塌处抛枕裹护外抛散石防冲,修成护岸。

(2)在下一道坝的迎水面中后部推笼抛石,抢修防回溜垛,挑回溜外移,制止险情再度发生。

具体做法如下。

1. 抛枕抢护法

可在坍塌部位抛柳石枕至出水面1~2 m、顶宽2 m,以保护坝体不被进一步淘刷(见图4-24)。

2. 防回溜垛法

如险情由下一道丁坝回溜引起,可在其迎水面后半段的适当位置,用抛石的方法修建回溜垛,挑溜外移,减轻回溜对丁坝坝根、连坝的淘刷(见图4-25)。

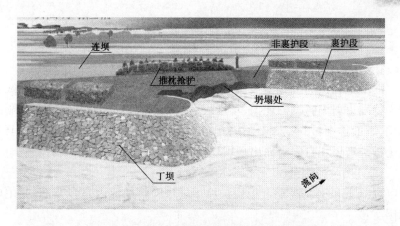

图 4-24　抛枕法抢护坝裆坍塌险情示意图

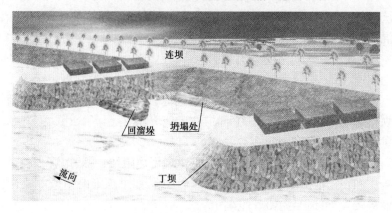

图 4-25　防回溜垛法抢护坝裆坍塌险情示意图

第二节　其他材料结构河道工程抢险

在河道工程中,除了土石结构的河道工程,还有混凝土和钢筋混凝土板块护坡结构坝、钢筋混凝土插板桩结构坝、铰链混凝土板块—土工织物沉排护岸、沥青混凝土护坡坝、模袋混凝土护坡坝、铰链模袋混凝土沉排结构、植物护坡坝、抽沙充填长管袋褥垫沉排坝、粉体喷射搅拌桩结构坝、土工布坝胎裹护结构坝等几十种河道整治工程。

这些材料结构的工程抢险原则是相同的,就是抢早抢小、固脚护根。

一、混凝土和钢筋混凝土板块护坡坝工程抢险

(一) 险情说明

混凝土和钢筋混凝土板块护坡坝坍塌是在一定长度范围内局部或全部失稳发生坍塌倾倒的现象,坝岸表面产生裂缝后,长时间受水力冲刷的作用,下面逐渐被掏空、出险。坝垛的根石被水流冲走,混凝土和钢筋混凝土板护坡坝坝身失稳而出现坍塌险情。

(二) 出险原因分析

混凝土和钢筋混凝土板块护坡坝坍塌险情的原因是多方面的,主要原因有:

(1)坝岸根石深度不足,在大溜长时间淘刷下,水流淘刷形成坝前冲刷坑,坝前冲刷坑深度大于根石深度,使坝身下蛰、坝体护坡混凝土或钢筋混凝土板块发生裂缝和蛰动。

(2)坝岸长时间遭受急流冲刷,水流速度过大,超过坝岸护坡单体的启动流速,将护根或混凝土和钢筋混凝土板等料物冲揭剥离。

(3)新修坝岸基础尚未稳定,而且河床多沙,在水流冲刷过程中使新修坝岸基础不断下蛰出险。上部护坡出现坍塌。

(三) 抢护原则

混凝土和钢筋混凝土板块护坡坝出现坍塌险情,一般抛石护根,抢护混凝土和钢筋混凝土板块护坡,保护土坝胎,如果坝上跨角或前头出险,且溜势较大,可适当抛铅丝笼固根。

(四) 抢护方法

该结构坝与土石结构坝的坍石坍塌险情的抢护方法有许多相同之处,要视险情的大小和发展快慢程度而定。一般混凝土和钢筋混凝土板块坍塌宜用抛石(大块石)、抛铅丝笼等方法进行抢护。当坝身土坝基外露时,可先采用柳石枕、土袋或土袋枕抢护坍塌部位,防止水流直接淘刷土坝基,然后用铅丝笼或柳石枕固根,加深加大基础,增强坝体稳定性。

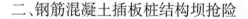

二、钢筋混凝土插板桩结构坝抢险

(一)险情说明

钢筋混凝土插板桩的使用省去了坝岸的根石基础。长江流域安徽芜湖市龙窝湖紧邻长江,利用插板桩建设堤坝,解决了地面以下淤泥层给建设造成的困难,形成了一道安全屏障;黄河下游河道河床多为粉质细砂,而河道整治工程多修建在冲积嫩滩上,黄河流域河口地区已建的几处插板桩坝,通过工程钻探范围内的土层分析发现,主要为现代河流冲积层及海陆交互沉积层,土质以松散的粉细砂和软塑的壤土、沙壤土为主,内聚力低,抗冲性差,运用水力插板桩做成的坝岸,当插板桩深度不足时,受到水流的冲击水力插板桩下部可能被掏空,出现倒桩坍塌。如果插板桩深度足够大,则不会出现因淘空而倒桩的险情。

(二)出险原因分析

水流集中冲刷,插板桩前形成局部冲刷坑,冲刷超过了根基深度,板桩失稳坍塌。

(三)抢护原则

抢护插板桩险情应本着抢早、抢小、快速加固的原则抢护,及时抛填料物抢修加固基础。

(四)抢护方法

抢护钢筋混凝土插板桩结构坝险情,一般采用抛块石、抛铅丝笼的方法进行加固。

1.抛块石

在板桩坍塌临冲面部位要用大块石抛护。抛石可采用船抛和岸抛两种方式进行。先从险情最严重的部位抛起,依次向两边展开。抛投时要随时探测,掌握坡度,直至抛至 1:1~1:1.5 的稳定坡度。

2.抛铅丝笼

如溜势过急,抛块石不能制止板桩坍塌险情,采用铅丝笼装块石护根的办法较好。抢险时在现场装石成笼。抛铅丝笼一般在距水面较近的坝垛顶或中水平台上抛投,也可用船抛。

三、铰链模袋混凝土沉排护岸抢险

20 世纪 80 年代中期,在国内开始使用铰链模袋混凝土沉排,这是一种集抗冲、反滤于一体的整体式新型护岸结构。它具有防护整体性好,抗冲刷能力强,利于岸坡整体稳定,维修加固工作量小,长期社会经济效益显著等优点(见图 4-26)。

图 4-26　铰链模袋混凝土沉排护岸示意图

(一) 险情说明

铰链模袋混凝土沉排护岸工程在长期的水流及自然因素作用下,水流将局部被防护的土基淘刷流失,使铰链模袋混凝土沉排护岸坍陷;或坝岸顶部结合部封堵不严,雨水集中下流,淘刷坝岸基础,形成竖向沟槽,险情不断扩大,冲刷坝胎和坝基。

(二) 出险原因分析

(1)铰链模袋混凝土沉排结构受人为和自然因素的影响,造成损坏,防护土坝基的整体性受到破坏。

(2)对整治工程流量、冲刷坑深度、设计水位、沉排尺寸、沉排压载与稳定的确定等方面的有关参数指标把握不准。

(3)在铰链模袋混凝土沉排护岸结合部,淘刷形成横向沟槽,成为过

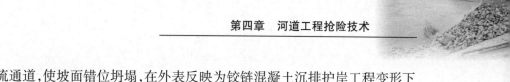

流通道,使坡面错位坍塌,在外表反映为铰链混凝土沉排护岸工程变形下陷,造成溃膛险情。

(三)抢护原则

抢护的原则是局部补强,控制险情发展,即发现险情后用抗冲材料补充加固出险坝段,大水过后恢复铰链混凝土沉排护岸。

(四)抢护方法

抢护方法有抛石抢护、抛土袋抢护、抛枕抢护。

(五)注意事项

(1)如出现铰链模袋混凝土沉排护岸溃膛险情,首先要通过观察找出串水的部位进行截堵,消除冲刷。在截堵串水时,切忌单纯向沉陷沟槽内填土,以免仍被水流冲走,扩大险情,贻误抢险时机。

(2)坝岸体蛰陷部分,要根据具体情况相机采用抛土袋等方法抢护。

(3)坝岸前抛石或柳石枕维护,以防坝体滑塌前爬。

(4)水位降低后或汛后,应将抢险时充填的料物全部挖出,按照设计和施工要求进行翻修。

四、抽沙充填长管袋褥垫沉排坝抢险

(一)险情说明

抽沙充填长管袋褥垫沉排坝不均匀沉陷,坝根至长管袋起护部分出险,土坝基出现溃膛险情。

(二)出险原因分析

(1)因河势变化较大,大河主溜长时间顶冲,坝迎水面至坝头的冲刷以水流直接冲淘和螺旋流淘刷型式为主,坝头至下跨角部位主要受绕流冲刷;抽沙充填长管袋褥垫沉排坝前冲刷坑形状与传统坝近似,但冲刷坑尺寸及冲刷深度大于传统坝(见图4-27)。

(2)管袋材料损坏,充填材料流失;防护基础局部损坏,使坝基受淘刷易出现溃膛险情。

(三)抢护方法

抢护方法有土工编织袋抢护、柳石搂厢抢护、搂厢外抛枕固根。

1.土工编织袋抢护

用摸水杆不断探摸,若坝前冲刷坑急剧加深,抽沙充填长管袋褥垫沉

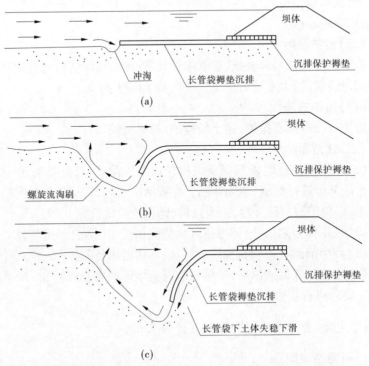

图 4-27　抽沙充填长管袋褥垫沉排坝冲刷变形过程示意图

排结构坝坦面滑塌入水,土坝体裸露,可迅速采用土工编织袋、麻袋、草袋等装土防护,以保护土坝基,防止险情扩大。

2. 柳石搂厢抢护

如果险情加重,坦面坍塌入水,坝基迅速裸露,险情发展速度快,可采用柳石搂厢抢护。

3. 搂厢外抛枕固根

抛枕是为了固根,特别是保护搂厢底部免受水流淘刷悬空,柳石枕是一种较好的水下护根工程,它能适应一切河底的变化情况。

(四)注意事项

长管袋褥垫沉排结构工程抢险工作中,防止钢管、铅丝、石块等坚硬物进入褥垫反滤布,造成防护材料新的损坏。

五、土工布坝胎裹护结构坝的工程抢险

(一)险情说明

土工布坝胎裹护结构长时间受水流和波浪淘刷损坏,可能发生溃膛险情。

(二)出险原因分析

长时间受大溜冲刷后,土工布坝胎裹护结构破裂,将土工布防护下的土体淘空,从而造成整个坝体相继下蛰出险。

(三)抢护原则

抢护土工布坝胎裹护结构坝溃膛险情的原则是"控制险情、翻修补强",即发现险情后拆除水上护坡,用抗冲材料补充被水冲蚀土料,堵截串水来源,加修后膛,然后恢复护坡。

(四)抢护方法

抢护方法有土工编织袋抢护、抛石抢护、懒枕抢护。具体操作如下。

1. 土工编织袋抢护

若险情较重,坦面滑塌入水,土坝基裸露,可采用土工编织袋、麻袋、草袋等装土填塞深槽,阻断过流,以保护土坝基,防止险情扩大(做法同土袋抢护坝基坍塌险情)。

2. 抛石抢护

此法适用于险情较轻,即坦面塌陷范围不大、深度较小且坝顶未发生变形的情况。用块石直接抛于塌陷部位,并略高于原坝坡,一是消杀水势,增加石料厚度;二是防止上部坍陷,险情扩大。

3. 懒枕抢护

如果险情严重,坦面坍塌入水,坝基裸露,土体冲失量大,险情发展速度快,可采用懒枕即就地捆枕抢护。

六、铅丝笼沉排坝抢险

(一)险情说明

铅丝笼沉排坝整个护基排体联结在一起,结构上的特殊性使工程出险机理和出险情况与常规坝有很大的不同。坝体长时间受水流冲刷后,局部所形成的冲刷坑深度超过了设计沉排体宽度,排体下沉后不能形成

稳定的坡度(1:2),排体下面坝基被水流淘空,易形成头重底空的形势。这样,在重力作用下,排体在较大的下滑作用下下滑堆积或拉断排体联结土工布、铅丝等整体入水而出险。

(二)出险原因分析

(1)该坝型基槽内铅丝笼沉排单元是垂直于坝身排放的,笼与笼之间用8#铅丝横向串联成一个整体,这样就形成一个水下防冲整体结构。这种结构不能随着冲刷坑的发展变化而及时下沉到地面,致使整个排体在纵、横联结力的作用下悬空,待冲刷坑范围发展到一定程度时,排体势必下沉。一旦下沉,则会形成猛墩猛蛰重大险情。

(2)该类工程结构出现险情后,一般存在如下两种情况:一是底部防冲反滤土工布护底在出险部位与未出险交界部位没有被拉断;二是该部位被拉断。就情况一而言,在大溜淘刷工程某部位时,河床必然下切,沉排体边缘也随之逐渐下沉,但未受淘刷部位河床就不下切或少下切,这时假设土工布拉伸强度满足抗拉要求,则在坍塌与未坍塌交界处,沉排体不可能与河床完全接触,这样就会在此处淘刷沉排体下面的土基并向四周扩展,且越发展水流淘刷越剧烈。当这种淘刷平行于坝轴线方向发展时,则可导致排体接连下沉;当淘刷垂直于坝轴线方向发展到坝基下面时,就会导致坦石及坝体土胎下垫,致使坝身出现裂缝等险情。就情况二而言,在出险与未出险交界部位排体下面的土基暴露在溜势下,更宜受淘刷而出险。

(3)工程出险后,采用抛石抢护可使工程未出险部位继续出险。这是因为当对出险部位采用抛石(或抛笼)抢护后,土工布受拉伸可能会遭到破坏,出险部位排体在加压的情况下将与冲刷坑土基贴紧,从而可使出险部位的险情得以缓解,而此时未出险部位的排体下面土基又可能暴露在溜势下,故水流淘刷将继续向四周进行,险情继续发展。如此,坝体裹护部位全部重复上述淘刷、坍塌、抢险加压、排体下沉贴紧土基等过程,坝体完成了一个出险周期,下一周期需在有较大溜势时才可能形成并发展。

综上所述,铅丝笼沉排坝出险原因是沉排体不适应河床下切的贴紧变形,若要工程不出险或少出险,就必须满足坝基裹护部位排体边缘同时较均匀地被水流淘刷、下沉、再淘刷、再下沉,直至满足坝前水流最大淘刷能力。

（三）抢护原则

铅丝笼沉排坝具有很强的抗冲刷能力，一般情况下不易出现险情，而一旦出险，则往往具有险情发展快、一次性坍塌体积大、持续时间长、不宜抢护等特点。因此，抢护时应以迅速加高、及时护根、保土抗冲为原则，先重点后一般进行抢护。

（四）抢护方法

（1）为了保证险情抢护后工程结构不变，应首先进行准确的探测，在出险部位根基处抛与排体结构相似的铅丝笼，然后根据险情采用传统的抢险方法进行抢护。

（2）为了提高抢险效率，使险情抢护到位、及时、准确，铅丝笼沉排出险后可采用船抛块石或铅丝笼的抢险方法，也可采用在外围边脚处推柳石枕固根的方法进行抢护，力争抢险后工程恢复原貌。

第三节 河道工程发生丛生险情的抢护

汛期高水位时，随着流量的增加，河水来溜摆动幅度变化较大，当来溜方向与所修建工程坝垛轴线交角变化较大时，因坝基失稳，该工程一道至几道较长的丁坝上，常常出现丛生险情，有时险情同时发生，有时接二连三地发生，且间隔时间不长，极易造成人料紧张、抢险被动的局面，这在河势突然发生大的变化或新修工程靠河1～3年内比较常见。

防汛抢险如同作战，必须对情况进行详细了解，才能战无不胜。抢险时必须弄清抢险的"三要素"，即一要了解工程根基的埋置深度、河床土质的构成、工程裹护结构的强度，二要看河势流向顺逆、边滩或心滩的消长及抗冲导溜的影响，三要掌握工程受冲作用的大小和时间长短，这样才能结合险情提出切实可行的抢护方案。

一、丛生险情抢险的原则

对于可能发生这种情况的工程，应以预防为主。汛前准备充分的料物，组织好人员，在来水较大时，可在经常靠河着溜部位预抛固根枕石，以争取主动；在汛期接到洪水预报后，应在涨水前或涨水过程中，再在关键部位加抛固根枕石，这样可使险情化大为小，化多为少。一般一处工程或

一段坝岸的固根用料都有基本的数量,应该尽早满足,否则就易出现汛期一处工程多坝出险或一坝多险的局面。

在汛期洪水时,若有一处工程多处出险,应以保堤或联坝不被冲断为原则,集中强大抢险力量和大型抢险机械,利用柳石料着重抢护危及堤防、联坝安全的重点坝垛,然后根据河势变化,抽出部分力量抢护次要的坝垛,最后依次全部修复平稳。这样既能保住重点坝垛,又克服了人力、料物不足等困难。

当一处工程多坝同时出险或一坝多处出险时,限于人员组织、现存料物数量、抢险场地等条件,应遵循先控制、后恢复的原则。所谓先控制,就是集中力量采取有力措施先将险情控制住,使险情不再发展扩大;后恢复就是洪水过后靠河工程不再受洪水威胁后再对出险坝垛进行险情恢复,这样既可防止险情恶化,也摆脱了人力、料物不足的困境。

二、丛生险情抢险

(一)队伍组织及料物保障

1. 一般险情

险情发生后,由基层河务部门组织抢护,动用抢险队员,利用装载机配合自卸汽车调石、抛散石加固。如流速过大,可用抛铅丝笼固根后,上面抛散石加固。

2. 较大险情

遇到较大险情时,县级防汛办公室接到基层河务部门出险报告后,立即报告地方防汛指挥部和市局防汛办公室,在出险现场成立临时抢险指挥部,建立起具有指挥决策调度职能的指挥机构。首先组织就近群众队伍直接参与工程抢险,由责任人带领迅速到达出险地点,进行抢险作业。调集地方装载机、自卸车等设备投入抢险工作。地方防汛指挥部及时部署群防队伍上防并做好必备料物到位的准备、实施工作,责任人在及时组织抢护的同时,及时将抢险情况报告地方防汛指挥部。

此时较大险情很可能会出现抢险机械及抢险料物不够使用的情况,如果出现这种情况,由地方防汛指挥长发布指令,有关单位和部门接指令后,按指令任务迅速带抢险物资、机械设备及队伍到达抢险工地进行抢险;抢险石料则由河务局立即与附近石料场联络,在地方交通、公安等部

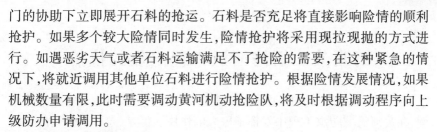

门的协助下立即展开石料的抢运。石料是否充足将直接影响险情的顺利抢护。如果多个较大险情同时发生,险情抢护将采用现拉现抛的方式进行。如遇恶劣天气或者石料运输满足不了抢险的需要,在这种紧急的情况下,将就近调用其他单位石料进行险情抢护。根据险情发展情况,如果机械数量有限,此时需要调动黄河机动抢险队,将及时根据调动程序向上级防办申请调用。

(二)抢险队的安排

要充分发挥专业机动抢险队的作用,首先队员必须做到一专多能。组织一支训练有素、作风顽强、技术精湛的抢险队,抢险队员经过技术培训和参加实际抢险,掌握了一定的技术和经验。在制订抢护方案,实施方案,调整方案,修筑柳石体和埽工,制作柳石枕、柳石搂厢、铅丝笼及铺设土工布等方面,都能熟练操作,并能驾驶各种抢险车辆,使得在抢险中调整、补充、使用运转自如,整个队伍具有很强的灵活性。

如果有多支抢险队伍,技术水平、抢险力量等整体能力不一样,可据险情适当安排抢险队。

(1)面对多坝同时出险的情况,应把整体能力强、业务素质高的抢险队安排在河道工程出险最上面的坝(岸)、主坝(岸);应遵循"抢上不抢下,抢主掩护次"的原则。所谓抢上不抢下,就是上坝能够化险为夷,能够掩护下坝少出险或出险轻。所谓抢主掩护次,就是要集中力量抢护危及整体工程安全的坝垛,主坝只要能御溜外移,下游次坝就不会发生大的险情。这样既可防止险情恶化,也摆脱了人力、料物不足的困境。

(2)如一条长丁坝的前头、迎水面、坝根等同时多处出险,应把整体能力强的抢险队安排在靠坝根最近的出险部位,即先保护坝根,然后从根部向前头逐步护护。应坚持"抢根不抢头"的原则,因为只有抢住坝根,抢头才有阵地。若人力、料物许可,可采取"抢点护面"的抢险措施,即在较长的坝体上抢修3~4个控制点,把整体能力强的抢险队安排在出险最严重的部位,使点与点之间互相掩护,以便遏制水流冲刷范围,改变水流形态。如果光抢前头置后部于不顾,后部一旦溃决,势必导致坝体腰决,前部就会被冲走,造成垮坝失事。

总之,在河道工程抢险时,老坝以固根为主,新坝以加深根基及护坦为主。不论河床属于何种土质,抢险出水是前提,及时偎根是关键,一鼓

作气是根本。切忌中途停顿,造成淘底悬空,功亏一篑。

第四节 新修河道工程出险的抢护

河道工程中新修建的工程主要是丁坝、垛,其中丁坝占有相当大的比例,在黄河流域防洪工程中发挥了巨大的作用。但是,这些新修建的坝垛工程在运行中存在的突出问题是每年汛期受水流顶冲,根石下蛰而出险,特别是对河势突变而造成的险情适应能力差,造成黄河防洪的被动局面。因此,险情发生后新修工程自身应有一定的抗险能力,或者河势对工程不利而发生险情时能做到尽快抢护、修复。

一、新修河道工程的特点

目前,黄河流域河道工程的坝垛,大都采用土石结构,一般修筑在具有深厚沉积土层的软基上,由土坝基、护坡、护根三部分组成。它的结构由于施工方法简单,宜于就地取材,一次性投资小,具有很强的适用性。但是,作为永久性河道整治工程,具有以下特点:

(1)靠溜年限短、基础浅。受施工条件的限制,工程基础有时一次没有做到位,工程极易发生险情。

(2)易发生猛墩猛蛰、大体积墩蛰等重大险情。

①工程用材决定工程存在隐患,特别是水中进占的坝,修做时靠用柳石体进占掩护土石修做,修做工程时用的软料(柳料、秸料等)长时间会腐烂,导致工程内部坝体不实、墩蛰而发生险情。

②没有根基,出险以大裂、坍塌险情为主,即大体积墩蛰,裹护体同坝基一起墩蛰入水,若抢护不及时,就使土坝基冲失,坝被冲垮。

(3)极易发生一坝多险或多坝同时出险。新修坝岸未经洪水考验,达不到稳定要求。1998年长江大水后,国家加大了大江大河防洪工程建设的投入,但由于新修坝岸筑坝时根槽开挖浅、冲刷坑深度不足等,洪水期间坝岸基础被水流迅速冲失,导致一坝多险或多坝连续多次出大险。

(4)工程被动抢险频繁,需投入大量人力、物力,劳动强度大,工程维护费高。

二、新修河道工程抢护的原则

黄河流域黄河河工有"新工程护土,老工程固根"之说,新修坝岸主要依靠抛柳石枕或其他护根措施,填充冲刷坑,保护坝岸基础底面下的河床土壤不被冲失,使坝岸基础逐渐达到稳固。柳石结构属于临时性或半永久性工程。新修坝岸基础相对稳定后,即改为乱石坝,进而改为扣石坝。

三、新修河道工程出险的抢护方法

新修河道工程,黄河流域不管是险工还是控导护滩工程,都是修建在黄河冲积土层上,因为河床土层的结构不同、土质不同,它的抗冲情况也不一样,抢险时所用的方法也不同。

(一)根据河床土质性质确定抢护方法

1.沙质壤土河床

沙质壤土河床的特点是沙土,土质松散、无黏性,易受冲而坍塌变形。沙质壤土河床受冲后,在坝前形成的冲刷坑较缓。工程出险时,应根据沙质壤土受冲后容易变形的特点,抢护时所用构件以柳石楼厢和抛柳石枕为好。因为柳料具有透水落淤的优点,"家伙桩"绳捆扎整体性好,构件可随河床的变形而下蛰,埽与土结合严密,尤其对一些坝基土质多沙,压实质量较差,靠溜出现溃膛的较大险情效果更佳。只要埽上压石或压土均匀,桩绳捆扎牢靠,埽体就能平稳下蛰,随蛰随加,直至埽体出水,反之,在此情况下,如采用抛块石或铅丝笼方法抢护,块石虽然也能随河床变形而下蛰,随蛰随加,但不利护土,更不能落淤,不宜使用。

2.淤土河床

淤土河床的特点是淤土,颗粒密实,透水性小,黏性大,光滑抗冲能力强。淤土河床受冲后,坝前易出现较深的陡槽,造成埽体或柳石枕的前爬。在抢护时,为了防止埽体前爬,可先抛一些大块石或铅丝笼,后作柳石搂厢或抛柳石枕,估计在柳石构件达到一定深度时(按治黄的老说法是:够不够,三丈六),可在枕外加抛铅丝笼护根,以防止柳石枕前爬,这项工作在船上进行效果才会显著。如仅作搂厢、抛枕,不抛块石(或铅丝笼)偎根,埽体可能前爬导致失败,只有埽体与块石(铅丝笼)偎根并进,

才能奏效。这样的险情采用抛块石抢护,待达到一定深度时再加抛铅丝笼也不是不行,但工程造价高。

3. 格子底河床

两合土界于沙质壤土和淤土之间,由于土层结构在深度上有间隔,有的地方层沙层淤,河工上叫作隔子底。当出现层沙层淤的格子底河床时,要先摸清格子底的情况,所作埽体要防止墩蛰入水,并及时抛枕扩大根部,防止埽体前爬。在抢护时要尽量保住原土层结构,抢修的埽体要轻,根部要大,以防墩蛰入水。抛枕加大根部断面,稳固埽体。埽体要随蛰随加,待其蛰到一定深度时,在柳石枕外加抛铅丝笼或大块石,以固其根。但铅丝笼不能抛得过早,防止因抛石笼出现暂时稳定的假象,而后出大险。

(二)根据基础深浅确定抢护构件

对于抢险材料的应用,应在掌握抢险原则的基础上,充分发挥各种材料的性能。

铅丝笼是变散状为块状的一种构件,它既有体大、量重、抗冲稳定性好和摩擦系数大的特点,又有透水性强的好处。对于基础较深的老工程甚为适用,尤其对淤土河床更为适宜。如果用来抢护基础较浅的新工程,则会因透水性强而引起溃膛,若再用柳石工来医治溃膛之症,形成笼柳掺搅,构件的性能就得不到发挥,反而导致险情恶化扩大。

柳石搂厢或柳石枕在抗冲方面远不如铅丝笼,但对于抢护基础较浅的新工程而言还是很好的构件。它有滤水落淤、密实避水的特点,对护土防冲、防止溃膛有良好的功能,这是铅丝笼的不及之处。

笼、枕搭配使用也是一种好办法,但必须根据笼、枕的特性用在适当的部位。靠近土料部位可围枕裹护,以避其水,枕外抛笼,以固其根,这样可使各构件扬长避短,取得良好效果,达到尽快遏制险情的目的。

新修河道工程出险后,一定要根据各种工程结构的特点,结合实际情况,选用抢护构件。如老工程的根部出险,抢险时一定要用铅丝笼或大块石抢护。用来抢护基础较深的老工程比较适宜,淤土河床更好;对于基础较浅或新修工程,抢险时要用柳石搂厢或抛柳石枕抢护,因为柳石构件具有护土、落淤、防止溃膛的优点,这是铅丝笼和块石所达不到的。有时枕石搭配使用也行,但必须以枕护土、以石固根,充分发挥各种构件的优点,才能收到较好的效果。近几年新修工程造价高的原因,是以散抛乱石代替了以前的柳石搂厢和柳石枕。散石护土能力差,要想以石护土,就要增加石料厚度,相应提高了新修工程的投资。

总之,沙土易蛰,淤土易滑,格子土易发生猛墩。不论河床土质如何,抢埽出水是前提,及时偎根是关键,一鼓作气是根本。同时,要按照老工程以固根为主,新工程以加深根基、护土保胎为主的原则,依据工程结构与抢险构件性能,正确选用抢险方法及抢护构件。切忌中途停顿,造成淘底悬空,功亏一篑。这一抢险办法不但适用于新修河道工程,也适用于原有的河道工程。

第五节　国外河道工程的几种抢险方法简介

一、土工包抢护方法

土工包(Geocontainer)抢险技术是将土工合成材料制作成一定形状和容积的大包用于防汛抢险。土工合成材料(Geosynthetics)是一种较新的岩土工程材料,它是以合成纤维、塑料及合成橡胶为原料,制成各种类型的产品,置于土体内部、表面或各层介质之间,发挥其工程效用。该项技术便于配合装载机、挖掘机、自卸汽车等大型机械在土工包内装散土或其他料物,进行防洪工程机械化抢险,具有快速、高效的特点。土袋是比较常用的抢险料物,目前编织袋基本取代了草包和麻袋,土工织物长管袋、软体排等也在抢险中得到应用。

近十几年来,欧洲、马来西亚、日本和美国成功地将充填砂的大体积土工包借开底船抛投于深度达 20 m 的水下,其中最成功的是美国新奥尔良的 Red Eye Crossing 工程和洛杉矶的 Marina Del Rey 工程,皆由陆军工程师团承建。国外还使用了特大型水上土工包抢险,水上土工包是将 Geolon 高强土工织物铺设在特制的可开底的空驳船内,其上充填疏浚的淤泥或废料,待装满后,将织物包裹封合,防止泄漏,然后将驳船开到预定地点,打开船底,把土工包沉放到水底。这种土工合成材料产品由于尺寸很大(长度可达 40 m,体积可达 $800 \sim 1\,000\ m^3$),柔性好,整体性强,因此用于大面积崩岸治理、堤防迎水坡堵漏、河岸及河底的淘刷都很有效。制

作水上土工包的合成材料为织造型土工织物。使用的几种规格的土工包织物,其单位面积质量分别为 360 g/m^2、510 g/m^2 和 940 g/m^2,厚度分别为 1.0 mm、1.6 mm 、3.3 mm,在长度方向的抗拉强度分别为 80 kN/m、120 kN/m、200 kN/m。

(一)大土工包稳定性分析

1. 大土工包沉落过程中的受力分析

1)土工包的状态

首先分析大土工包的状态。包内装入散土,即便是用挖掘机铲斗压实后,现场取土样的最大密度为 1.47 g/cm^3,土样含水量为 24%;一般情况下整体土工包的空隙率比较大,密度应该为 1.15 ~ 1.33 g/cm^3。当大土工包进入水中后,土工包的状态会发生很大的变化,土工包缓慢浸水,包中土体会缓慢排气并逐渐饱和,此时包中土体的力学参数也会发生很大的变化,该过程变化较为复杂。

2)土工包在抛投过程中的受力情况

土工包在自卸汽车抛投过程中的受力情况相对较为简单,主要受到重力和车斗摩擦阻力。当自卸汽车车斗达到 45°~50° 时,土工包会瞬间自动滑出车斗,但在入地时会受到很大的冲击力,此时如果土工包的结构不合理,土工包就会破裂(见图 4-28)。土工包在入地时一般呈跪卧式形态(见图 4-29)。

图 4-28　土工包在抛投过程中破裂　　图 4-29　土工包在入地时的形态

此外,土工包在抛投过程中,如果不到位还要受到挖掘机、推土机的推压作用(见图 4-30、图 4-31),这些作用力在土工包的结构设计和材料选择时必须考虑。

图 4-30　推土机推土工包　　　　图 4-31　挖掘机拨土工包

3）土工包在入水过程中的受力情况

土工包在水中的受力情况有两种：①岸坡滚落或滑落；②水中沉落。它的受力种类与石块相同，只是密度小而已。

当大土工包进入水中时，土工包内的空气会聚集在土工包的上方，形成气囊（见图 4-32、图 4-33），其所产生的浮力是必须考虑的因素，它对大土工包沉落过程和稳定影响很大。大土工包在沉落过程中，主要受到重力、浮力、边坡的摩擦阻力、水的绕流阻力、水流对包的动水压力，这些力的合力决定包的下沉时间和位移。

图 4-32　土工包刚入水　　　　图 4-33　土工包入水后形成气囊

2. 大土工包的抗冲稳定分析

单个土工包的有效质量应满足水流的抗冲稳定要求。它的启动流速采用依士伯喜泥沙启动公式：

$$V_0 = 1.2\sqrt{2g\frac{\rho_s - \rho_w}{\rho_w}}\sqrt{d} \qquad (4-1)$$

式中：V_0 为启动流速，m/s；g 为重力加速度，取 9.8 m/s^2；ρ_s 为土工包内

土的湿密度,t/m^3;ρ_w 为水的密度,取 1 t/m^3;d 为土工包的体积折合直径,m。

可按式(4-1)估算在不同流速下土工包满足抗冲稳定要求的最小体积和质量。现场试验表明,在水深 6~14 m、流速 1.5 m/s 以下时,大土工包在水下可以稳定。

如果考虑包内气体(充填度一般为 0.7~0.8,也可从土工包的制作尺寸和装土量计算),即包内装土越不密实,孔隙率越大,土中含有气体越多;如果土工包本身排气性差,不易在水中排气,则土工包所受浮力越大,稳定性越差。因此,在设计制作土工包时应选择排气性好的土工布制作土工包,以便使土工包在入水时排气;在土工包装土时应将散土压密实,以便减少土中含气量,增大浮压重。

3. 大土工包的摩擦稳定分析

土工包之间在水中的摩擦稳定非常重要,摩擦系数选择土工材料与土、土工材料之间较小者,经计算后,即可指导确定土工包材料选择。表 4-1 是土工材料与土、土工材料之间直接剪切摩擦试验成果。

表 4-1　直接剪切摩擦试验成果

名称	粉质黏土		粉质壤土		级细砂		无纺布		编织布	
	C(kPa)	$\varphi(°)$	C(kPa)	$\varphi(°)$	C(kPa)	$\varphi(°)$	C(kPa)	$\varphi(°)$	C(kPa)	$\varphi(°)$
无纺布			0	30.2	0	27.5	0	23.4	0	14.0*,10.8
机织布	10	19	0	32.8	0	31.3			5*,2	13.4*,11.0
编织布			0	29.9	0	29.5			0	14.4

注:1. 本表为饱和试样的直接剪切摩擦试验成果。

　　2. *的表示干态。

总体来看,三种布与土的摩擦系数较大,均大于布与布之间的摩擦系数。无纺布与无纺布、编织布与编织布之间的摩擦系数较大,机织布与编织布之间的摩擦系数较小。

大土工包进占时,土工包的稳定性主要与水流流速、冲刷坑的形成、土工包的状态以及土工包进占强度等参数有关。在进占速度较快情况下,土工包的失稳需要时间,等达到一定坡度时,占体就会稳定。

(二)大土工包结构设计

为满足自卸汽车运输抛投的需要,土工包规格尺寸按自卸汽车车斗尺寸确定;本次试验按黄河机动抢险队配备的 15 t 解放自卸汽车,20 t、

31 t 太脱拉自卸汽车考虑,根据自卸汽车料斗长、宽尺寸各加大到 1.2 倍,高度上均增加 30 cm 的原则来确定土工包尺寸,制作尺寸分别为 4.2 m×2.4 m×1.3 m、5.0 m×2.9 m×1.3 m、5.4 m×3.0 m×1.3 m。

土工包制作材料的选用主要考虑土工包在抢险过程中所需要满足的强度、变形率、透水性、排气性和保土性等技术指标要求确定。在使用编织布材料、复合土工材料(200～250 g/m²)制作土工包时,原则上间隔 1.0 m 缝制一条 5 cm 宽的加筋带做加筋的方式制作,这种结构可以满足编织布材料、复合土工材料制作的土工包强度不够的要求,见图 4-34～图 4-37。在使用无纺布材料(300～350 g/m²)制作土工包时,原则上间隔 1.0 m 用粗麻绳或化纤绳捆绑,解决无纺布材料强度不够的要求。

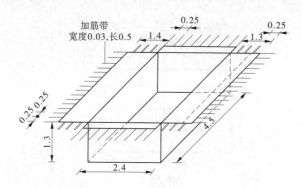

图 4-34　大土工包的制作结构和尺寸(方案 1)　(单位:m)

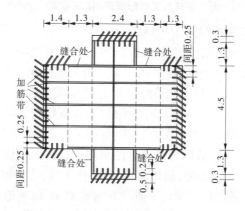

图 4-35　大土工包加工制作展开图(方案 1)　(单位:m)

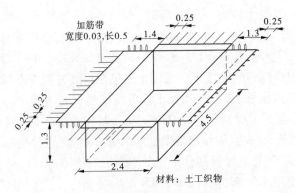

图4-36　大土工包的制作结构和尺寸(方案2)　(单位:m)

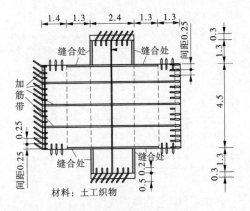

图4-37　大土工包加工制作展开图(方案2)　(单位:m)

(三)大土工包抢险方法和特点

大土工包机械化抢险就是将土工合成材料制作成一定形状和容积的大包,配合装载机、挖掘机、自卸汽车等大型机械在土工包内装散土或其他料物,进行防洪工程机械化抢险。大土工包抢险方法和特点如下:

大土工包(见图4-38)采用配合装载机、挖掘机在自卸汽车直接装土,可满足自卸车装运抛机械化作业要求(见图4-39)。由于空袋可预先缝制且便于仓储,当发现险情后可迅速运往出险地点装土抛投,因此大土工包具有以下特点:①运输方便,操作简单,抢险速度快;②船抛、岸抛、人工抛、机械抛均可,适用范围广;③对土质没有特殊要求,可就地取土,一定条件下用其代替抛石投资省;④用其替代柳石枕,有利于保护生态环境。

图4-38　工厂化加工的大土工包

图4-39　机械化装散土

当险情发展较快或自卸汽车进不到现场时,可制作简易土袋枕进行抢护。具体做法是,在出险部位临近水面的坝顶平整出操作场地,选好抛投方向,并确定放枕轴线和抛枕长度,每间隔 0.5~0.7 m 垂直枕轴线铺放一条捆枕绳,将裁好的编织布沿轴线铺于地上,然后上土并压实;将平行轴线的两边对折,用缝包机封口或折叠后用捆枕绳捆绑好,然后用推土机或人工推入水中,人工推抛方法同柳石枕。

大土工包机械化抢险技术的核心是将土工包制作与抛投过程所需场面分离,打破传统抢险技术作业场面小的限制,成功实现抢险的流水作业,大大提高抢险效率。将费时较多的土工包制作过程放在离出险位置有一定距离的开阔场地,有限的抢险场地只承担抛投到位过程,彻底克服了传统抢险中人机多、场面小,造成人机资源浪费、贻误抢险时机的不利局面。

二、风浪冲刷抢护法

对于风浪或水流冲刷不甚严重的护坡,美国抢护方法主要用聚乙烯薄膜护坡,具体方法如下:

在聚乙烯薄膜底边和两侧边系上土袋,用土袋与绳子构成平衡锤。平衡锤的大小取决于坡面的平整性和水流的流速,铺聚乙烯薄膜第一步是将底边、两侧边系有土袋的薄膜和平衡锤缓缓沿坡面滑下,在大多数情况下,薄膜将一直滑到坡底。平衡锤的质量要足以使薄膜与坡面之间不存在很大的空隙和不被水流冲走,如图4-40所示。正因为如此,要事先准备足够多的平衡锤。

显而易见,聚乙烯薄膜护坡较先进一些。它的优点有:

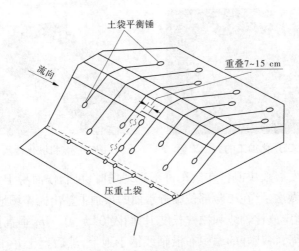

图 4-40　聚乙烯薄膜护坡

（1）便于进行水下施工。当流速在 1.5 m/s 以下时,不需要打围堰抽水即可进行。

（2）抢险速度快。

（3）薄膜柔软,适应性强,所以在任何复杂的坡面上,都能进行铺设。只是不同的坡面条件,要用不同的铺设方法。

（4）薄膜质量轻,运输、保管、施工都很方便。

当波浪严重冲刷堤岸时,美国所用的抢护方法,又与黄河的方法类似,如土袋防浪法;也有不同于黄河的,较明显的一种是水平拦板法,如图 4-41 所示。这种方法的优点是施工简便,抢险速度快;缺点是要用较多的木材。

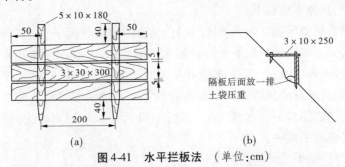

图 4-41　水平拦板法　（单位:cm）

三、淘刷及坍塌抢护方法

美国对于这种险情的抢护方法,其中一种是筑坝护岸。坝体可用石料筑成,若石料紧缺,也可用柳料和土袋筑成,如图4-42所示。这种方法较为可靠,但工程量较大,施工困难。另一种比较简便的方法是抛石料木笼,实际上这与黄河上的铅丝石笼很类似,只是不用铅丝而用木条,预先将木笼做好,抢险时再装石,在指定位置推于水中即可。

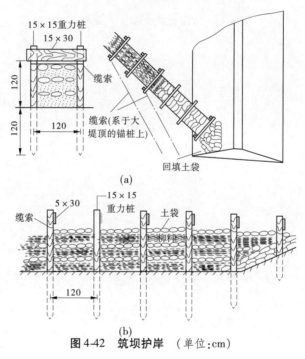

图4-42　筑坝护岸　(单位:cm)

四、洪水漫顶抢护方法

美国对洪水漫顶的抢护方法也是修筑子埝。还有两种抢护方法是我国所没有的,一种是木板土袋加高法(见图4-43),另一种是泥箱子埝法。木板土袋加高法是先在坝顶搭好木板架,然后放入土袋。泥箱子埝法是预先做好木箱,抢险时,放在堤顶临河一边,然后在里面加土。这两种方法的优点是施工简便,省土方,缺点是需要木材较多。总的来说,美国的

抢险方法较多地采用木材,中国木材紧缺,不能照搬,但有些方法如薄膜护坡法等还是值得借鉴的。

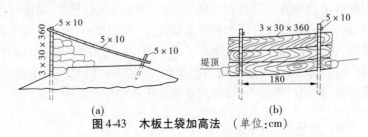

图 4-43　木板土袋加高法　(单位:cm)

第五章　河道工程抢险非工程措施

抗洪抢险事关重大,关系到一个地区的人民生命财产安全,甚至影响到我国整个国民经济的发展和社会的安定。防汛工作实行各级地方人民政府行政首长负责制,充分体现出党和政府对防汛工作的高度重视及对人民生命财产的安全高度负责。

行政首长平时以一个地方生产力的发展、社会稳定、人民群众生活的提高为己任,依法行政;在防汛抗洪工作中,以防洪保安全为目标,全力组织抗洪抢险。

行政首长能否做好抗洪抢险现场指挥,关系到整个抗洪抢险工作的成败。抗洪抢险也需要掌握一定的指挥方法和艺术,才能在防汛抢险中科学决策,正确部署,指挥得当,取得抗洪抢险斗争的胜利。

第一节　河道工程抢险制度与组织

为进一步规范河道工程抢险非工程措施,根据情况,针对河道工程抢险制度、组织、抢险责任制、常见险情报批办法以及抢险组织实施等全过程,细化完善了查险、报险、抢险过程的具体要求,明确了河道管理部门所在地省、市、县在抢险各环节中的具体职责和应承担的责任。明确县级河道主管部门作为河道抢险的实施单位,应对抢险运行工作负总责;市级河道主管部门作为河道抢险上级主管部门,负责抢险的管理、指导和检查,并明确其检查的相关内容和要求;省级河道主管部门负责河道抢险的监督工作。为保证各单位严格履行相关责任,针对抢险过程的各项要求,制订相应的措施,督促抢险各单位认真履行其抢险责任和义务。

一、险情报批程序

防洪工程出现险情后,首先要分析出险原因,根据险情所处工程位置、抢险力量部署、物资料源等情况,确定合理的抢险方案;一般应先报

批,并根据批复的方案组织实施;发生重大险情或较大险情时,可边抢护边上报,不误抢险时机,确保工程安全。重大险情上报必须经过单位主要领导、分管领导和技术负责人审查。

一般险情和较大险情的报告,由河务部门防汛办公室负责人或河务部门负责人签发,重大险情由本级政府防汛指挥部负责人签发。

(一)报险时间

防洪工程报险应遵循及时、全面、准确、负责的原则。

当大河水位达到或超过警戒水位,查险人员发现险情或异常情况时,乡镇人民政府带班责任人与河务部门岗位责任人应立即对险情进行初步鉴别,并在 20 min 内电话报至县级河务部门防汛办公室。当大河水位尚未达到警戒水位时,险工、控导(护滩)工程和水闸工程出现险情后,查险人员应当立即对险情进行初步鉴别,并报告基层管理段(站),管理段(站)在 20 min 内电话报至县级防汛办公室。

各级防办接到险情报告后,须进一步落实情况,认真鉴别险情级别,研究抢护措施,提出抢护意见,并在 30 min 内报至上一级防办。

各级防汛办公室在接到较大险情、重大险情报告并核准后,在 10 min 内向同级防汛指挥部指挥长报告。

(二)报险要求

报请上级防办审批抢险请示,均以电话、传真形式逐级上报。紧急险情应边报告边组织力量抢护,不能听任险情发展。但是不论出现何种险情,均应按前述规定逐级上报,险情紧急时,可以先用电话报告,但应尽快完备手续。

查险人员发现险情后,应立即报告基层管理段(站)或闸管所(简称管理段),管理段、县级河务(管理)部门(简称县局)、市局接到险情后应立即上报;洪水期间,已成立前线抢险指挥部的,管理段在向县局报告较大或重大险情的同时还应报告前线抢险指挥部。

(三)报险具体步骤与方法

管理段接到查险人员的险情报告后,应抓紧安排工程技术人员或由查险人员对出险部位、尺寸、水深等进行丈量或探摸,对河势进行观测记录,初步制订险情抢护措施。管理段以电话或传真方式向县局报告出险情况,应包括以下内容:

（1）险情发生、发展过程；根据险情发生的具体情况，分析出险原因，预测险情发展趋势，建议采取的抢护措施和方案；抢险人员及料物情况、料源位置等。

（2）填写工程出险情况报告记录表，包括绘制工程出险部位断面示意图、平面位置图。

（3）填写出险部位根石（坦石）探摸、堤前水深探摸情况记录表，探摸断面均不能少于两个，较大或重大险情视情况增加探摸断面。

（4）报险时描述河势应满足的条件是：①来溜方向；②工程前大河是否分股；③主溜距工程距离；④工程靠溜情况；⑤发展趋势如何。

县级河务部门接到管理段的出险情况报告后，应尽快落实工程出险的详细情况，完成险情信息（包括出险数码照片等影像资料）的采集工作，分析、预测险情发展趋势，迅速研究制订抢险方案，并及时以抢险专用明传电报或《黄河下游工情险情会商系统》上报市局。

上报的一、二类抢险专用明传电报须统一格式逐项填写。报出险信息栏目中应较详细地叙述出险发展情况、险情现状、拟订的抢护方案等；填写"工程抢险计划表"应严格执行所规定的抢险定额与取费标准，附有必要的文字说明及出险断面图，同时对土方运距、石方超搬距、新购材料等情况加以注明。上报的一类抢险电报还应另附出险数码照片等影像资料，通过网络发至指定邮箱。

市级河务部门接到县级河务部门报送的抢险明传电报后，应立即对出险方案进行审查，在4 h内完成二类抢险明传电报的审批工作。

重大险情市级河务部门派技术人员及时到现场进一步采集险情信息。

市级河务部门报省级河务部门的一类抢险电报，要求起草人、审核人首先了解出险情况，对险情抢护方案进行初审，经值班领导复核签发后迅速上报。

省级河务部门在接到市级河务部门报送的抢险专用明传电报后，一般情况下，省级河务部门在2 h内完成审批工作；遇特殊情况，不能按时批复的，须在规定时间内采用其他方式给予明确答复。

对于重大险情，省级河务部门可视情派技术人员到现场采集险情信息，指导抢险、参与制订抢护方案。

重大险情抢险结束后要在 15 d 内写出单项抢险技术总结。抢险技术总结按险情上报级别报各级河务部门防汛办公室。

二、抢险组织实施

查险人员发现险情后,经初步鉴别,需立即抢护的,带班负责人应立即上报并采取应急抢护措施。

县级河务部门在接到险情报告后,经鉴别需进行抢护的,应在 2 h 内制订出具体抢险方案。抢险方案内容包括险情性质及发展的预估;具体抢护技术措施;需要人力数量及到达时间;需要各种料物的数量、规格及到达时间;需要各部门的后勤保障及到达时间等。

防洪工程发生重大险情,县级防汛指挥部应视具体情况确定是否成立抢险指挥部。抢险指挥部由县级防汛指挥部或人民政府主要领导指挥,抢险方案由指挥长签署并负责实施。

抢险组织实施由县级防汛指挥部负责,抢险所用料物、人员、机械设备等由防汛指挥部统一组织协调。抢险工具、设备由参加抢险队伍自带。部队参加抢险,其工具、设备不足时,由县级防汛指挥部门负责筹集调用。

三、抢险制度与组织

尽管河流流域不同,在抗洪抢险、征服洪水面前,每个人的责任是一致的,那就是抗洪抢险、人人有责,根据个人所从事的工作岗位不同,担负的责任大小不同而已。

(一)抢险责任制

在汛期,各级防汛指挥部必须有一名负责人坚守岗位。情况紧急时,各级防汛指挥部应由一名主要负责人在现场指挥抗洪抢险。

在汛期,各级防汛指挥部以及水文、气象等防汛重点部门和单位必须实行每日 24 h 值班。

各级防汛指挥部及其办事机构严密监视水情变化,及时向上级防汛指挥部和同级人民政府传递实时雨情、水情、灾情,拟定对策,组织实施防汛抗洪方案。

在汛期,水利、电力、气象、农林等部门的水文站、雨量站精心测报,及时准确地向各级防汛指挥部提供实时雨情、水情;气象部门必须及时向各

级防汛指挥部提供天气预报和定时气象信息;水文部门必须及时向各级防汛指挥部提供有关水文预报。

重要洪水预报的发布由省防汛指挥部决定。

下面分别介绍我国7大江河流域的抢险责任制。

1. 长江流域

各主要江河沿岸地(市)、县(市、区)根据需要,在江河设立洪水监测断面,并配备必要的监测、报汛设备和观测人员。对洪水进行跟踪监测,及时向防汛指挥部报告水情,实施上下游联防。

汛情紧急或工程发生重大险情时,县级以上人民政府在辖区内发布防汛命令,采取非常紧急措施。在此期间,任何单位和个人必须服从防汛指挥部的统一指挥,不得阻拦和拖延。

发生险情灾情,当地政府领导立即带领有关部门负责人赶赴现场,组织灾区群众抢险救灾,安置受灾群众生活,帮助恢复和发展生产。

洪涝灾害发生后,所在市、地、县防汛指挥部迅速收集情况,及时向省防汛指挥部报告灾情,并通报有关单位。详细灾情立即组织核实和统计,按照洪涝灾害统计报表要求,5 d 内报上级主管部门和同级统计部门。

任何单位和个人,都应当按照县以上人民政府的规定,承担防汛抢险的劳务和费用。

2. 黄河流域

黄河下游防洪工程抢险实行各级人民政府行政首长负责制,省、市防汛指挥部对所辖区域内的抢险负有直接领导责任,采取一切措施,积极帮助和指导县级防汛指挥部取得抗洪抢险的胜利。

严格实行各级人民政府行政首长责任制,在各级人民政府和防汛指挥部的统一指挥下,实行分级分部门负责。

(1)险工、控导(护滩)工程的查险在大河水位低于警戒水位时,由当地黄河河务部门负责人组织,河务部门岗位责任人承担;达到或超过警戒水位后,由县、乡人民政府防汛责任人负责组织,由群众防汛基干班承担,黄河河务部门岗位责任人负责技术指导。

(2)根据洪水预报,黄河河务部门岗位责任人应在洪水偎堤前 8 h 驻防黄河大堤。县、乡人民政府防汛责任人应根据分工情况,在洪水偎堤前 6 h 驻防黄河大堤,群众防汛队伍应在洪水偎堤前 4 h 到达所承担的查险

工程。

（3）群众防汛队伍上堤后，县、乡防汛指挥部应组建防汛督察组，对所辖区域内工程查险情况进行巡回督察。黄河河务部门组成技术指导组巡回指导群众查险。

（4）查险人员必须严格执行各项查险制度，按要求填写查险记录。查险记录由带班和责任人签字。责任人应将查险情况以书面或电话形式当日报县黄河防汛办公室。

（5）险情报告除执行正常的统计上报规定外，一般险情报至地（市）黄河防汛办公室，较大险情报至省黄河防汛办公室，重大险情报至黄河防汛总指挥部办公室。

（6）各级黄河防汛办公室在接到较大险情、重大险情报告并核准后，应在 10 min 内向同级防汛指挥部指挥长报告。重大险情黄河防总办公室应在 10 min 内报告常务副总指挥。

（7）县级防汛指挥部应在每年 6 月 15 日前按有关规定建立完善基干班、抢险队、护闸队、预备队及一、二、三线防汛抢险队伍。在每年 6 月 30 日前对一线队伍进行必要的抢险技术培训并建档立卡。

（8）黄河河务部门应在每年 6 月 15 日前将专业抢险队伍（包括专业机动抢险队）集结完毕，并在 6 月 30 日前完成抢险技术练兵及抢险机械设备维修等准备工作。

（9）各级防汛指挥部应按黄河防汛工作职责的规定明确防汛职责，于每年 5 月 31 日前完成与部队、武警及有抢险任务的各部门的联系，明确各部门在抢险中的具体工作任务和责任。

（10）工程抢险一般由县级防汛指挥部负责。较大险情或重大险情必要时可临时成立地（市）或省级抢险指挥部。抢险指挥部由本级政府行政首长任指挥长，黄河河务部门负责技术指导。抢险方案由指挥长签署并负责实施。

（11）各级行政首长坐阵指挥。市、县、乡行政首长需要在一线坐阵指挥。抢险速度是抢险胜败的关键，如果洪水冲刷强度大于抢险的速度，险情就会扩大，而决定抢险速度的关键是抢险的人员和料物，能调动抢险人员的只有各级行政首长。因此，各级行政首长应当坐阵一线，以便对各类突发性问题进行及时处理。

作为行政首长要耐心听取有关抢险专家的抢险方案和建议,不能出现急躁心理,更不能下达不切合实际的抢险命令。正确的命令往往会起到事半功倍的效果;否则,欲速则不达。

(12)申请调用部队。出现危急险情时,若险情发展速度快,应按照动用部队程序申请部队支援。部队到来后将其安排在最危急的抢险点,并派黄河机动抢险队予以技术指导。从长江抗洪抢险的经验看,最终使急、险、难的重大险情转危为安的非部队莫属。人民子弟兵只要接受任务,就会想尽一切办法保证完成任务。值得注意的是,在一处抢护现场最好成建制用兵。

(13)科学调配抢险力量。由于抢险队伍来自多个地区,且队伍类型不一,有黄河机动抢险队、地方预备队、部队等,当料物不能满足需求时,各抢险队之间争料现象时有发生,各个工段还会造成较大矛盾,因此必须统一调配料物。如果工地抢险组织调度不够科学,就会出现窝工浪费现象。

紧急时刻连续作战,抢险人员会极度疲劳,所以必须安排好后备力量,这也是保障险情化险为夷的重要环节。

(14)异地调动抢险设备与料物。在抢护重大险情时,设备料物跟不上的情况会经常出现。黄河河务部门专业机动抢险队承担重大险情的紧急抢险任务。机动抢险队在省内抢险的调遣,由省黄河防汛办公室下达调动命令;跨省抢险的调遣,由黄河防汛总指挥部办公室下达调度命令。

如1983年8~10月,黄河下游武陟北围堤抢险,调动3个县的柳秸料,但远距离调料问题很多,农民送料往往由几家几户组成,现在虽然有机动车辆,但运量小,送料车辆多,给交通带来很大压力。远距离送料应采取各乡、村集中收料,送至各险工地点,政府组织大型自卸汽车,河务部门负责技术指导,将柳秸料和块石在自卸汽车上加工成半成品,黄河上称之为厢枕 。此举不仅解决了广大村民送料难的问题,而且对加快现场抢险速度起到了至关重要的作用。

(15)紧急时刻实行交通管制。一旦出现重大险情,为确保运送防汛物资的道路畅通,必须实行交通管制。

抢大险,阴雨天较多,道路泥泞难行,或因没有迂回道路,料物运送不畅,如1983年8~10月,黄河下游武陟北围堤的送料群众,有的两三昼夜

交不上料,主要原因是没有迂回道路,料车进不去,空车出不来。因此,如何开通迂回道路是重大险情抢护的一个重要环节。在1998年长江流域九江抢险堵口时,局部道路和航道都实行了交通管制,非抢险车辆、人员一律不准经过或进入现场,就连前去慰问解放军的车辆、人员、新闻记者也不例外。合理的交通管制给抢险工地营造一个宽松的环境,保证抢险人员、料物能及时到达现场。

(16)对于危及堤防安全的险情,要抓住时机、因地制宜、就地取材。当黄河发生大水时,局部发生顺堤行洪,急需木桩、柳秸料、编织布等抢险料物,现场料物如果跟不上,可动用一切可利用的物资用于抢险。

(17)定时或不定时召开专家会商会,实时解决抢险中的重大问题。从九江堵口的经验看,及时召开专家会商会,商讨抢险方案,然后按专家会商会的意见实施,这也是九江成功堵口的重要经验之一。而黄河抢险情况更为特殊,技术性强,变化也快,有时制订的方案也会随着险情的发展而变更,因此及时召开专家会商会是十分必要的。

3. 淮河流域

严格落实防汛责任制。流域各市把行政首长责任制贯穿到防汛和抢险救灾的各个环节,做到指挥有方、保障有力、责任明确、任务落实。各级政府把防汛工作作为一项重要任务,规定各级行政"一把手"当好第一责任人,亲自动员部署,抓好督促检查,分管领导深入堤防、水库、涵闸等工程现场和防汛一线,了解掌握第一手情况,协调解决实际问题。加大隐患排查处置力度,抢在主汛期来临之前,对未实施除险加固的塘坝、水闸、险工险段和山洪、泥石流等地质灾害点,进行全面深入的隐患摸底、排查和处理。对重大险工隐患,把责任明确到单位、落实到个人,确保险情能够及时发现、及时上报、及时处理。对已实施除险加固的中小水库,加强日常管理维护,建立长效机制,确保安全度汛。

4. 海河流域抗洪抢险协作制度

为提高防汛抢险队伍素质,培养经验丰富、德才兼备的防汛抢险工作人员,根据《海河流域防汛抗旱协调机制》要求,建立海河流域抗洪抢险协作制度。

(1)各省、自治区、直辖市以现代化防汛抢险为目标,以加强能力建设和调整知识、专业结构为主题,以协作抢险、团结抗洪为宗旨,以防汛物

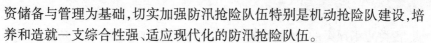

资储备与管理为基础,切实加强防汛抢险队伍特别是机动抢险队建设,培养和造就一支综合性强、适应现代化的防汛抢险队伍。

(2)各省、自治区、直辖市国家级防汛机动抢险队和定点防汛仓库,每年汛前向国家防办和海委通报抢险队组织和防汛物资储备情况,以便统一指挥调度。

(3)加强防汛物资管理,做好防汛物资登记造册、清点、整理等工作,定期对防汛物资进行维护、保养,确保汛期能运得出、用得上,同时还根据各种物资的性能和特点,认真做好防火、防盗、防腐、防爆等工作,确保仓储防汛物资的安全。

(4)各级防汛抢险队及防汛抢险物资汛期随时处于待命状态。规定当流域发生大洪水时,为实现防汛物资共享,保证抢险队伍和物资的充分利用和优化配置,各省、自治区、直辖市国家级防汛机动抢险队和定点防汛仓库,服从国家防总或流域机构的统一指挥调度。

(5)各省、自治区、直辖市每年汛前应组织各种形式的防汛抢险实战演习。海委将不定期组织举办流域性抗洪抢险等方面的培训和演习。

(6)海委建立流域防汛抢险专家库,在大洪水时统一调配,指导地方抗洪抢险。

(7)加强各省、自治区、直辖市之间的抗洪抢险协作,一方有险,八方支援,努力创造团结抗洪的良好氛围。

5.松花江

(1)以行政首长负责制为核心的防汛责任制。各级人民政府按照《中华人民共和国防洪法》和国家防总关于《各级地方人民政府行政首长防汛职责》的规定和要求,进一步落实和完善以行政首长负责制为核心的各项防汛责任制,逐级分解任务,层层落实,把行政首长负责制贯穿到防汛抗旱工作全过程。汛期在报纸及其他相关新闻媒体逐级公布辖区内江河、水库、城市、蓄滞洪区等行政首长防汛责任人名单,接受社会和群众的监督。责任人切实负起责任,经常对责任区(段)进行督促检查,研究并解决工作中存在的突出问题,落实防汛准备情况;汛情发生时,加强指挥;提高突发事件处理和防洪调度指挥的能力。各级政府建立防汛责任制监督机制,同政绩考核、职务升迁、奖惩挂钩,对责任制不落实,工作失职、渎职或工作不力的,造成严重后果的,依法追究相关行政领导的责任。

（2）进一步修订和完善各类防汛预案。多年的防汛抗旱工作实践表明，各类防汛预案的好坏、完善与否，直接关系防汛抗旱工作成败。流域内各省（自治区）根据辖区内人口、经济、工程、重要基础设施的变化情况，按照"两个转变"的要求修订与完善各项防洪调度方案，并尽可能制定出技术细则和操作规程，增强可操作性，把握主动权。针对性地完善各项防汛抗旱应急预案，完善应急机制，提高各级防汛抗旱指挥部突发事件应急处理能力。做到工程运行正常，抢险物资储备充足，抢险队伍落实到位。保证汛情测得到、传得出、报得准。保证防汛指挥通信畅通。

（3）切实做好病险水库、中小河流安全度汛和防御山洪灾害工作，高度重视松花江流域病险水库多、工程隐患多、管理薄弱环节多等影响水库安全度汛的突出问题，利用大汛到来前的有限时间，对水库进行再检查、再部署。进一步提高检查质量，决不能讲形式、走过场。发现问题落实到部门，落实到责任人，限期进行处理。汛前难以处理完的，必须认真落实应急度汛方案，必要时降低水库运行水位直至空库迎汛，确保水库安全度汛。

中小河流洪水与山洪灾害突发性强，防治难度大，各地继续贯彻《国家防总关于加强山洪灾害防御工作的意见》，以减少人员伤亡为目标，抓好防御山洪灾害的各项工作。既充分发挥当地政府职能，狠抓责任落实，落实到市、县，落实到乡、村，切实强化群众防灾避灾意识，努力提高群众自身的防灾避灾能力，同时加强对局部、短期暴雨的预测和预报，做到提前预警，及早预防，努力将山洪灾害损失降低到最低限度。

（4）发扬团结抗洪精神，全力做好洪水调度和抗洪抢险工作，松花江防汛是一个整体，各省区互为上下游、左右岸，目标一致，利益相同，紧密配合，团结协作。在防汛调度决策中，顾全大局、团结抗洪、局部服从整体，坚决服从国家防总和松花江防总的统一指挥、统一调度，确保政令畅通，令行禁止。松花江防总切实担负起《中华人民共和国防洪法》《中华人民共和国水法》赋予的协调、监督和管理职责，站在全流域的高度，统筹上下游、左右岸，以效益最大和损失最小为目标，协调各方利益，正确指挥决策。松花江防总办公室应当好参谋，及时掌握汛情、灾情和工程运行情况，熟悉防洪预案，准确提出意见和建议。

198

6.珠江流域

落实相关制度和责任。按照《珠江防汛抗旱总指挥部组成与职责》制定工作规程和制度。

(1)明确行政责任人和职责,把各项责任制和防汛准备、抗洪抢险和救灾工作落到实处。

(2)完善组织机构,把防汛抗旱工作纳入规范化、制度化的轨道,让珠江防总成为一个高效、权威的流域指挥机构。

(3)做好抗洪抢险队伍建设,建立起能抗大洪、抢大险的专业队伍和专家库,注重技术力量储备。规范各省区防洪抗旱工作,指导各省区做好调度、抢险、技术和队伍等方面建设工作。

7.辽河流域

全力做好防汛工作,完善抢险责任制。

(1)责任制的落实。落实以行政首长负责制为核心的各项责任制,确保责任落实到人,落实到防汛抢险工作的全过程,建立和完善自上而下的责任网络体系,严肃防汛纪律,健全责任追究制度。

(2)各类预案进一步完善,针对以往洪水过程中暴露的问题修订完善各类防汛预案,着力提高预案的实用性和可操作性。尤其进一步细化基层的防汛抢险预案。全面落实抢险队伍、抢险物资、抢险预案;重点落实水雨情监测、通信预警、险情抢护和人员转移等措施。省、市级防汛抗旱指挥部加强对基层单位制订和修订预案工作的指导。

(3)抢险队伍和物资须充足,根据辽河流域的具体情况全面落实抢险队伍和物资。

(4)明确工作重点,全面梳理防汛薄弱环节,重点做好安全度汛、中小河流防洪、山洪泥石流灾害防御及城市排涝等工作。

(5)预测、预报及预警必须及时,完善预测、预报及预警系统,保障信息畅通。

(6)洪水调度须科学,加强水库、河道的科学调度,以及抢险人员和物资的科学调度。

(7)防汛抢险要迅速,提高各级的应急处置能力,确保迅速投入抢险。

(8)转移人员须果断,一旦出现危及群众生命安全情况必须及时果

断地转移有关人员,明确责任人员、预警方式、转移路线、安置地点等。

(9)人员安置须妥善,保障转移出的人员有处住、有饭吃、有水喝、有病能医。

(二)抢险队伍组织

多年的防汛抢险实践证明,防汛抢险工作采取专业队伍与群众队伍相结合,军民联防是行之有效的。

1.专业防汛队伍

专业防汛队伍由国家、省、市防汛指挥部临时指派的专家组与各基层河道管理单位的工程技术人员和技术工人组成,是防汛抢险的技术骨干力量。专业技术人员必须熟悉堤防的工程,例如险工险段的具体部位、险情的严重程度,以便有针对性地进行防汛抢险的准备工作。汛期到来即进入防守岗位,随时了解并掌握汛情、工情,及时分析险情。组织基层专业队伍学习堤防管理养护知识和防汛抢险技术,参加专业技术培训和实战演习。

近年来,为克服抗洪抢险料物运输多以人工为主、机械化程度低、人力消耗大、抢险效率低的问题,在一些重要江河干支流组建了机动抢险队,并逐步建设成为具有较高抢险技术水平、先进的抢险机械装备、较强的全天候和全路况下的快速开进能力的快速、灵活、高效的抗洪抢险队伍。

2.群众防汛队伍

群众防汛队伍是防汛抢险的基础力量,它是以青壮年劳力为主,吸收有抢险经验的人员参加,组成不同类别的防汛队伍。根据堤线防守任务的大小和距离河道的远近不同,常划分一线、二线队伍,有的还有三线队伍。紧临堤线的县、乡、村组成常备队和群众抢险队,为一线防汛队伍;距离堤线稍远的县、乡,为二线队伍;距离堤线较远的后方县组成三线队伍。滞洪区、水库库区的群众要组成迁安救护队。

常备队是堤线防守的主要力量,负责堤防防守、巡堤查险和一般险情的抢护,根据堤防的重要程度,分段驻守足够的常备队伍,抢险队由常备队中有经验的人员组成,每个县可组成多个抢险队,每队30~50人。

预备队是堤线防守的后备力量,负责运送抢险料物,必要时预备队也参加堤线防守和抢险。此外,每年汛前还把沿河城镇、机关、工厂、学校的

职工和居民组织起来,情况危急时动员他们参加防汛抢险。

3. 解放军、武警部队抢险队伍

解放军和武警部队是防汛抢险的主力军和突击力量,每当发生大洪水和紧急抢险时,他们总是不惧艰险,承担着重大险情的抢护和救生任务。一般各级防汛指挥部主动与当地驻军联系,及时通报汛情、险情和防御方案,明确部队防守任务和联络部署制度,当发生大洪水和紧急险情时,立即请求武警和解放军参加抗洪抢险。

4. 黄河流域

县级防指在每年的 6 月 15 日前按有关规定建立完善防汛队、群众抢险队、护闸队、运输队、预备队等一、二、三线抢险队伍,并在每年 6 月 30 日前对一线队伍的骨干进行必要的技术培训并建档立卡。

黄河河务部门在每年 6 月 15 日前将专业抢险队伍(包括专业机动抢险队)集结完毕,6 月 30 日前完成抢险技术练兵、抢险机械设备维修养护等准备工作。

黄河河务部门所在地县级防指在每年的 6 月 15 日前完成与部队、武警及有抢险及抢险保障任务的各部门的联系,明确部队和各部门在抢险中的具体工作任务和责任。各有关部门按县级防指的部署,于 6 月 30 日前完成防汛抢险各项准备工作。

(三)抢险料物的组织

以黄河流域为例,防汛抢险物资分为国家常备物资和群众及社会团体备料。

黄河流域国家常备物资由河务部门按照储备定额储备和管理,做好抢险供应,并及时补充。国家常备防汛料物、设备只准用于黄河工程的抢险。黄河工程抢险料物、人力、设备需对其他地区支援时,由黄河河务部门提出具体要求,由同级黄河防办按管理权限向上级黄河防办提出申请,经批准后组织调用。调用申请由黄河防办主任签发。

群众备料由沿黄县级人民政府负责,由沿黄群众按照备而不集、用后付款的原则储备,汛前落实料物数量、种类、存放地点,登记造册,落实到户、到垛、到树,实行挂牌号料,并落实运输工具,确定运输路线和方案,保证防汛抢险需要。

社会团体备料由各级政府部门、社会团体等根据各自实际情况落实

的可用于防汛抢险的物资,汛前登记在案,落实运输工具和方案。群众及社会团体备料由防汛指挥部统一筹集、统一管理、统一调度和使用。

黄河滩区、蓄滞洪区迁安救护及避洪设施抢险等需外地区支援料物、人力、设备时,由当地人民政府提出具体要求,由县级以上防指按管理权限向上级防指提出申请,经批准后组织调用。需国家防总批准时,由省防指直接向国家防总办公室提出申请。调用申请由防汛指挥部指挥长签发。

凡经批准调用物料、设备、人力的,由申请者负责向支援方结算有关费用。

(四)抢险调度权限

不同的江河流域,抢险调度权限不同,现以黄河流域为例。

黄河下游中小洪水是指花园口站 4 000 m^3/s 以下流量的洪水。小浪底水库建成后,上中游洪水经故县、陆浑、三门峡、小浪底四库联合防洪调度后,下游发生大洪水的概率减少,发生中小流量、长历时洪水的概率增大。

(1)当花园口站流量小于 4 000 m^3/s 时,黄河防洪工程抢险由市级黄河防办负责审批。抢险所需经费从维修养护经费中列支。

(2)当花园口站流量大于 4 000 m^3/s 时,黄河防洪工程出现一般险情时,由市级黄河防办负责审批;重大险情抢险由省黄河防办负责审批,并报黄河防总。

四、抢险险情类别划分

不同的河流,险情类别的划分不同,现以长江、黄河流域为例。

(一)长江流域

在很短时间内,有可能造成严重后果。但是各种险情都是随着时间的推移而变化的,很难进行定量的判断。为便于险情程度划分并促进险情程度划分的规范化,把各类险情划分为一般险情、较大险情和重大险情三种情况。

(1)一般险情。发生一般险情时,视情况进行适当简单处理,即可消除险象。一旦发现险情,就将险情消除在萌芽状态。

(2)较大险情。有的险情,虽然不会马上造成严重后果,也应根据出险情况进行具体分析,预估险情发展趋势。如果人力、物料有限且险情没有发展恶化的征兆,可暂不处理,但应加强观察,密切注视其动向。

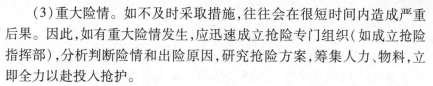

（3）重大险情。如不及时采取措施,往往会在很短时间内造成严重后果。因此,如有重大险情发生,应迅速成立抢险专门组织(如成立抢险指挥部),分析判断险情和出险原因,研究抢险方案,筹集人力、物料,立即全力以赴投入抢护。

（二）黄河流域

（1）黄河下游抢险分为一类险情抢护和二类险情抢护。凡一次抢险用石料在300 m^3(含300 m^3)以上的,为一类险情抢护;凡一次抢险用石料为300~500 m^3 的,属较大险情;凡一次抢险用石料在500 m^3 以上的,属重大险情;凡一次抢险用石料在300 m^3 以下的,为一般险情;凡达不到一类抢护标准的,为二类险情抢护。

（2）一类险情抢护由省黄河河务局审批,二类险情抢护由市级黄河河务(管理)局(以下简称市局)审批,报省黄河河务局备案。

（3）险情级别分为一般险情、较大险情、重大险情(见表5-1)。

表5-1　黄河下游河道工程险情类别划分

工程类别	险情类别	险情级别与特征		
		一般险情	较大险情	重大险情
险工工程 （防护坝工程）	根石坍塌	其他情况	根石台墩蛰入水2 m以上	
	坦石坍塌	坦石局部坍塌	坦石顶坍塌至水面以上坝高1/2	坦石顶墩蛰入水
	坝基坍塌	其他情况	非裹护部位坍塌至坝顶	坦石与坝基同时滑塌入水
	坝裆后溃	坍塌堤高1/4 以下	坍塌堤高1/4~1/2	坍塌堤高1/2 以上
	坝垛漫顶			各种情况
控导工程	根石坍塌	各种情况		
	坦石坍塌	坦石不入水	坦石入水2 m以上	坦石入水2/3 以上
	坝基坍塌	其他情况	坦石与坝基同时滑塌入水2 m以上	根坦石与坝基土同时冲失
	坝裆后溃		连坝全部冲塌	
	漫溢		坝基原形全部破坏	裹护段坝基冲失

五、抢险总结

险情抢护结束后,要及时逐级上报实际用料、实用工日、实际投资、抢护措施及方法、现存问题、抢护负责人等。重大险情和特大险情抢险结束后,要写出专题总结报省河务部门及上级主管部门。

黄河流域:黄河下游凡一次抢险用石在 100 m^3 以内,报险后限 3 d 内上报抢险结果;凡一次用石为 100 ~ 300 m^3,报险后限 5 d 内上报抢险结果;凡一次用石为 300 ~ 500 m^3,报险后 7 d 内上报抢险结果。

第二节　现场抢险调度指挥系统

现以黄河为例,说明现场抢险指挥的重要性。

一、熟悉情况是做好防汛抢险指挥的基础

(一)熟悉防洪预案

黄河防洪预案是防洪取胜的战略性文件,是抗洪指挥、决策、调度的基本依据,是未雨绸缪、主动防洪的关键环节,其目的在于依法防洪抗洪,缜密周全地准备,从容不迫地指挥,以最优措施应对,从而最大限度地降低洪灾损失,夺取抗洪斗争的胜利。

在防洪预案编制中,既贯彻了以国家的法律、条例、规定,上级调度方案和黄河实际情况为依据,以及以行政首长负责制为核心的各项防汛责任制,又在分析研究工程情况、社会经济情况、存在问题的基础上,找出可能出现险情的薄弱环节,采取相应的对策和处理措施,它凝聚了众多技术人员和工作人员的智慧。通过研读本区防守责任段的防洪预案,争取得到以下收获:

(1)对基本情况有一个了解。一是防洪工程,这是防洪保安全的最基本物质基础。包括堤防、险工、控导(护滩)、蓄滞洪工程情况及抗洪能力,了解防洪工程是否都达到了设防标准,还存在哪些薄弱环节和不足,以便洪水时期对其进行重点防守。二是黄河滩区的现状,包括滩区面积、村庄、人口、财产、避洪设施等,了解大水时需要转移的人口、安置地点,以便洪水到来之前安全转移群众和可能转移的财产。

（2）清楚可使用的防守和抢险力量。黄河防洪和抢险实行的是专业队伍和群众队伍相结合,军(警)民联防。专业队伍是防洪抢险的技术骨干力量,由河道堤防、闸坝等工程管理单位的管理人员、护堤员、护闸员等组成,平时根据掌握的管理养护情况,分析工程的抗洪能力,划定防守责任段,汛期即进入防守岗位。群众防汛队伍是以沿河乡镇为主,组织青壮年或民兵汛期上堤分段防守。根据防守任务和群众居住地距堤远近情况,划分为一线、二线、三线防汛区,按规定组织一定数量的防汛队伍。中国人民解放军武警部队是历年确保防洪安全、迁移救护群众的坚强后盾,是防汛抢险的突击力量,在大洪水和紧急抢险时,承担防汛抢险、救护任务。

（3）理清实施防汛抢险的指挥思路。《中华人民共和国防洪法》规定,防汛抗洪工作实行人民政府行政首长负责制,统一指挥,分级分部门负责。对于刚参与黄河防汛的行政首长,通过研读防洪预案应理清通过什么途径进行防汛抢险指挥,建立什么样的系统为指挥服务,哪些是需要亲自处理的,哪些是授权有关人员办理的,以及调度人员、料物的权限等。

（二）做好汛前查勘和检查

防汛抢险指挥应熟悉自己防区内的河道和工程情况。有效的办法是汛前到辖区内进行查勘和检查,做调查研究,对河道和工程增加感性认识,熟悉防守的阵地,听取业务部门关于防汛抢险准备工作的汇报,检查度汛工程是否能按时完成,防汛队伍是否搞好思想发动、组织动员,抢险技术和抢险料物筹备是否已经落实等。

二、建立现场防汛抢险调度指挥系统

抗洪抢险是一个系统工程,必须建立相应的子系统,规范有效地运转,才能使抗洪抢险有条不紊地进行。

（一）技术指导系统

1.技术指导系统构架

黄河防汛抢险涉及面广,情况复杂,需对雨情、水情、工情等大量的信息进行汇总,对河道洪水进行演进分析,根据现场的变化情况,对防守力量、料物供应、后勤保障等不失时机地提出调整安排意见,指导现场抢险工程,都需要具有一定防汛工作和抗洪抢险知识的技术人员参加,并建立

合适的系统各负其责,才能取得抗洪斗争的胜利。

(1)成立首席专家领导的核心专家决策组。视情况确定人员的多少,凡是有关水文预报、洪水处理调度方案的制订、工程抗洪能力评价、险情处理方案等技术问题,都由其确定并负责。

(2)现场抢险技术指导专家。每处抢险工程都要有专人负责,受核心组的领导和指导,具体负责指导抢险工程的正确实施。

(3)汛情、工情的收集汇总组。受首席专家的领导,及时了解流域降雨量、降雨强度和历时、天气发展趋势、洪峰流量及持续时间、洪峰传播各地相应的洪水位等,所辖范围内工程出险情况及出险工程抢护进度。

2.技术人员应具备的素质

技术人员作为行政首长的参谋和助手,其业务水平与责任心直接影响到行政首长的指挥效果,甚至影响抢险工程的成败安危。因此,技术人员必须具备应有的素质。

(1)技术人员具有扎实的基础知识,掌握处理各种险情的抢险技术,才能处惊不乱,根据不同的洪水特性和不同的险情特点,及时提出处理意见,供领导决策参考。

(2)大洪水期间,防洪布置、信息传递、险情处理等,头绪繁多,技术人员越是在防汛紧张时刻,越要冷静分析,准确判断险情,及时向行政首长提出切实可行的对策。

(3)技术人员必须树立严谨的、实事求是的工作作风,不唯书、不唯上,只唯实,要敢于直言,尽职尽责,一丝不苟地处理各类问题。

(4)技术人员要有黄河安澜匹夫有责的光荣使命感,继承和发扬老一辈治黄职工不避危险、不畏酷暑、不怕牺牲、乐于奉献的优良传统,舍小家保大家、不计名利、不计报酬的献身精神。

(二)后勤保障系统

对于防汛抢险而言,后勤保障诸方面显得尤为重要。黄河一旦来大水发生险情,就要根据前方指挥人员的要求和抢险工程的需要,因地制宜地尽快选用合适的抢险料物进行抢护。如果供应及时,保障有力,使用得法,就可化险为夷,并取得事半功倍的效果;否则,将会贻误战机,造成被动。在黄河的大洪水期,抗洪抢险是压倒一切的急事,又是涉及各方面的大事,需要动员和调动千军万马和大批物资,特别是在紧急时刻,全党全

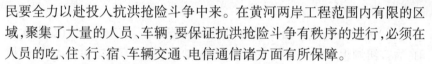

民要全力以赴投入抗洪抢险斗争中来。在黄河两岸工程范围内有限的区域,聚集了大量的人员、车辆,要保证抗洪抢险斗争有秩序的进行,必须在人员的吃、住、行、宿、车辆交通、电信通信诸方面有所保障。

1. 防汛抢险料物供应系统

防汛抢险中使用的料物,大到几万平方米的土工布、几万袋的沙料,小到几十米的尼龙绳、一把剪刀,往往是现场抢险人员需要什么就要什么。在 2001 年东平湖的抢险中,曾出现过用直升飞机从 400 多 km 外运送 6 名潜水员到抢险现场,也出现过副县长、局长安排找一把剪刀等抢险小工具,需现去商店购买,甚至有些东西买不到的现象。这既说明了抢险现场需要料物的不确定性,又说明了建立完整的供应料物系统的重要性和必要性。

(1)现场物资调度供应组。在防汛抢险斗争中,行政首长在抢险现场设立指挥部时,为做好抢险所需料物,应在现场设立物资调度供应组,主要是根据技术人员提出的料物需求计划,请求黄河防办调度仓库、团体或群众供料和运输,无所需料物时,安排专人采购及时供应。

(2)各级黄河防办物资供应组,安排人员昼夜值班,密切注视水情、工情的变化,做好各自的物资供应工作。不但要分析计算料物的储备和可能动用情况,及时妥善地安排料物调运工作,还要注意防汛常备物资可能不足,联系有关团体、机关和群众的备料,时刻处于待命状态。

(3)防汛常备物资仓库,应昼夜安排专人值班。防汛常备物资仓库,按照保证重点、合理布局、管理安全、调用及时的原则,分布于黄河沿线,常年储备着防汛机械设备料物、器材、工具等,是黄河抢险应急和先期投入使用的物资来源,必须做好值班工作,确保物资及时供应。

2. 生活保障系统

防汛抢险正值伏秋酷暑,让战斗在一线人员及时吃上饭、喝上水是最基本的条件。

(1)现场协调组。随时掌握在一线防汛抢险的各个方面的人数及变化情况,饭菜尽量安排在附近蒸做,做到干净、卫生、熟、热;根据工地长短和人员多少,有计划地设若干个开水供应站,以绿豆水、白开水为主,配备一次性或必要的饮水用具。安排好人员的住宿,本着就近、适地、便于休息的原则,一可安排到附近旅馆、招待所,二可在民房集中住宿,三可搭临

时帐篷、折叠床加蚊帐。

（2）后方协调组。当一线防汛抢险人员较多，前方无能力安排饮食时，后方协调组可集中安排定点饭店、食堂，蒸做包子或馒头加火腿肠、榨菜、咸鸡（鸭）蛋等，包装成份饭运送至工地分发。当现场不便于设开水站时，也可集中运送瓶装矿泉水供应工地。

3.通信保障系统

通信是黄河防洪斗争的生命线，防汛抢险中需要及时、准确地掌握相关区域的雨情、水情、工情和灾情，以便对当时防洪形势做出正确分析与预测，根据防洪工程现状或出险情况，快速提出人员、料物的调度方案，为决策者提供全面支持，使之能做出正确决策，力争使洪灾减少到最低程度。需要有一个采用现代技术、高交叉、可靠的通信保障系统。

（1）黄河专用通信部门。在防汛抢险时，建立通信指挥调度室，随时掌握通信运行全面情况，及时指挥处理通信运行中发生的故障，加强重要通信设备的监测和维护，切实保证设备运转正常，电路畅通无阻。

（2）地方电信部门。发生大洪水或大型抢险任务时，因黄河专用通信网容量所限，已不能满足防汛抗洪的需要，地方通信部门应把保证黄河防汛抗洪通信保障作为重要任务，组织相当数量的机动抢险通信队伍，随时准备奔赴一线执行防汛抗洪通信保障紧急任务，并根据防洪总指挥部的要求，建立应急的移动通信基站和采取其他紧急的通信措施，重点保证防汛抗洪抢险前线的通信需求。

4.交通保障系统

大规模的防汛抢险，现场和附近道路交通十分繁忙，各级领导的指挥车，不同新闻单位的采访车，大量的运料车、工程抢险车等，来自不同的部门和单位，都以急迫的心情赶路，以便完成自己所承担的责任和任务。抢险现场既要堆放大量的抢险料物备用、停放现场指挥和新闻采访等许多车辆，又要满足交通顺畅的要求，如果处理不好，非常容易堵车。因此，需要一个好的交通保障，一般应由交通警察承担。

（1）现场交通疏导组。承担起维护现场交通秩序、指挥交通车辆停放的任务，并协助有关人员计划好抢险料物的停放，提出现场交通需开辟的临时道路等。

（2）附近道路秩序指挥组。负责附近道路及重要路口交通秩序的指

挥和疏导,确保抢险物料及时运送到现场,保证主要领导能够及时赶赴现场指挥和解决抢险中出现的问题。

(3)重要抢险物资安排专人押运。

三、统揽全局,正确指挥

(一)树立战胜洪水的信心和决心,沉着应战

黄河的主河槽随着泥沙的淤积,漫滩流量从 20 世纪六七十年代为 5 000~6 000 m³/s,减少到现在的 4 000 m³/s 左右,洪水极易出槽,河势变化增大,部分河段可能出现顺堤行洪、滚河、横河、斜河,有的平工变险工,可能出现脱坡、坍塌、风浪淘刷等险情。面对汹涌的洪水和不断出现险恶的工情,现场指挥应具有"狭路相逢,勇者胜"的大无畏精神,在战略上藐视洪水,在战术上重视险情,树立战胜洪水的信心和决心,沉着应战。

(1)处变不惊。大洪水期,出现各种不同的险情是预料中的事,作为一个现场指挥,越是在这种情况下越需要冷静,不能惊慌乱了方寸。只有这样,才能保持头脑清醒,从容应付局面,发挥应变能力。

(2)以变应变。当情况发生变化时,现场指挥要根据不同的变化情况和变化状态,适时地调整抢险料物供应和抢险力量的部署,以适应新情况的变化。

(3)随机应变。不同险情是随着洪水涨落期出现的。涨水期,易出现控导工程漫顶走溜,险工根石走失,顺堤行洪、"滚河""横河""斜河",大堤易被冲塌和风浪淘刷等;落水期,易出现垮坝,冲垮控导工程连坝、坝岸,大堤滑坡等险情。现场指挥应注意听取工程技术人员的意见,重视抢险经验的自我积累,并做好随时进行应变的准备,以应付抢护预料中出现的险情。

(4)静观待变。对历史遗留还没有处理的险点险段及防洪预案中预测可能出现的险情,指挥者要重点安排人员防守,准备抢险料物,以应对可能出现的险情,变被动为主动。

(5)以不变应万变。无论情况怎样变化,作为一个成熟的指挥者,都要保持沉着冷静,准备好防守力量和强大的抢险力量,准备好随时可用于抢险的料物,调集足以独当一面、经验丰富的技术人员。

（二）统揽全局，指挥协调

全局是事物的总体及其发展的全过程。在防汛抢险中，现场指挥必须全局在胸，切忌顾此失彼，当局部和全局发生矛盾时，局部要自觉服从全局；为了保护全局利益，必要时甚至牺牲（损失）局部利益，在保证全局的前提下，也要兼顾局部利益，为此需要做好各方面的指挥协调。如黄河滩区的生产堤，它虽然在中小洪水时保住了滩区的农业生产，保护了滩区群众的利益，但实际上它是以淤积抬高河槽，形成二级悬河的局面为代价的。而蓄滞洪区内的围湖造田则是以缩小蓄洪面积，减少有效蓄洪库容，抬高蓄洪水位为代价的。在大洪水到来时，地方各级行政首长在面临是破堰分洪保大局，还是守堰护堤保小局的问题上都会经受一次严峻的考验。在这个问题上不应当有丝毫的含糊，必须服从上级防汛指挥机构的统一指挥和调度，一定要令行禁止，雷厉风行，不折不扣地执行上级命令，切不可拖延推卸，更不可拒不执行。

（三）抓落实重点险段临阵督战

一个指挥，组建起指挥调度系统，充分发挥各个系统的作用和有效运转，是搞好指挥的基础和前提。在此基础上，要抓关键性的问题，重要的抢险现场和重点防守堤段，要亲临现场督战和检查，用无形的力量激励和鞭策现场指战员，鼓舞士气，树立信心，增强凝聚力，团结一致，去取得防洪抢险的胜利。

第三节　行政首长的授权指挥

行政首长在汛前能够做到去防洪责任段查看工程，但因工程抢险技术性强、专业性要求严、时间上要求快，在一定程度上，只许成功，不许失败，行政首长不经过几场实战抢险的锻炼，也很难成为现场抢险的指挥专家，特别是运用什么样的抢险技术、使用多少物料等，不是很熟悉，因此行政首长要学会授权指挥。

授权是组织运作的关键，是领导者为下属提供更多的自主权，以达到组织目标的过程。授权是领导者智慧和能力的扩展和延伸，授权过程是科学化和艺术化的过程，必须遵循客观规律和原则。它是以人为对象，将完成某项工作所必须的权力授给部属人员。将用人、采用什么抢险方法、用料、使用机械、协调等决策权移转到有一定组织能力的技术干部,不只授予权力,还托付完成该项工作的必要责任。授权是管理人的重要任务之一。有效的授权是一项重要的管理技巧。若授权得当,所有参与抢险者均可最大限度地发挥作用。

授权具有四个特征:首先,其本质就是上级对下级的决策权力的下放过程,也是职责的再分配过程;其次,授权的发生要确保授权者与被授权者之间信息的畅通;确保职权的对等,确保受权者能够调度指挥政令畅通;再次,授权也是一种文化;最后,授权是动态变化的。

一、为什么要授权

(1)授权是完成抢险任务的基础。权力随着责任者,用权是尽责的需要,权责对应或权责统一,才能保证责任者有效地实现目标。

(2)授权是提高部属能力的途径。抢险工地,通信联络都不方便,人员多且杂乱,在一定抢险区域内实行自我控制与自我管理,抢险责任者必须有一定的自主权。在运用权限自主的决定问题和控制中,将促使目标责任者对全盘工作进行考虑,改变靠上级指令行事的局面,有利于能力发挥并不断提高。

(3)授权是增强应变能力的条件。抢险环境情况多变,要求管理组织系统要有很强的适应性,很强的应变能力。而实现这一点的重要条件就是各级管理者手中要有自主权。

二、领导要善于抓大事

抢险工作的成败,关系到防洪保安全的大事。指挥者不要在工作细节上耗费大量时间。主要领导应该把所有不一定非要自己去做的工作交给部下和参谋部去做,应当处理关键问题,如抢险方案是否得当,人员是否充足、能否连续作战,抢险材料是否供应充足,怎样保证抢险用料等。

不在工作细节上耗费精力并不是说不注意细节。作为一个领导,应该事事都了解,但他又不能对什么事都去解决。领导不应因关心小事情而忽视了重大事情。工作组织得好,就能使领导做到这一点。

在部下的条件和能力允许的情况下,领导可以交给他们尽可能多的工作,这样领导可以发挥他们的首创精神,但是领导应该认真对他们加以

监督。

在工作中，由于领导慎重地去引导部下而不代替他们，以及时的赞扬来鼓励他们，有时为维护部下的利益而牺牲自己的面子，所以领导能很快把一些有潜在能力的人造就成杰出的工作人员。

由于领导注意引导，各级都这样做，就能很快提高整个抢险队伍的质量。相反，领导漫不经心、傲慢地对待部下，对部下提的建议置之不理或无限拖延，都会使部下的首创精神和忘我工作精神很快丧失。

由于领导人的才干或失误，从而使部属的态度变好或变坏，都不利于抢险任务的完成。

第六章　抢险料物与机械

几千年来,劳动人民在同水灾害进行长期斗争中,针对河道及堤防出险的情况,对不同的险情进行了分类和分析研究。在当时的社会生产力的情况下,根据能够使用的抢险材料和采用的抢险手段,总结了许多行之有效的险情抢护原则和抢护方法。在抢险材料的使用上,以土、石、砂、绳、桩、秸梢料等为主;在修做方法上,以人力为主,辅助以船、车及简单的机械等。实践证明,这些抢险方法是十分有效的,发挥了重要的作用。但随着社会科技水平、经济基础和机械化程度的不断提高,随着人们生活水平的提高和对环境要求的提升,随着国家经济社会的发展对防洪抢险安全的要求,许多传统的抢险方法以及使用的传统的抢险材料,需要结合新的情况不断进行改革和提高。抢险材料的使用,向便于运输、使用方便、强度高、耐久性长、少破坏环境的材料转变;抢险实施,以机械代替体力劳动,以机械组合代替传统的人海战术;抢险方法也应该结合机械化的使用,进行大的调整和变革,最大限度地减少抢险人员数量、减轻抢险队员的劳动强度,最大限度地提高抢险效率和保证施工质量,最大限度地缩短抢险时间。

第一节　传统抢险技术和料物的改进

一、传统抢险技术适应性分析

传统抢险技术是无数次抢险实践的经验总结,是众多抢险专家和广大劳动人民智慧的结晶,是当时生产力和科学技术水平的体现,积累有丰富的经验教训,是一种不可多得的宝贵财富,值得我们借鉴和发扬,特别是埽工所用的材料具有柔性,用其所修筑成的进占埽体具有一定程度的柔性,在缓和水流冲击及加速泥沙沉积的效果方面,优于用刚性材料修筑的水工建筑物,且能较好地适应河床冲刷变形,不论河底土质好坏和形状如

何,都能较好地入底吻合,对土坝体的防护有优越性,特别是在软基上和抗冲性差的沙质河床上有较好的效果。但传统抢险技术与当今社会发展要求和科学技术发展水平相比较还存在缺陷,主要反映在以下两个方面:

(1)传统抢险技术方法所使用的材料、工具、工艺都难以体现当今生产力和科学技术水平,难以适应快速抢险的要求,不能满足社会和经济发展的需要。一次抢险需要千万公斤柳料,不是快速即能筹集完成的,而且过度砍伐树木会破坏生态环境;埽工进占每道坝只有两个工作面,一般情况下,技艺高超、经验丰富的老河工 3 日修筑一占(长×宽×高 = 20 m × 20 m × 18 m),已是非常快的速度了。

(2)经验丰富的河工大多已去世,仅存的少数人也是年老花甲、行动不便,他们传授的少量徒弟,也因所学得的一些技术缺乏实践而得不到锻炼,虽有柳石材料抢险实战演习的经历,所掌握的也仅是肤浅的概念,未得其精髓,在一定程度上可以说埽工抢险技术的绝活已基本失传,传统抢险技术已形成断层。另外,抢险需短时间内筹集巨大数量的埽工材料,这是非常困难的。

以上情况迫切要求我们对传统抢险技术在吸收、借鉴的基础上加以发展和改进,进行新条件下的新技术、新材料抢险。

二、传统抢险技术改进途径分析

抗洪抢险的宗旨是紧密结合社会发展要求和科学技术水平,利用一切可以利用的手段和措施,尽快遏制、控制险情,目的是最大限度地降低灾害。历史经验教训告诉我们,抢险是水流冲刷河床及滩岸与人们向险情处抛投抢险料物、阻止滩岸坍塌的比赛,只有在抢险抛投料物的速度大于水流冲刷造成河床与滩岸刷深、坍塌后退的速度时,险情才能控制,反之则困难重重;尤其在大溜顶冲坝岸、水流集中、水流对河底冲刷加重的情况下,更要追求高强度的抢险料物抛投,确保抛投的料物能及时补充被水流冲失的坝岸基础,且有富余,才能防止坝体塌陷、蛰裂。抢险不仅要快速高效,方便灵活,工具简单,就地取材,而且要一气呵成,抢险需排除各工序间的互相影响及干扰,追求坝面和船上作业的安全可靠,以及高强度、连续施工是抢险成功的关键所在。因此,抢险技术的改进及发展应充分体现及时、快速、高效,并在时机选择、抢险机具和材料等方面进行研究

与发展。

三、抢险的有利条件

河道工程一旦出险,应抓紧时机,尽快组织人力、物力,采取一切必要的措施,以尽可能快的速度(即在最短的时间内)抢险,减少工程损害,缩小影响范围,这是保护人民生命财产和国家经济建设的必然要求。

同时,社会的进步和发展,也为快速抢险技术的开发和发展创造了十分有利的条件。

(1)各大江河经过 60 余年的治理,防洪工程体系已基本形成,流域水文自动测报、洪水调度系统及防汛指挥系统等非工程措施建设也有了长足进步,黄河、长江、淮河等重要江河干流都建有控制性防洪水库及蓄滞洪区,根据预报可以及时拦洪、有效削减洪峰,为抢大险创造有利条件。

(2)防洪法的颁布执行和优越的社会主义制度,以及各级防汛指挥机构实施统一指挥和调度,为抢险提供强有力的组织保证和物资保障。

(3)人民解放军有严密的纪律、高度的快速反应能力、优良的装备,以及舟桥部队丰富的水上作业经验,都是战胜洪水灾害的坚强后盾,在历次防洪抢险中都作出了突出贡献。

(4)新材料、新设备的发展为快速抢险技术提供了坚实的物质基础。传统抢险使用的柳料、石料、麻绳和木船等,需要较长时间的征集和调运;而当今大功率、大吨位的推土机、装载机、自卸汽车、吊车等高效率施工机械与船只,以及各种规格、型号的土工合成材料抢险物品、石料、土料等,都具备高度的快速、机动性能,加之人们在工程建设中练就的过硬本领、操作技术,都使这些抢险机械和物资在短时间内集结、快速投入、高强度抢险成为可能。

(5)中、长期气象、洪水预报技术,也使抢险准确掌握河势水情成为可能。科学技术高速发展,气象卫星和大型计算机的运用,使我国高准确度的中、长期水文气象预报成为现实,为科学、正确地选择抢险方案提供了可靠依据和条件。如 1998 年长江抗洪斗争中,准确的中、长期水文气象预报,为科学制订长江抗洪抢险方案起到了积极作用。

四、机械化抢险是改进和发展的方向

汛期要迅速组织抢险,以黄河的实际情况为例,能够大量使用的是大堤淤区的机淤土及其他土料和险工坝岸上堆放的备防石,以及各工程单位具有的各种型号的自卸汽车、挖掘机、推土机、装载机等,怎样使这些料物和机械用于抢险,并做到安全、高效是值得研究的问题。抗洪抢险期间,大堤上有大量的防汛民工、解放军战士,以及带有特定装备的解放军舟桥部队,尽最大限度地发挥他们的力量,是抢险能否取得成效的关键。充分借鉴和吸取传统抢险技术的基本原理及经验教训,依据现代工程材料、施工机具和交通运输、通信技术等有利条件,全面考虑现代汛期抢险的艰巨性和复杂性,利用现代先进的科学技术对传统抢险技术不断创新,随着时代前进而发展,这是传统抢险技术的必由之路。

目前,大功率、大吨位自卸汽车、吊车、装载机、推土机等机械的出现,以及四通八达的公路交通网、通信网为抢险物资的快速装卸、运输与抛投、后勤保障、防汛指令的及时上传下达等方面提供了可靠保障,利用解放军舟桥部队在水深流急条件下快速搭建舟桥、水中快速抛锚定位、快速拼接作业船体、泥浆泵远距离输沙和快速充填土工袋并在船上抛投入水技术,改变历史上采用人工装石上船、满载石料的船在急流中危险行驶、艰难定位后再抛石的作业方式,可以保证施工安全、大幅度提高抢险抛投效率。

五、土工织物作为抢险料物的应用

土工织物来源充足,储存、运输轻便,耗用人力少,采用水力充填,可于滩地就地取土,管道输送压力充填,既可节省人力,又可抢进度、抢时间。充沙土工织物排体整体性强,防冲效果好,可承受 3.0 m/s 以下流速不被水流掀起保持稳定,超长、大直径的柔性充沙高强机织土工反滤布长管袋,护底范围大、整体性强,不仅能贴合于河床床面、适应河床变形,而且用其垒筑的坝体可自行闭气。土工织物可解决汛期中存在的材料紧张、劳力缺乏、运输困难、时间紧迫的矛盾。用泥沙充填土工布管袋代替传统柳石材料,可在短时间内投入抢险,达到抢早、抢小的目的。同时随着化纤工业的发展,高强机织反滤布以其强度高、质量轻、体积小、可折叠、便于储运、水下耐老化等优点引起人们瞩目。黄河泥沙资源丰富,泥沙充填土工布管袋具有适应变形能力强、取材不受季节限制、可操作性强、劳动强度低等优点,且还有与传统抢险材料有异曲同工的柔韧变形、与土石相得益彰的优良特性。在抗洪抢险中,应用土工织物可以与传统土石材料、秸料、柳料共同构成抢险材料的主体。

六、机械化抢险技术是改进和发展的主流

现代条件下,大江大河的防洪工程抢险形势已经较过去发生了很大的变化,具体表现为:市场经济条件下,农村劳力外出务工多,抢险劳力组织困难,以黄河为例,下游河段成立的多支机动抢险队,已经成为承担工程抢险急、难、险、重任务的主力军,人员、大型抢险设备不断更新和补充;黄河河道整治工程主要的抢险料物是土料、石料、软料,辅助料物有铅丝、麻绳、木桩、袋类、土工织物等,采取的主要抢护方法有抛散石、抛铅丝笼、推枕、搂厢、土方维护、挂柳落淤等。其中,除抛散石用装载机或自卸车抛投,土方维护采用自卸车与挖掘机、装载机、推土机等多种机械协作方式或机淤回填外,常规抢险方法中还大多保留着原始的人工操作工艺和低下效率。例如,人工装抛铅丝笼、人工做埽较难适应当前高强度、大体积的抢险局面。而且,各抢险队对上述机械运用方式多保持在简单使用阶段,土工织物系列的运用也处于初级试验阶段,在实际抢险中,这些设备、材料与传统抢险技术的结合、各种机械设备之间以及人机之间的协作没有新的突破和发展,大型机械设备蕴藏的巨大潜力有待进一步挖掘,尤其是随着沿黄乡村劳力外出打工,当前能够直接参加抢险的人力匮乏情况,要求大型机械设备抢险技术与传统抢险工艺相结合条件下的创新与发展,发挥现代抢险技术高效、快速的优点,提高抢险效率或加快抢险进度,适应更多的抢险需要。

因此,抢险技术的改进与发展应重点考虑发挥现代大型机械设备的高强、高效功能,改进传统的抢险作业方法,改变过去人海战术抢险、超强体力消耗、软料砍树毁林、抢险效率低下的局面,发挥大型机械的优越性能,全面推广应用新技术、新材料进行防洪工程抢险。实践证明,大型机械在实际应用中切实可行,可大大减轻人工劳动强度,提高抢险效率,使目前的抢险技术向机械化、现代化方向转变,实现机械化为主、少量人工

辅助、就地取材、破坏生态最少的抢险技术。

第二节 大型机械和新料物在河道工程抢险中的应用

随着社会的进步和科学技术的发展与提高,特别是以人为本思想理念的建立,为适应新形势下抢早、抢小和快速遏制险情的险情抢护要求,各专业机动抢险队根据大型机械设备性能特点及其在抢险实践中的使用和适用情况,充分发挥大型机械设备机械化和新型抢险材料的高强、便于储运、防护面积大等优势,从减轻抢险人员的劳动强度、提高抢险效率出发,紧密结合防洪工程实际抢险的需要,开拓创新,多方交流与合作,研究和开发了以大型机械装运、抛投代替传统抢险人海战术的多项比较实用的大型机械抢险新技术,使抢险效率高于人工效率数倍(甚至几十倍),为迅速控制险情、确保防洪工程安全发挥了巨大的作用,并使目前的抢险技术向前跨进。

一、装载机改装软料叉车

通过延长装载机铲齿,改用装载机铲斗来运送软料(见图6-1),实现了传统埽工软料运送环节由人工到机械、由传统到现代的一次跨越。装载机铲斗运送软料不仅在一定程度上克服了道路泥泞等客观条件的限制,而且快速、机动、效率高,一次铲运软料可达1 000 kg,使原来一道坝一个工作日需要100人供应软料进埽,到只需一台加长叉齿的装载机,就能轻松满足进埽需要,解决了实际问题。

图6-1 改进用来插装软料的装载机铲斗

为进一步加大该项技术的应用力度,进一步提高软料运送能力,在保证原装载机动力装置、车架、行走装置、传动系统、转向系统、制动系统、液压系统和工作装置等不变的情况下，为装载机配置开发了适合防汛抢险进埽用的专用叉具（见图6-2），叉具的宽度与装载机两轮之间的宽度相同，重1.4 t，叉具重心至前轮中心水平距离最大时为2 m，有4个齿，每个齿的齿长3 m，底部断面为0.04 m×0.3 m，挡板长3 m、高3 m，钢材采用2号钢。在工程施工和抢险中已得到较大程度应用，改变了过去抢险单靠人海战术抱送软料且效率低下的落后局面（其效率是100名人工的5倍）。

图6-2　改进后的装载机软料插具

二、自卸汽车、挖掘机配合装抛大铅丝笼

在比较开阔、石料和铅丝网片充足的场地，将大铅丝网片铺在自卸汽车内，挖掘机装石入笼，人工封口，并运送至抢险现场。解决了抢险现场需要抛投大量大铅丝石笼而场地狭小、人工装抛铅丝笼效率低下无法保障工程安全问题。主要技术要点如下。

（一）加工网片

考虑自卸汽车或挖掘机抛投大体积铅丝笼，对铅丝笼强度的要求较高的情况，为安全起见，选择网纲为8#铅丝、网格为12#铅丝，用铅丝网片编织机编织网片。

（二）机械装笼、人工封口

将加工好的一张网片平铺于自卸汽车车厢底部，网片四翼展开在车厢外部。用挖掘机抓石装于车厢内网片上，当装石近于车厢体积80%时，将四翼网片收起，人工捆扎结实。

（三）抛投石笼

将装有石笼的自卸汽车开至预抛位置，自卸汽车车厢缓缓升起，石笼从车厢滑下、顺坝坡滚入水中，完成抢险抛笼（见图6-3）。

图 6-3　自卸汽车抛投石笼

当利用丁坝备防石料抢护时,也可采用人工与挖掘机配合进行抛笼抢险。主要步骤为:将网片放置于便于装笼和抛投的开阔坝面上(也可根据抢险场地情况,事先挖一个面积 2~3 m²、深度 25~50 cm 的土坑,将网片铺在坑内,这种方式既便于人工封口,又便于挖掘机挖笼)。挖掘机抓装石料,人工封口,最后采用挖掘机将装好的铅丝石笼就地挖起,抛至指定位置(见图 6-4)。该项技术主要解决了人工装笼效率低、推笼不到位的难题。但需要注意的是,挖掘机将装好的铅丝笼就地挖起,抛至出险部位。挖掘机操作要缓慢、均匀,挖斗要尽可能少的挖走地面或坑内土体,同时不能将铲齿插入石笼内,前者会造成坝面损伤,后者会插断铅丝,导致散笼。

图 6-4　挖掘机装、抛铅丝石笼

大铅丝笼体积达 5~10 m³,速度快、抗冲能力强,充分发挥大型机械性能,改善了劳动方式和强度,由原来拙笨的人工装推铅丝笼,改为只需人工铺放网片和捆扎封口,工料造价降低,操作简便易行。

三、装载机装抛大铅丝笼

在石料与抢险现场有一定距离的情况下,由人工将铅丝网片铺在装载机铲斗内,装载机铲石入斗,人工封口,装载机运至抢险现场进行抛投。该项技术主要适用于石料距抢险现场有一定距离且相对较短,由人工或自卸汽车运石都存在一定问题的情况,且解决了人工装抛铅丝笼效率低的难题。主要步骤为:

(1)编织机加工铅丝网片。

(2)铺设网片有两种方式:一种是由2~3名人工将网片直接铺放在装载机铲斗内,并尽可能使其紧贴铲斗内壁,并将部分网眼挂于铲斗铲齿上,以免在装石块时发生褶皱,无法封口;另一种是将网片直接铺设在出险地点。

(3)装笼也有两种方式:第一种装笼方法是在石垛距抢险现场有一定距离的位置,将铺好网片的装载机贴着石垛装石料入铲斗,尽可能地装平铲斗,然后将铲斗放平;第二种装笼方法是装载机铲斗铲上块石后,将石料翻倒在铺设好的网片上(出险地点)。

(4)封口,由2~3名人工将装满石料的网片收起、封口,封口间距尽量保持规范,以免在抛投时开裂、漏石。

(5)抛投有两种方法:第一种抛投方法是装载机将封口完好的石笼运至指定的抛投地点,尽可能贴近坦坡将其抛投,以免石笼在较高位置跌落重摔,致使网笼开裂、漏石;第二种抛投方法是装载机铲斗紧贴地面,在铲齿接触到铅丝笼时,进入地面3~5 cm,再向前用力将封口完毕的铅丝笼推入河中(见图6-5),以免损坏铅丝,运至抢险地点抛投。

图6-5　装载机装、抛投铅丝石笼

四、机械化做埽

在保持"黄河埽工"主要工艺的基础上,可利用人机配合机械化做埽。主要是在比较开阔、石料和软料充足的场地,运用少量人工与软料叉车、挖掘机配合,在自卸车内混装一定比例的软料、石料,加工大厢埽,运送至抢险现场将其抛投。可解决抢险现场需要大量埽体维护,而抢险现场无法满足险情发展需要的这一难题。主要工艺流程为:

(1)铺绳。自卸车在待命区,由 3 人在空车厢内铺绳。绳子铺法:车厢底部纵向 3 条六丈绳,车厢两侧挡板纵向各 1 条六丈绳,截取长度均为 15 m 左右,每绳间距约 0.6 m,纵、横向铺各 3~5 根核桃绳,长度约 10 m,绳间距 1.2~1.3 m,纵、横绳在交接点互相缠绕连接,将长出车厢部分要两端等长伸出车厢之外(见图 6-6)。

 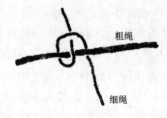

粗绳

细绳

图 6-6　机械化做埽——铺绳

(2)装底坯软料。挖掘机或软料叉车将柳秸料装入铺完绳的自卸车车厢内,首次装入软料的量应装至车厢体积的 90% 左右,用挖掘机将软料压实,可压实至车厢容积的 50% 左右。在首次装软料完毕后,人工将软料简单整理,尽可能地将软料向四周拨开,中间位置预留成窝状。

(3)挖掘机装 3~4 斗(装石料的量可以根据进占体靠溜情况、水流速度、水深等情况而定,自卸车内混装柳石比例为 4:1~3:1)石料入车厢。在装石料时,将一根拴有两根长 20~25 m 的核桃绳的木桩预埋入埽体内,以备抛投时将其固定在岸上的木桩上。

(4)装顶坯软料。用挖掘机或软料叉车将顶坯软料覆盖在石料上,顶坯软料超出车厢 10%~15%,用机械压实至与车厢顶平或略高。

(5)捆扎。用人工或机械将底绳两端搂回捆扎,纵横绳交接点缠绕连接,将车厢内两坯软料与腹石捆扎成为一个整体,称其为厢枕(见图 6-7)。

图6-7　人机配合制作厢枕

　　（6）抛投。自卸车将厢枕运至进占或抢险部位，将留绳拴绕在事先打好的木桩上，抛投厢枕，根据厢枕的入水情况，松送留绳。根据进占部位水流状况，决定逐个厢枕之间仅靠简单搭接、简单绳连接，或者使用底钩绳、链子绳连接，也就是抛投之前是否如传统埽工般的打桩、布设底钩绳、链子绳（见图6-8）。

　　这样的厢枕就其结构、用法和用途来讲，与柳石枕很类同，只是外形更像一个巨型的背包，体积可达 $10 \sim 15$ m^3；将其用于埽工进占或抢险，用底钩绳、链子绳将逐个厢枕联结，一个厢枕也就类同于传统埽工的一坯。

　　厢枕施做运用少量人工与软料叉车、挖掘机、自卸汽车配合，适用于比较开阔、石料和软料充足的场地。厢枕技术就是设立一处或多处半成品埽体加工厂，然后将其源源不断地送到险情发生地，解决了重大险情因场地、道路等因素制约，抢护速度难以满足抢险需要的难题，过去重大险

图 6-8　自卸车将厢枕运至指定抛投位置

情抢险动员方圆百里群众大规模送软料的局面今后可改进为送厢枕来代替。而且,根据试验统计数据,15 名人工与 3 台自卸车、1 台挖掘机配合机械做埽效率是人工 50 人做埽效率的数十倍,还节约投资。因此,机械化做埽既大大提高了效率,又减小了投资,并且克服了抢险现场场地狭小的矛盾。

厢枕与传统埽工取材相同,保持了传统埽工的优越特性,能够较好地适应河底条件的变化,具有较好的阻水护胎能力;利用机械,工艺简单,减少了人力投入,提高了效率,减少了投资;其体积较大,在一般的水深或水流速度条件下易于施工,水深或流速较大时,施工有一定的困难。

第三节　河道工程抢险料物

河道工程抢险所需物料不仅量大,而且要求能适应复杂的气候、水流条件及河床变形。因此,就地取材,料物必须具有较好的防腐和抗冲性能、有一定的韧性,即成为选用河道工程抢险物料的重要原则。

河道工程抢险使用的料物种类很多,传统的有土、石、砂、秸、柳、木、麻、竹料等。随着社会的进步、科学技术的发展,钢板、铅丝和土工合成材料等近年来被广泛地用于防汛抢险中,并且已经成为防汛抢险的主要料物,愈来愈被人们所重视。

土工合成材料作为河道工程抢险新材料,一是利用它的不透水性,盖堵漏洞,防水截渗;二是利用它的透水性,作为抢护渗水、管涌、漏洞等险情的反滤排水材料,以代替砂、碎石、柳枝和秸料;三是用它制成软体排或土工编织布,作为堤坝护坡、护底的防冲材料;四是用它制成各种土袋、土枕、长管袋,代替石料用于脱坡、跌窝、防漫溢抢险;五是利用它体积小、质量轻、抗拉强度高、储运方便、施工方便的特点,减少抢险人力,降低抢险费用。土工合成材料正逐步代替传统抢险材料。

然而传统的基本料物,如砂、石、秸、柳、土料和棉被、铁锅、草捆等,在抢险中仍然体现其就地取材、方便、快捷、经济的特点,紧急中更显其威力。

一、抢险料物种类及性能

(一)土料

土是河道工程抢险中最常用的重要材料。为了正确而有效的使用土料,必须对土的基本性质有所了解。

1. 土的种类、组成及特性

土是岩石经物理的、化学的风化作用,形成粒径大小悬殊的颗粒,经过不同的搬运方式,在各种自然环境中由非胶结的矿物颗粒或碎块组成的堆积物或沉积物。它是由固态矿物颗粒、孔隙中的水和气体组成的三相体系。

固体颗粒是土的骨架,其大小、形状、矿物成分及组成是决定土的物理力学性质的重要因素。粗颗粒一般是岩石物理风化的产物,细颗粒主要是化学风化作用形成的次生矿物和生成过程中混入的有机物质。

表征固体颗粒特性的因素之一是颗粒的级配。将颗粒划分为粒径组,用不同方法测出各粒径组占土粒总质量的百分数,即可绘出不同土样的颗粒级配曲线。工程上常用不均匀系数 $K_u = d_{60}/d_{10}$ 衡量土料的不均匀性,d_{10}、d_{60} 分别为小于某粒径土粒质量累计百分数为 10% 和 60% 时所对应的土粒粒径。$K_u < 5$ 为均匀土,$K_u > 10$ 为不均匀土。粗颗粒土的性质主要与其粒径及级配有关,而细颗粒土的矿物成分对其性质起非常重要的影响作用。

土中的水分有附着水、薄膜水和自由水。前两者吸附于颗粒表面,起分子力作用,工程中不予考虑。自由水又分为毛细水和重力水,与工程问题关系最密切的是重力水。土中的气一般存在于颗粒之间的孔隙中。

225

岩石风化而成的土称为无机土;当土内含有因动植物腐烂而形成的有机质时,则称为有机土。

1)土的三相组成

土是松散的颗粒集合体,它由固体、液体和气体三部分组成(也称为三相系)。固体颗粒构成土的骨架,水和空气则填充颗粒骨架间的孔隙。

当土中的孔隙完全被水充满时,称为饱和土;当土中孔隙全被气体充满时,称为干土;当土中孔隙同时存在水和气体时,称为湿土。

2)土的主要特点

土最主要的特点,首先是它的复杂性。由于成土母岩不同和风化作用的历史不同,在自然界中,土的种类繁多,分布复杂,性质各异。

土的第二个主要特点是它的易变性。土的性质经常受外界的温度、湿度(包括地下水作用)、压力(如建筑物荷载)等影响而发生显著变化。

3)土的分类

自然界的土,种类繁多,性质各异。为了应用方便,常将工程性质相近的土划归为一类,这样既便于对土进行研究,又便于对土的工程性质作出合理评价。

土的工程分类方法可分为两类:一类是实验室分类法,另一类是现场勘察中根据经验和简易测试方法初步确定土的类别。实验室分类法主要是根据土的颗粒级配及塑性等进行分类。

2.土的技术性能指标

1)土的物理性质指标

土的物理性质指标,有实测指标和换算指标两类。实测指标如天然容重、天然含水量和土粒比重等;换算指标如干容重、饱和容重、孔隙比、孔隙率和饱和度等。

(1)土的容重 γ。土在天然状态下单位体积的重量,称为土的天然容重。在一般潮湿状态下单位体积的重量称为湿容重,可用下式表示:

$$\gamma = \frac{W}{V} = \frac{W_s + W_w}{V} \tag{6-1}$$

式中:γ 为土的湿容重;W_s 为土中土粒的重量;W_w 为土中孔隙水的重量;V 为土体体积。

容重单位采用法定计量单位 kN/m^3,一般土的容重为 16～22

kN/m^3,常用环刀法测定。

(2)土的含水量 ω。土的含水量为土中水的重量(W_w)与干土重量 W_s 的比值,用百分数表示,即

$$\omega = \frac{W_w}{W_s} \times 100\% \qquad (6\text{-}2)$$

土的含水量测定以电烘箱测含水量为标准方法。

(3)土的干容重 γ_d'。干容重为单位体积的固体颗粒的重量,用下式表示:

$$\gamma_d' = \frac{W_s}{V} \qquad (6\text{-}3)$$

干容重可以评定土的密实程度,工程上用作填土压实质量的控制指标。当 $\gamma_d' \geqslant 15 \ kN/m^3$ 时,一般可认为土是比较密实的。

2)土的渗透性

水在重力作用下通过土中的孔隙发生的流动现象,称为水的渗透。土体能被水透过的性质,称为土的渗透性。

3)土的压实度

填土受到夯击或碾压等动力作用后,孔隙体积减小,密度增大。常见的土坝、土堤的土料填筑,都要求击实到一定的密度,其目的是减小填土的压缩性和透水性,提高抗剪强度。在我国,大量堤防工程是采用压实法填筑的。按照《堤防工程设计规范》(GB 50286—2013),对黏性土填筑的 1 级堤防,压实度不应小于 0.94;2 级和高度超过 6 m 的 3 级堤防不应小于 0.92;低于 6 m 的 3 级及 3 级以下堤防不应小于 0.90。

影响土的压实性的因素主要有含水量、土粒级配和击实功的大小等。只有当含水量为最优含水量时,土才能被击实到最密实状态。

3.土的用途

河道工程抢险中用得最多的是散土,也常用草包、麻袋、土工布袋等装土而成土袋或枕状构件,也可用一层梢料或编织布、油布等加一层土料包卷成龙枕状构件。主要用作:

(1)坍塌、滑坡的抢修。

(2)坝顶抢修子堤。

(3)压埽。

(二)砂石料

1. 砂

砂是河道工程抢险的材料,也是混凝土浇筑中的细骨料。一般使用天然砂(河砂、海砂、山砂等),要求具有良好的级配(即粗细搭配均匀)。一般采用平均粒径将砂子分为四级:①粗砂,平均粒径在 0.50 mm 以上;②中砂,平均粒径为 0.35 ~ 0.50 mm;③细砂,平均粒径为 0.25 ~ 0.35 mm;④特细砂,平均粒径在 0.25 mm 以下。

用于混凝土浇筑的砂子,要求其质地坚硬、洁净,泥土和有机物质(动植物的腐烂物质)含量少,硫化物、硫酸盐和云母含量低等。

砂颗粒愈细,需填充砂粒间空隙和包裹砂粒表面的水泥浆愈多,需用较多的水泥。配制混凝土的砂子,一般以中砂或粗砂较合适。天然砂具有较好的天然级配,其空隙率一般为 37% ~ 41%。

河道工程抢险中涉及利用砂的方面有混凝土工程,主要是制造替代大块石防冲护根的四面体、四脚锥体等。

2. 石子

石子在河道工程抢险中主要用于制造混凝土四面体、四脚锥体等,石子的要求应该是级配适当、洁净,有足够的坚硬度和耐久性。通常所用的石子有天然石子和人工石子两种。

天然石子是指在河床内经人工或机械挖掘、筛选而获得的砾石或河卵石。碎石是由各种坚硬岩石(花岗岩、石英岩、石灰岩、砂岩、玄武岩等)经人工或机械破碎并适当筛选而成的。

卵石或碎石的颗粒尺寸,一般为 5 ~ 100 mm,按其颗粒大小分为特细(5 ~ 10 mm)、细(10 ~ 20 mm)、中(20 ~ 40 mm)、粗(40 ~ 100 mm)四级。

制造混凝土四面体、四脚锥体时,可按混凝土粗骨料级配要求选取其中两种或三种粒径的石子拌制。

3. 块石

石材广泛分布于大自然,品种较多,有砂岩、石灰岩、花岗岩、石英岩等,是河道工程抢险广为采用的材料之一。

块石又称毛石或片石,是由爆破直接获得的石块,形状不规则,或仅有一两个自然平面,为抢险常用的材料,分布在黄河下游两岸的险工、控导护滩工程上,按"照顾重点,兼顾一般"的原则进行储备。根据块石质

量、大小不同，又可划分为一般块石和大块石两类。

（1）一般块石。每块质量为 20 ~ 75 kg，常用于坝岸水上部分的抢险。质量不足 30 kg 的块石，不得用于水下散抛工程，且单块石重在 20 ~ 30 kg 的比例不得大于总质量的 20%。

（2）大块石。每块质量 75 ~ 150 kg，或者更重，多用于坝的上跨角及前头的护根部位的抢险。

块石多用于河道工程抢险中。要求块石质量在 20 kg 以上，若是用于水下抛石护根，块石质量应不小于 30 kg，目的是防止流速较高的大溜冲走块石。另外，块石还在装铅丝笼、柳石枕、沉排等工程中广泛使用。

综上所述，石子、块石在防汛抢险中用量较大，块石用于抛石护根、压枕、沉排、抛石以及坝岸裹护等，要求使用质地坚硬、未经风化以及块体较大。

4. 混凝土四脚锥体

混凝土四脚锥体（见图 1-32）是近年来推广使用的抢险新材料。根据混凝土四脚锥体的体积和质量不同，有几种规格，目前用得较多的是高度为 80 ~ 100 cm 的四脚锥体。黄河上目前使用的是高 98 cm、脚顶部直径 30 cm、体积 0.27 m^3、质量约 650 kg 的四脚锥体。

1）混凝土四脚锥体的基本特性

混凝土四脚锥体具有流线型的外表，能减少水流对块体本身的冲击；重心较低，稳定性好；空隙率较一般块石大，同体积下可节省材料约 20%；糙率大，消能作用明显；相互之间的啮合好，整体稳定性强；制作工艺简单，便于施工。

2）混凝土四脚锥体的作用

（1）混凝土四脚锥体对于有一定基础的工程，在防止根石走失、缓溜防冲、减小工程出险概率、提高工程抗冲刷能力等方面，具有明显的效果。用于河道工程抢险，具有单位时间内投抛数量多、抢险速度快等优点。

（2）独特的结构特点，使其具有重心低、透水率高、自身稳定性能好、抗水流冲刷能力强、不易走失的特性，用于河道工程抢险，可以与现有筑坝材料有机结合，成为坝体的有效组成部分，对坝体的稳定起到支撑作用，是对坝体的补强加固。

（3）采用混凝土四脚锥体，能够有效地减小坝前冲刷坑的深度和减

缓水流对坝体的直接冲击。同时,由于混凝土四脚锥体不易发生走失,因此每次加抛,会形成数量的累计,达到稳定断面后就可减轻抢险负担,增强防洪主动性。

3)混凝土四脚锥体的制造

模具采用 3 mm 厚的钢板弯曲焊接而成。浇筑前,将四块模板对接后用回形卡固定,三个脚顶盖上封盖,未封盖的脚朝上,作为混凝土浇筑孔。混凝土按 C15 配制。

(三)秸柳料(柴薪料)

秸柳料为制作黄河埽工的主要材料(黄河上惯称"正料"),其特点是可就地取材。秸柳料作埽因其具有缓溜落淤、滤水和捆扎编织等功用,在河道工程抢险中广泛采用。

1. 柳梢料

梢料即树梢,用于修埽或捆枕,以柳梢为最好。若柳源缺乏,也可以杨、榆、桑木及条木类等非带刺的树梢代替。

柳梢质地纤柔,其特点是入水后容易抓底,并有缓溜落淤的功能。梢料需用枝条长而鲜柔带叶的,以随取随用为好,不易长久存放。每立方米质量为 180~200 kg。

条木类是指红荆条、白蜡条、紫穗槐等。它的质地柔韧,入水后也能耐久。黄河上曾用红荆条代替铅丝编笼,抛笼固根。

2. 秸秆类

秸秆类属于埽工的主料之一,可用于抢险工程,主要包括以下几种:

(1)高粱秆。秸料的一种,性质柔软,能缓冲水流;缺点是容易腐烂,不耐久。每立方米质量为 75~80 kg。

(2)苇秆,即芦苇秸。性质大致与高粱秆相似,但较前者结实耐用,可供修埽、捆枕和拧打绳缆、编织苇席等用。每立方米压实体质量为 100 kg 左右。

(3)玉米秆。性质及作用大致同高粱秆。

(4)青料,即青秫秸、青芦苇等。伏秋大汛,最易生险,需要紧急抢护时可就近收割青秫秸、青芦苇等用作埽料。青料较陈料好用,且缓溜落淤效果较好。

(5)棉花秆。质地较上述秸料硬,耐久性较好,在其他埽料缺乏时可

以代用。

3. 黄杂料

黄杂料也称"软草",主要指稻草、麦秸、豆秸以及某些软而长的野草植物等。这些软料的特点是软滑体轻,易捆扎成形,不透性好以及入水容易下沉等。黄河埽工中常将此料扎成草捆用于填埽眼、垫埽眉、堵塞漏洞等。但这些料物入水后易腐烂,只能作应急之用。

尽管新中国成立以后已将绝大部分的秸料埽改为石坝,但秸料埽仍有它的独到优点,在防护堤岸、疏导溜向等方面,都有其独特的作用。例如紧急抢险时,采用部分秸柳埽比专用土石料效果会更快、更好、更经济。

（四）木竹料

1. 木材

木材是河道工程抢险的重要材料,主要用于制作防浪排、签桩等,是抢险常备料物。它具有质量轻、强度高、韧性和抗震性好、加工容易等优点。缺点是易燃烧、易腐朽、变形较大等。

1）木材的物理性能

（1）含水率。木材的含水率是指木材中水分的质量占木材干燥时质量的百分率。根据木材含水率的大小,建筑木料通常分为三类:①干燥木材,含水率小于18%;②半干木材,含水率为18%～25%;③潮湿木材,含水率大于25%。

（2）容重。容重为木材单位体积的重量。容重大的强度高,反之强度低。通常以含水率为15%时的容重为标准。木材的容重一般为4～7.5 kN/m³(防潮的)和5～9 kN/m³(不防潮的)。

2）木材的力学性能

（1）抗压强度。顺纹抗压强度大,横纹抗压强度小,后者仅为前者的10%～20%。平均抗压强度约为46 MPa。

（2）抗拉强度。顺纹抗拉强度高,横纹抗拉强度低,后者仅为前者的2.5%～5%。

（3）抗弯强度。介于顺纹木材的抗压强度与抗拉强度之间,平均值为90 MPa左右。

（4）抗剪强度。木材的顺纹抗剪强度远小于顺纹抗拉强度和抗压强度(为其15%～30%),其横纹抗剪强度仅为顺纹抗剪强度的50%左右。

（5）抗剪断强度。木材的抗剪断强度较高,约为顺纹抗剪强度的3倍。

3）木材的干燥与防腐

（1）木材的干燥。为防止木材收缩变形,保证产品质量,木材在制作前必须进行干燥处理,以除去树中的松脂和水分。常用的干燥方法有:①自然干燥法(风干法);②人工干燥法(熏干法、浸水法、水煮法和蒸汽干燥法)。

（2）木材的防腐。木材具有适合菌类和虫类寄生的各种条件,若保存不好,使用不合理,极易腐朽。为延长使用寿命,须对木材进行防腐防虫处理。常用木材防腐法有:①涂刷法;②常温浸渍法;③热冷槽浸渍法;④加压浸注法。

4）木材的用途

木材在河道工程抢险中主要用于加固根石的抛石滑道板和做木桩用于抢险(如搂厢、子堤、土工布固定板、枕桩等)。

5）木材的合理选用

木材在生长中存在天然缺陷,如木节、腐朽、虫害、斜纹、裂缝等,不同程度地影响其质量和使用价值,对木材的强度也有较大影响。因此,在使用中,应根据不同结构、构件,合理选用木材。

2. 木桩

木桩有长桩与短桩之分。长度在3 m以上的为长桩,长度在3 m以下的为短桩或橛,长度为1.0~1.5 m的又称为签桩。短桩一般用柳木,但受力较大的以用榆木为佳。长桩以杨木、榆木、松木为好,若料源缺乏,也可用其他木材如楝木、椿木、枣木、槐木、栗木等杂木代替。桩材必须圆直,无枝杈及劈裂伤痕等现象。

3. 竹料

竹料主要分布于长江流域及华南、西南等地。常用的主要是毛竹和篙竹。毛竹也称楠竹,用途最广。作为河道工程抢险使用的竹材要求长而直,各部位生长均匀,干枝周围圆整,皮青而带黄,质地坚硬,肉厚,色白蜡质完整,无开裂、损伤、枯萎、虫蛀、腐烂等缺陷。

1）竹料的技术性能指标

竹材的极限抗拉强度为182~335 MPa,平均为211 MPa;极限抗压强

度为 24～86 MPa,平均为 49 MPa;极限抗弯强度为 190～209 MPa,平均为 140 MPa。

竹材抗拉强度(以毛竹为例),竹壁内侧为 89 MPa,竹壁外侧为 298 MPa。

2)竹龄及采伐期

竹龄直接影响着竹材的强度,竹龄可由其表现的颜色来判断:1 年生毛竹呈嫩绿色;2～3 年生呈深绿色;4～5 年生呈黄绿色;6～8 年生呈绿黄色;8～10 年生呈黄色。毛竹以 4～6 年生者为宜。

竹材的采伐期不仅与其力学性能有关,而且决定其耐久性及抗虫害能力的大小。一般以白露后至来年春分前采伐的竹材质量较好。

3)毛竹的规格

围径(从兜头向上量 1.67 m(5 市尺)处)为 0.23 m(7 市寸),其长度不得短于 6.67 m(20 市尺);围径为 0.27 m(8 市寸),长度小的短丁 7.3 m(22 市尺);围径在 0.3 m 以上,长度应在 8 m 以上。篙竹规格不分围径大小,规定长度一律在 5 m 以上。

4)竹材的用途

竹材在河道工程抢险中常用于制作竹缆,以竹篾拧成或编成,在抢险中使用。大水时还可用作探水竹竿、竹挑篮。竹竿还可代替长木桩用于抢险。

(五)编织料

编织料是指由麻、草、铅丝等线绳,或各种合成纤维如锦纶、丙纶、涤纶或腈纶等编织而成的袋或布织品。这些编织料在河道工程抢险中被广泛采用。下面分别对几类常用的编织料作一介绍。

1.草袋

草袋是用稻草编织成的袋子,具有一定的强度,且透水性好,是抢护险情的常备料物。但草袋浸水后自身较重,且有易老化霉烂、储存时间不长等缺点。

草袋常用的规格为 94 cm×54 cm,装土 50 kg,强度比同股的麻绳或化纤绳低。草袋常用于装土、砂卵石压埽,修筑子堤、护坡等。由于它存在以上缺点,随着其他编织袋的大量生产及推广使用,目前已很少采用。

2.麻袋

麻袋是用各种麻料编织而成的袋子。麻袋具有较高的强度,便于运输,储存期较长。常用的麻袋尺寸为 98 cm×65 cm,可装土 115 kg,可装粮食约 90 kg。麻袋间摩擦系数为 0.554。

麻袋常用来装土石料压埽,或用于多种险情的抢护。

3.土工织物袋

土工织物袋俗称编织袋,是用塑料绳以及各种合成纤维如涤纶、腈纶等编织而成的。聚丙烯编织袋的抗拉强度和摩擦系数分别为 0.6 kN/5 cm 和 0.285(干态)。编织袋常用的规格为:50 kg 装的,尺寸为 94 cm×54 cm;25 kg 装的,尺寸为 76 cm×46 cm。

目前,土工编织袋已广泛用于河道工程抢险,它具有体积小、质量轻、便于搬运操作、强度高、耐腐蚀、价格低廉等特点,在抢险中常被用来装砂、装土修做子堤和护坡。就目前的实际情况看,编织袋的用量远远超过了麻袋,并有取代麻袋的趋势。但是,编织袋的储存期较短,抗紫外线能力较低,因此一定要避光存放,并用黑色织物作外包装。

4.布篷

布篷为用帆布或其他材料加工的帐篷,具有较高的强度和较好的挡水效果。布篷的型号和尺寸较多,一般是根据实际用途到厂家定做。常用布篷的质量规格约为 1.5 kg/m^2,主要用作搭建临时工棚、仓库及搭盖料物等。

5.铅丝网片

目前,黄河防汛用的铅丝笼网片,多用 12 号铅丝编织成网眼 15~20 cm 见方的网,用 8 号或 10 号铅丝作框架。网片尺寸为 3 m×4 m,有两端带耳和不带耳 2 种。网片应事先编好成批存放备用。网片编织方法之一为:打木橛→截框架→截网条→盘条→编网→成笼(抛笼时)。

铅丝网片的性能指标为:12 号铅丝抗拉强度为 1.45 kN,最大伸长率为 15.5%,容积 2 m^3 的铅丝笼质量约 12.5 kg。

铅丝网笼装块石常用于受大溜顶冲险情较重部位,以压护水下根石坡面,防止急流冲揭堤坝根部。

6.化纤网片

化纤网片由尼龙绳编结而成,成形后大致同铅丝网片,不同之处仅在于其网眼打结的方法不同,化纤网片的结法同鱼网。

化纤网笼的性能指标(以丙纶强力丝制网笼为例)为:直径 5 mm 网绳抗拉强度为 2.32 kN,最大伸长率 65.9%,对应容积 2 m³ 网笼的自重为 2.3 kg。化纤网笼具有良好的耐酸性和较强的耐碱性,耐磨性能优良,可长期储存。

化纤网笼可以代替铅丝网笼在河道工程抢险中使用。化纤网笼能保持一定的整体性,工效与铅丝笼接近且施工便利。网绳直径 5 mm,网眼 18 cm×18 cm,网质量为 2.5 kg 的化纤网笼可以满足护堤的使用要求。另外,利用化纤网笼配合编织袋,具有就地取材、便于操作、适应变形能力强等优点,因而可将其应用于坝坡坍塌抢护。

7. 土工织物软体排

土工织物软体排常覆盖于坝坡坍塌、护底等出险的部位,防护效果显著。根据险情的要求,可选用单片排或双片排。

1)单片排

单片排(又称软帘)用单片土工织物缝制而成,质量轻、施工简便,适用于一般险情抢护。制作时,将织物按规定尺寸裁剪缝制拼接,周边缝一道直径 14 mm 的尼龙绳,在宽度方向每隔0.4～0.5 m缝制一个套筒并穿一根直径 6 mm 的尼龙绳,以加固和牵引锚固排体。有的在软体排上下两侧各布设一片绳网,周边用混凝土块或土袋压重。

2)双片排

双片排由双片土工织物叠合在一起,隔一定间距,按压重材料的特征,缝制成长管状或格状的空室,填以透水料,作为排体铺设时的压重,多用于重要工程和风大浪急、水流流速大部位险情的抢护。

软体排宽度一般不小于 10 m,长度按险情部位、水位、可能冲刷深度、堤坝坡等条件选定,并要预留一定裕度。相邻排体搭接一般不小于 0.5 m。上游片铺在下游片上,排片抢险时一定要抛投或吊装到位并及时压载、覆盖。

(六)土工合成材料

土工合成材料是一种新型的岩土工程材料,它以人工合成的聚合物,如聚丙烯(PP)、聚乙烯(PE)、聚酯(PER)、聚酰胺(PA)、高密度聚乙烯(HDPE)和聚氯乙烯(PVC)等为原料,制成各种类型的产品,置于土体表

面、内部或各层土体之间,发挥其加强或保护土体的作用。土工合成材料在河道工程抢险中被广泛应用。

关于土工合成材料的分类,早期曾将其分为土工织物和土工膜两类,分别代表透水和不透水合成材料。随着透水材料和不透水材料的联合应用,生产出复合土工膜产品,应用更方便、更广泛。

1. 土工合成材料的性能及用途

1)土工合成材料的特性

土工合成材料的优点是:质量轻,整体连续性好;施工方便,抗拉强度较高,耐腐蚀性和抗微生物侵蚀性好;滤渗和防渗隔离性能好;能与土很好结合,质地柔软,具有很好的弹性和适应变形的能力。缺点是:抗紫外线能力低,若暴露,受紫外线(日光)直射容易老化,但若不受日光直射,抗老化及耐久性能仍是较好的。

2)土工合成材料的作用

土工合成材料的用途是多方面的,概括地讲,可以分为六个方面,即过滤作用、排水作用、隔离作用、加筋作用、防渗作用和防护作用。在河道工程抢险中,主要采用它的防护作用。

利用土工织物或土工布制成的土工包,装填土料、石料,替代块石、混凝土块、铅丝笼等,以防止岸坡受洪水淘刷和风浪冲刷。适用于下列工程:土工织物、注浆膜袋、织物软体排等材料,防止河岸或坝坡被水冲刷;抢险时对薄弱坝段可起到防护作用。

2. 土工合成材料的种类与技术指标

土工合成材料可分为土工织物、土工膜及土工复合材料、土工特种材料四类。

1)土工织物

土工织物是一种透水性材料,一般以丙纶、涤纶和锦纶及其他合成纤维为材料,按其制作方法可分为织造型、非织造型两种。织造型是用一系列单丝按一定的连锁方式编织而成,一般由相互正交的经和纬两组纤维机织而成;非织造型土工织物是把短纤维、长纤维做成定向或随意排列,经针刺或热力黏合、化学黏合而成,最大特点是强度无明显方向性。表述土工织物产品性能的指标包括:

(1)产品形态。材质制造加工方法、宽度、每卷的直径及质量。

（2）物理性质。主要有单位面积质量、厚度、开孔尺寸等。

（3）力学性质。主要包括抗拉强度、断裂时的延伸率、撕裂程度、顶破强度、与岩土间的摩擦系数等。

（4）水力学性质。垂直向、水平向透水性。

（5）耐久性、抗老化能力。

土工织物产品的宽度从不足 1 m 到 18 m 或更多，单位面积质量从 100 g/m² 到 1 000 g/m² 或更大。

开孔尺寸：非织造型土工织物 0.05 ~ 0.5 mm，织造型 0.1 ~ 1.0 mm。

抗拉强度 200 ~ 400 g/m² 的土工织物一般纵向、横向抗拉强度为（300 ~ 750）N/5 cm。

土工织物的渗透性以渗透系数表示，一般为 0.19 ~ 0.24 cm/s。

土工织物的老化速度与阳光辐射的强度、温度、湿度、聚合物原材料的种类和颜色、织物的结构型式及使用的环境条件密切相关。

暴露在日光下的土工织物老化速度异常快，一般最多只能使用 1 年，而埋在土内或在水下的土工织物，老化速度将缓慢得多。目前，常用的丙纶织物老化速度快，涤纶和聚乙烯织物老化速度慢，相差近 1 倍。对同一种土工合成材料，浅色的老化快，深色的老化慢，扁丝、薄型的老化快，圆丝、厚型的老化慢。

2）土工膜

土工膜一般分为沥青和聚合物两大类。两类中又各有不加筋和加筋之分。聚合物土工膜用得最多的是 PVC、CPE、CR、HDPE、CSPE 等。

土工膜的一般特性包括物理性能、力学性能、化学性能、热学性能和耐久性能。

大量工程实践表明，土工膜有很好的不透水性，一般渗透系数 $k = 1 \times 10^{-12} \sim 1 \times 10^{-11}$ cm/s；具有较大的弹性和适应变形的能力；有良好的耐老化能力，处于水下、土中的尤为耐久。

土工膜几项主要技术指标如下：

（1）土工膜的厚度一般为 0.5 ~ 3.5 mm，宽度一般为 1.5 ~ 10 m，沥青土工膜通常是运到现场再加以铺设。

（2）聚合物土工膜拉断时的极限延伸率可达 150% ~ 900%，加筋土工膜的最大抗拉强度高达 10 ~ 30 kN/m。聚氯乙烯土工膜在不同温度下

的允许拉应力为 2.2～6.7 MPa,弹性模量为 38.8～517.0 MPa。

（3）耐久性。影响聚合物土工膜耐久性的因素包括热、光、氧、臭氧、湿气、大气中的 NO_2 和 SO_2、溶剂、低温、酶和细菌、应力和应变等。根据抗老化试验,可推算埋在土中和水下的聚合物土工膜使用寿命可达 50 年,埋设在坝内的高密度土工膜使用寿命在 100 年以上。

3）土工复合材料

土工复合材料是将两种或两种以上的土工织物、土工膜等有关材料,通过挤压、滚压或喷涂等加工工艺,使之合成的复合体。如可制成一布一膜、一布二膜等土工复合材料。土工织物和土工膜互相弥补不足。据加拿大 Lafleur 的测试,土工复合材料比土工膜的抗拉强度增加了 7～23 倍,变形模量可增加 170～180 倍,而渗透系数一般是很小的,仅为 $1×10^{-12}～1×10^{-11}$ cm/s。它是一种比较理想的防渗材料,很适合由于土体沉陷、胀缩、超载、坍塌和渗漏而造成位移和变形的抢护之用。

4）土工特种材料

土工特种材料主要制成土工格栅、土工带、土工网、土工石笼、土工管、土工膜袋、三维网垫、EPS、土工格室等,它多用于土体加筋与加固,也可用作抢护坍塌等。

目前,国内外生产土工合成材料的厂家很多,这里仅列举某厂家生产的 SBC120 乙丙双面土工复合材料的物理、力学及渗透性能指标,可供参考。

该产品的基材为线性聚乙烯,面材为聚丙烯长丝纺黏法无纺土工织物,单位面积质量为 300 g/m²。

（1）抗拉强度:纵向为 251 N/5 cm,横向为 334 N/5 cm。

（2）屈服点延伸率（纵/横）48%/49%。

（3）圆球顶破强度 382 N。

（4）渗透系数 $1.42×10^{-12}$ cm/s。

（5）摩擦试验:黏土内摩擦角 $\varphi=26°$,凝聚力 $C=5.4$ Pa;砂土为 $\varphi=32°$,$C=0$。

（七）绳索料

在河道工程抢险中,常用的绳索有麻绳、竹绳、草绳、化纤绳、铅丝绳等。它的原料分别为苘麻、竹篾、蒲草、稻草、龙须草、化学纤维、铅丝等。

抢险中常用的绳索有麻绳和化纤绳。

麻料分苎麻和苘麻两种。苘麻入水后较苎麻耐沤,黄河上抢险用的麻绳,主要用苘麻制成。在黄河埽工中,使用的麻绳种类很多,如盘绳、细绳、五丈绳、六丈绳、八丈绳、十丈绳、大绳等。各绳的规格及用途也不相同。

细绳:以苘麻为原料,二股合成,直径 10 mm,多用于合龙时编织龙衣。

五丈绳:三股苘麻合成,直径 25 ~ 30 mm,长约 17 m,单根绳重 2.5 ~ 3.5 kg,常用作练子绳、捆枕时的底钩绳等。

六丈绳:三股苘麻合成,长约 20 m,直径 40 mm 左右,单根重 7.5 ~ 9.0 kg,在埽占中起攀拉作用,如家伙绳等。

十二丈绳:用三股苘麻合成,长约 40 m,常用于厢埽的底钩绳、柳石枕的穿心绳(龙筋)等。其余的还有十八丈绳,在此不再一一介绍。

河道工程抢险中所使用的绳料除上述的麻绳外,还有化纤绳。化纤绳以聚氯乙烯塑料为原料合成。化纤绳耐水性强,抗拉强度高,质量轻。在新型的抢险材料中,化纤网笼就是由此绳联结而成的。化纤绳由多股合成,直径 10 mm,为机制的盘绳,长度依需要而截取,使用极为方便,然而化纤绳虽质地轻柔,但光滑,作为埽工用绳还不多见。

在传统的埽工绳类中,还有稻草绳、蒲草绳、龙须草绳等用不同植物草类制成的绳,由于其强度低,在现代防汛抢险中多不采用,在此不再叙述。

随着社会的进步,强度更高的铅丝也被用于防洪抢险,如铅丝笼和埽工用的铅丝龙筋等。铅丝抗拉强度高,用于埽体即使处于湍急的河流中也不易被拉断,较绳缆更具有临场优越性。但是铅丝在水下易腐,不能持久。在紧急的抢险过程中,使用铅丝有助于埽体的控裂断和短时的稳定性,对于抢险技术的发展具有良好的促进作用。

其他的绳缆还有竹缆,用竹篾制作。过去黄河下游抢险使用的竹缆产于河南省博爱县。该地产的毛竹质地柔软,具有一定的韧性,曾在黄河抢险中广为使用。

(八)其他

河道工程抢险中常用到的其他材料还有棉被、棉絮、钢板、锅、油布

等。一些突发性重大险情,危急时刻还可动用黄豆、玉米等粮食。它们的特点是遇水浸泡后体积膨胀,有利于阻塞水流。但粮食宝贵,价格高,在万不得已时才予以采用。

二、抢险料物的配置及定额

现以黄河为例作简要说明。

黄河防汛抢险料物主要由国家储备料物、社会团体储备料物和群众备料三部分组成。国家储备料物,是指黄河河务部门按照定额和防汛抢险需要而储备的防汛抢险物资,主要包括石料、铅丝、麻料、木桩、砂石反滤料、篷布、袋类、土工织物、发电机组、柴油、汽油、冲锋舟、橡皮船、抢险设备、查险用照明灯具及常用工器具;社会团体储备料物,是指各级行政机关、企事业单位、社会团体为黄河防汛筹集和掌握的可用于防汛抢险的物资,主要包括各种抢险设备、交通运输工具、通信工具、救生器材、发电照明设备、铅丝、麻料、袋类、篷布、木材、钢材、水泥、砂石料及燃料等;群众备料,是指群众自有的可用于防汛抢险的物资,主要包括抢险工器具、各种运输车辆、树木及柳秸料等。

各种抢险料物均实行等额储备。国家储备的主要料物定额由黄河防汛总指挥部办公室负责制定。常用工器具定额由各省黄河防汛办公室负责制定,报黄河防汛总指挥部办公室批准。社会团体储备料物和群众备料的数量,由各级人民政府根据当地的防汛任务和防洪预案的要求确定。

三、抢险料物的采集和储备

现以黄河为例作简要说明。

国家储备防汛料物的采集实行计划管理。20世纪90年代以来,随着市场经济的进一步发展和黄河防汛抢险形势的变化,黄河防汛抗旱总指挥部确定主要防汛料物采购面向市场实行招标投标制和监理制。防汛料物的储备实行实物储备与资金储备相结合的方式。市场供应不足、采购较困难的物资,采取实物足额储备;市场供应充足并通过委托、代储等措施能保证供应的,可采取部分储备实物,部分储备资金。仓储实行分散与集中相结合的方式。对于便于调运、仓储条件要求高的大宗防汛物资,采取定点专业库相对集中储备。对于防汛抢险常用、不便调运的防汛物

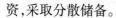

资,采取分散储备。

　　社会团体储备料物、群众备料采取汛前号料、备而不集、用后付款的办法。储备期一般是每年 6 ～ 10 月。由当地防汛部门在汛前进行登记落实,汛期急需时加以调用。

第七章　国内河道工程抢险实例

第一节　黄河流域河道工程抢险

一、山东省大汶河琵琶山坝塌岸抢险

（一）出险情况

2003 年 9 月 3 日至 4 日，大汶河大汶口水文站以上流域平均降雨量 104.3 mm，大汶口至戴村坝区间平均降雨量 115 mm，最大点雨量大汶口雨量站 160 mm。受降雨影响，4 日 19 时大汶河大汶口水文站出现 1 940 m^3/s 洪峰流量，5 日 6 时戴村坝水文站出现 2 250 m^3/s 洪峰流量。5 日 4 时大汶河干流琵琶山拦河坝右岸 80 m 长的老坝段被洪水冲毁（见图 7-1），洪水主流随即由原来靠近左岸改道右岸，发生滚河，洪水直冲右岸滩地，危及大汶河堤防及肥城市 2 万多人民生命财产安全，险情重大。

图 7-1　琵琶山拦河坝位置

(二)抢险组织及抢险方法

险情发生后,泰安和肥城市委市政领导很快赶到现场,组织近千名群众,调动大量设备和物资进行抢险,同时调动当地武警进行支援。当天,山东省水利厅厅长接到险情报告后,立即指示省防办派出先遣抢险小组奔赴现场,同时自己以最快速度从外地赶赴现场指挥抢险,并组织省地专家研究抢险方案,协调处理一些重大问题,及时向山东省分管副省长作了汇报。有关专家认为,这次险情类似黄河的滚河,请求分管副省长调动黄河抢险专家和队伍支援抢险。

6日0时25分,山东黄河河务局局长接副省长电话指示,派一名副局长及两名专家赴大汶河琵琶山河段支援抢险。

河务局抢险专家组随同分管副省长于6日晨抵达现场,副省长随即组织省水利厅、省黄河河务局、济南军区、省军区、武警部队,以及泰安、济宁、肥城市政府的领导和专家现场查勘险情,召开紧急会议,分析险情。河务局专家先后发言,提出了抢险方案:①对右岸坍塌滩岸段修建7个坝垛,以点护面、以坝护湾、保滩护堤、控制河势;②做好爆破拦水坝的准备,根据天气形势变化和水情预测再确定是否破坝。会上副省长宣布成立了大汶河抗洪抢险指挥部,同时成立了技术专家组(水利厅负责破除拦河坝的准备、河务局负责修建坝垛、控制河势)、物资供应组、后勤保障组和以省黄河专业机动抢险队、武警、部队官兵为主的抢险队伍,部署各方紧急行动起来,全力投入抗洪抢险工作。

按照副省长的指示,河务局决定调第一抢险队25人修做4#坝,第二抢险队25人修做3#坝,第三抢险队25人修做7#坝,第五抢险队25人修做1#、2#坝,第八抢险队25人修做5#、6#坝。要求每个抢险队携带工具设备为:抛石排、捆枕设备各2套、照明设备、编织钢丝笼网、斧子等经常性工具各1套,另带50片钢丝网。由省黄河防汛办公室分别下达调度指令。与此同时,河务局专家根据工程布置计算出了工程量和抢险力量的配备要求。即每个坝垛除黄河专业机动抢险队外,肥城市配备一名市级领导、2名局级领导、300名民工、部队三个排的战士,三班作业,昼夜不停。要求肥城市向每个坝垛运送料物为:秸柳料10万 kg;石料500 m³;12号铅丝500 kg;麻绳40根,长30 m/根,直径2~3 cm;木桩100根,长1.2~1.5 m,直径10 cm;尼龙绳网兜100个,体积1~2 m³;不透水小塑

料编织袋13 000个;钢筋笼子100个,体积1~2 m³;推土机一部,装载机一部,另各有两部备用;因当时阴雨不断,每坝指挥点各搭一项帐篷。

抢险如救火,在其他部队、黄河专业机动抢险队未到达,以及所需抢险料物未运到之前,黄河专家组现场勘定了修做坝垛的位置。将先期达到的武警部队100名官兵,配备在2#坝(被冲毁拦河坝的右岸断头处),进行裹护,使其不再后退。在现有条件下,不等不靠,为扼制滩岸继续坍塌,决定因地制宜,主动抢护。河务局专家在各个坝垛修建点向地方干部安排和讲解抢护滩岸的方法,要求组织现场群众和部队利用已有的钢筋笼子,就地获取部分鲜棉花秸、鲜玉米秸再加小土袋填充钢筋笼,用铅丝或尼龙绳仔细封扎连锁后,用推土机推入滩岸下。此时,出险河段流量约700 m³/s,实测抢险处河道平均水深6~7 m。

黄河河务局参战抢险队接到通知后立即行动起来,迅速集结队员,准备工具,在半小时至1 h内都完成准备工作出发。第五和第二机动抢险队分别从东平县银山镇和济南市天桥区泺口镇出发,冒雨急行军,于当日16时20分、17时45分赶到现场。由河务局专家带领至2#、3#坝垛修建点,与地方和部队领导接洽,并进行技术交底。黄河抢险队的职责是进行抢险技术指导,与军民抢险人员协作配合,利用最快的速度、最短的时间,携手并肩共同完成抢筑2#、3#坝头,控制溜势,掩护4#~7#坝的修建,防止滩岸和断坝头处继续坍塌。第一、三、八抢险队分别从菏泽鄄城县、滨州市、德州市齐河县出发,于当日17时左右到达集合地点(肥城市孙伯镇政府)。镇政府虽然距工地5 km,但由于抢险车辆、送料车都在一条仅5 m宽的小路上行驶,拥挤不堪,而且道路泥泞,3支抢险队于5 h后的7日0时30分~45分先后到达工地。在此期间,某旅官兵200人于21时30分左右赶到,济南武警指挥学校200余名官兵于22时20分赶到,先后由河务局专家带至抢险现场,与地方领导接洽,分配至3#~6#坝进行抢险作业各100人。

黄河第一、三、八机动抢险队到达现场后,顾不上吃晚饭,先由河务局专家召集3个队的领队和队长开会,介绍了险情的概况、抢险方案、配备人员、机械及现有的抢险料物,并安排了任务。随后河务局专家带领各抢险队的领导,冒雨到抢险现场认领了工段,与地方领导和部队首长进行了接洽,并作了技术交底。至此,参加抢险的各支队伍已经到齐,经过一昼

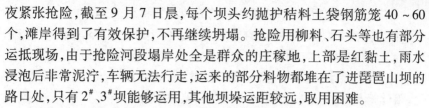

夜紧张抢险,截至 9 月 7 日晨,每个坝头约抛护秸料土袋钢筋笼 40 ~ 60
个,滩岸得到了有效保护,不再继续坍塌。抢险用柳料、石头等也有部分
运抵现场,由于抢险河段塌岸处全是群众的庄稼地,上部是红黏土,雨水
浸泡后非常泥泞,车辆无法行走,运来的部分料物都堆在了进琵琶山坝的
路口处,只有 2#、3#坝能够运用,其他坝垛运距较远,取用困难。

　　9 月 7 日 8 时 30 分,现场抢险指挥部召开全体会议,河务局专家先
后发言,其要点为:①从 6 日中午开始的大规模抢险,在所用料物没有运
到的情况下,就地取材,利用钢筋笼填充土袋和鲜秸料,抛护坍塌滩岸,扼
制了险情发展,起到了很大作用。2#坝指挥得当,发挥装载机的作用较
好,人机配合,防护断坝头的效果明显。3#坝工作效率高,黄河抢险队的
技术指导和指挥比较到位。行政首长组织群众得力,工作进展快。要求
各坝点看看 2#、3#的抢险工程进展,再比比自己的工作,找出差距,弥补不
足。②9 月 7 日是抢险的关键一天,随着料物供应情况的好转,希望各坝
点加强领导,强化组织协调,适时改变作业方式。变钢筋笼填充土袋和鲜
秸料筑坝护岸为抛柳石枕、铅丝笼装石块和散石筑坝,充分发挥在场机械
的作用,人与机械有机配合,很好协调,提高抢险筑坝工作效率。③各坝
点要注意清理各自的作业场地,把黏稠的红黏土层推开,适当降低作业面
高度,打通道路和扩大作业场地,创造条件使料物能运进来。抢险的目标
逐步向着成型坝头方向发展,一般长 10 ~ 30 m,宽 15 m,掩护塌岸 40 ~
50 m,真正起到以点护面、以坝护湾、护滩保堤的作用。

　　9 月 7 日指挥部会议的意见,在各坝头得到了很好的贯彻落实,抢险
秩序趋于正规,筑坝进度明显加快。抢险方法主要为:①为防止大汶河再
次涨水,水流冲刷断坝头未裹护的迎水面,河务局专家具体安排指导在
2#坝以上约 40 m 河沿处修做 1#坝,用小塑料编织袋装河滩砂子,排整成
三角形坝头,长 80 m、宽 4 m、高 1.5 m;②2#、3#坝用装载机短途倒运铅丝
笼装块石及大块散石,抛护迎水面上跨角和坝前头,坝身推土跟进;③4#
坝在坝前头和迎水面捆抛柳石枕,坝下跨角抛土袋、秸料钢筋笼,坝身推
土跟进;④5#、6#坝因取用柳料和石料都较远,坝前头和迎水面抛护钢筋
笼填充柳料和土袋或钢筋笼填充柳料和石料,坝身推土跟进;⑤7#坝是塌
岸河湾的最下端,离场场较远,中间间隔 2# ~ 6#坝抢险作业现场,主要采
用土工包抢护,做法为用土工布包裹小土袋,外用钢丝十字形捆扎,体积

1 m³ 以上,用推土机推下,或采用钢筋笼装秸料和小土袋。

截至 9 月 8 日上午,修筑的 7 个坝垛基本成型,其中:3#坝长 30 m、宽 17 m,2#坝在断坝头处向水中进占约 6 m,4#坝长 15 m、宽 13 m,起到了控导溜势、掩护滩岸的目的。共完成工作量为:抛填 1～3 m³ 的钢筋笼 530 个、铅丝笼 650 个、捆抛柳石枕 40 个、装填使用小土袋 9.1 万个、抛散石 1 500 m³、散土筑坝 2 万 m³,使用土工布 600 m²。

9 月 8 日 9 时,在指挥部会议上,水利厅长宣读了分管副省长代表省政府对下一步抢险工作提出的六条意见:

(1)停止坝上爆破打眼作业,对已打好的炮眼要妥善维护管理,塞上木桩,防止漏水破坏,清理打扫废渣。

(2)对 6 座已经成型的挑流坝要适当降低高度,选择适当几个坝用现有料物进行加固。

(3)减少抢险现场的人员数量,人员车辆该撤的要尽快撤下来。

(4)现在大坝在设计和建设上不规范,必须进行重大改造或重建,请省计委、水利厅组织专家尽快开展勘察论证,拿出切实可行的方案报省政府审定,方案要兼顾两岸利益,防洪与灌溉兴利相结合。

(5)妥善处理抢险后续问题。对抢险料物要进行清点、整理、归拢。对部队投入抢险的人员数量和料物要摸清数额、登记造册,由省水利厅提出补偿方案。对泰安、肥城的灾害损失和抢险投入给予补助。

(6)对这次抢险需要进行认真总结。一是请省防指与泰安市在抢险结束以后,给省委、省政府写一个书面报告,充分肯定各方面所付出的努力,对两市表现出的高姿态以及抢险中涌现出的先模人物、事迹要进行充分表扬,同时对暴露出的问题进行认真反思,提出一步的解决建议,报告省委书记和省长作出批示。二是对这次重大抢险事件要搞好宣传报道和表彰奖励。要准备一个综合性新闻报道,对参加抢险的部队和武警首长、黄河部门以及有关省、市、县、乡各级各有关部门的同志要进行表彰奖励,突出团结抗洪的精神。三是汛后请省防指组织省市两级有关部门的专家对全省大中小型水库、塘坝进行一次拉网式检查鉴定,凡有隐患的尽快制订解决方案,落实有关措施。

根据会议安排,除留下少量部队外,其他部队和黄河抢险队于 9 月 8 日下午撤离,后续工作以泰安、肥城市为主指挥,省水利厅留部分专家协

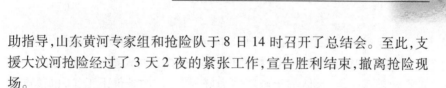

助指导,山东黄河专家组和抢险队于 8 日 14 时召开了总结会。至此,支援大汶河抢险经过了 3 天 2 夜的紧张工作,宣告胜利结束,撤离抢险现场。

（三）几点体会

（1）合理搭配抢险力量,是保证连续作战的基础。

防汛抢险是一个急、难、险、重的任务,有一定的技术性要求,工作量大、劳动强度高,往往是昼夜不停,连续奋战。适应防汛抢险的特点,合理地搭配抢险力量是非常重要的。实践经验证明,军、警、民和黄河专业抢险队的有机组合,是一个比较好的形式。人民群众是防汛抢险的主力军,防汛抢险大量料物的筹集、运输,现场料物的搬运、集装等,需要大量的人力,离不开人民群众。在新形势下,青壮年劳力都出去打工等,参战的大部分是"六零、三八"部队,即五六十岁的男人和妇女,受体力等方面的限制,只能据情组织其拉柳料、装土袋等。部队官兵是防汛抢险的突击队,他们大都是 20 岁左右的青壮年,组织纪律性强、体力好、文化水平高,适应在前沿干一些技术性强、要求有一定速度和体力的工作。据情安排捆抛柳石枕、装抛钢丝笼等工作。黄河专业抢险队是防汛抢险的技术骨干,他们大都经过一定的培训,掌握一定的抢险方法和技能,经过了抢险实践的锻炼,又有一定的组织纪律性和战胜洪水的决心,适合于在前沿进行技术指导,并同所配备的部队官兵一起工作。

（2）就地取材,适时适地运用抢险方法,就能掌握抢险的主动权。

当险情发生后,抢险往往需要大量的人力物力,从抢险方案的确定到抢险料物筹集运输到工地,需要一定的时间。料物运输又经常遇到雨天,增加了不少困难。在料物筹集的过程中,险情仍在不断发展。如何利用已有的条件和人力,因地制宜、就地取材,最大限度地扼制险情和延缓险情的发展,反映了一个现场指挥员的能力和素质,主动抢险和谋求损失的最小化,也体现了我们的责任心和对人民群众高度负责的态度。在大汶河抢险中,在柳料和石料没有运达现场前,只有小土袋和群众队伍,抛单个小土袋,体小量轻,很容易被水冲跑,缓流和护岸效果较差。在抢险时采用就地获取玉米秸和棉花秸,同小土袋一起装填钢筋笼,增加了体积和重量,又具有抗冲缓流的作用,遏制了险情发展,效果很好。

（3）最大限度地发挥机械化抢险作用,是最明智的选择。

大汶河抢险条件非常差,雨水和场地泥泞交加,用人力运输土袋和石块,几个来回体力就吃不消,特别是妇女,往往是两人抬半袋土,稍大一点的石块就搬不动;部队战士虽然体力好,在这样的条件下工作,也很难支撑较长的时间。最大限度地发挥机械的作用,就是一个明智的选择,利用装载机搞短途运输,人机配合,工作效率高。例如,在装土袋区,人将小土袋装入装载机料斗,装载机运输到前沿,再由人卸入钢筋笼。或在石料场,人将钢丝笼网片铺入料斗中,将石头装满,并封扎钢丝笼,由装载机运至坝头直接抛入所需部位。

(4)抢险用料物的质量好坏,关系到抗洪抢险的成败。

大汶河抢险中,需要用 $\phi 10 \sim \phi 16$ 钢筋焊接的钢筋笼,体积 $1 \sim 3 \ m^3$,但有部分钢筋笼焊接质量不好,在抬动的过程中,有的钢筋焊缝断裂,在抛投过程中,约有一半的钢筋笼部分钢筋焊缝断裂,一些土袋漏出,被水冲出,起不到应有的作用。在现场不得不对每一个钢筋笼重新用铅丝和麻绳四面对钢筋笼进行封扎,影响了对钢筋笼的使用,贻误战机,延缓了抢险进度。抛柳石枕所需木桩,已提出了明确要求和标准,但运到工地的大部分是群众拆旧房子下来的柱子等,根本无法使用,还占用场地。我们在指挥部会议上,提出严把料物质量关,情况才有所好转。

二、柴汶河堤岸溃口抢险

(一)出险情况

2007 年 8 月 17 日,新泰市柴汶河上游突降大暴雨,降水量主要集中在 17 日 2~15 时,引发柴汶河溃口达 65 m,洪水通过废弃砂井溃入华源煤矿,造成 172 名矿工被困井下。溃口处位于新泰市东都镇西都村,正好是平阳河和柴纹河两条河流的交汇处,而且是一个不规则的弯道,洪水到这里对河坝的冲击力量特别大。而仅距溃口处 260 多 m 的地方是一个废弃的砂井,尽管经过填埋,但老百姓经常在这里取砂,形成一个低洼地带,从柴汶河溢出的洪水进入低洼地带,并灌入矿井,河坝两面受到浸泡,在积水浸泡和洪水冲击双重因素影响下最终造成了河坝溃口,并因此酿成此次大灾。柴汶河河势见图 7-2。

矿井迅速被淹,湍急的水流冲击力极大,避灾路线均被水流堵死,要想从垂直深度达 1 100 多 m 的矿井下逃生到井口,距离是 11 000 多 m,井

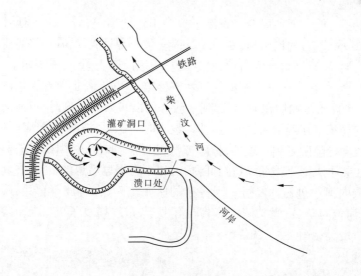

图 7-2　柴汶河河势

深路远,道路难行,矿工逃生极为困难,最后有 170 多名矿工丧生。

(二)抢险组织与方法

煤矿出险后,山东省委省政府及地方政府非常重视,调集了大量的解放军官兵等多方面的抢险力量。山东省紧急组织抢险救灾,当晚零时省府领导要求山东黄河河务局派出专家组赴新泰市抢险,随即派出一名副局长带队的 3 人专家组冒雨出发。专家组乘车沿京沪高速公路向新泰市方向急赶,在新泰市附近,由警察指引进入华源煤矿办公区。省委领导决定立即堵复决口,以煤矸石为堵口原料,煤矿工人用小编织袋人工装运,另用一些旧的运输车装煤矸石直接推到决口处。

堵复决口主要在口门的左岸进行,右岸是自然的高地,右岸高地被柴汶河、决口的河道与一条铁路形成了一个封闭的小三角地带,铁路路基连接过河大桥高出地面 2 m 多高,机械设备和抢险料物都进不来。在决口处看到,当左岸堵复决口有进展时,右岸高地在水流的冲击下也不断塌岸后退,形成左岸进右岸退的局面,决口口门不见减小。河务局专家组商量后,向省长提出建议:由河务局专家带领部分抢险人员到右岸去固住堤岸,不使堤岸后退。经省长同意后,随即带领泰安消防支队的官兵几十人来到了右岸,但来到右岸的抢险人员没有抢险料物,又加道路不通,临时运料也不可能。河务局专家查勘了口门附近的情况,看到不远处有一片直径10 cm左右的杨树林,随即安排消防队的官兵砍伐杨树,将杨树紧靠根部砍倒,将整棵整棵的树运到塌岸边,顺塌岸树头向下,树干向上,根部用铅丝栓牢,在岸边一定距离处打木桩栓牢,一排一排的整棵树插顺在塌岸,5~6排杨树顺插在河岸,起到了较好的防护效果。这时,黄河河务局分管副局长也在调黄河机动抢险队,数小时后德州、济南市局所属的防汛抢险机动抢险队赶到了现场,抢险方法是:就地取材,利用砍伐的杨树和编织袋装土顺河岸搂厢,以达到防护河岸不再坍塌后退的目标,在此基础上争取向河中进占。经过一天一夜的紧张抢险,在解放军官兵、武警部队、黄河抢险队员、煤矿职工等共同努力下,最终堵复了决口。抢险和堵复决口情况见图7-3~图7-6。

图7-3　抢险队员柳石搂厢抢险(一)　　图7-4　抢险队员柳石搂厢抢险(二)

图7-5　抢险队员装铅丝笼抢护　　　　图7-6　溃口合龙

(三)几点启示

(1)一个省范围内应选择2~3支重点抢险队,作为重点管理对象,重点加强。重点抢险队一旦确定,省级河务局将把这支队伍,从人员配

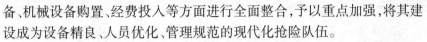

备、机械设备购置、经费投入等方面进行全面整合,予以重点加强,将其建设成为设备精良、人员优化、管理规范的现代化抢险队伍。

(2)抢险队员统一设计队服,训练和抢险全部统一着装,避免遇大雨淋坏通信工具,统一配发抢险工器具,实行军事化管理,提高抢险队正规化、规范化水平。

(3)抢险队成立潜水小组,配备潜水队员,进行必要的潜水业务培训,并配备必要的潜水工器具,以适应抢险队水下探测险情的工作需要。

(4)切实抓好骨干抢险队专业技术训练。根据抢险队设备配备情况和所承担的任务等,严格培训,并制定统一的训练纲目、教材和考核评定标准。突出训练重点,以干部、技术骨干为重点,以应急反应、快速机动、野外保障、组织指挥及各种险情救护的协同动作为重点,全面提高抢险队整体抢险能力。

(5)在日常防汛经费等项目中列支抢险队管理经费,加大抢险队经费投入。

三、2003 年汛期河南沁河北金村工程抢险

北金村险工是河南黄河支流沁河左岸坐落的一处险工,2003 年汛期,由于沁河来水和河势的变化,主河右岸老板桥基础卡水逼溜北行,且行洪断面宽度仅 30 m,水深,溜急,导致主流直冲北金村险工平工堤段造成顺堤行洪,堤坡护岸平工堤段严重坍塌生险,情况十分危急。在抢护过程中,采取因地制宜,因险制宜,因势制宜,运用了守点顾线基本原则,科学分析守点顾线,单垛压头抢护法,依托主流外移。顶托主流分散,减轻直冲工程严重威胁,通过这种抢险方法,快速遏制险情发展,保护工程安全,取得了较好效果。

(一)工程概述

北金村险工坐落在沁河左岸,相应大堤桩号(K21 + 565 ~ K22 + 266),始建于 1957 年,共有坝 1 道,护岸 2 段,计 3 座工程,工程长度 700 m。该险工由于老板桥南头卡水逼溜北行,为稳定河势,1957 年在观门村南建坝 1 道,1967 年上游沁河桥建成后,老板桥桥身拆除,河势上提,分别于 1964 年和 1966 年在一坝上又抢修护岸两段。

（二）出险过程

2003 年汛期，沁河来水偏大，遭遇一场突如其来的洪水，8 月 27 日 6 时沁河润城水文站洪峰流量 735 m³/s，13 时 30 分五龙口站出现首场洪峰，流量 680 m³/s，15 时 30 分，沁河水南关—北金村河段洪水接近 590 m³/s 时，沁河左岸北金村 66－3 垛下首 22＋042～22＋108 平工段堤防受大溜冲刷，发生了堤坡坍塌重大险情，出险长度 50 m、高 10 m、宽 3 m，主流凶猛河势直逼堤防，险情不断扩大和恶化，在未得到抢护的同时出险长度发展到 66 m，部分堤段坍塌至堤肩，险情严重危急堤身安全，见图 7-7。

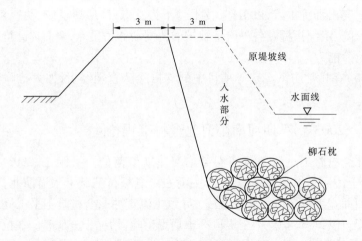

图 7-7　出险断面示意图

（三）出险原因

北金村堤坡坍塌重大险情发生的根本原因：险工对岸桥基严重阻水，桥身已拆除，桥基和对岸引桥未清除。该桥基严重阻水，且行洪断面宽度仅 30 m，导致主流直冲北金村险工平工堤段造成顺堤行洪，堤坡严重坍塌生险。

（四）险情抢护

险情发生后，省、市党政领导迅速赶到抢险现场，由河南省河务局副局长率领，组织了抢险专家组亲临现场指挥，并依据《沁阳市沁河防洪预案》，迅速研究制订抢护方案，成立组织，坐阵指挥。一是边请示边上报险情,科学果断决策。二是边抢护边制订抢险方案,快速组织抢险。三是边成立组织边调集专业群防部队和武警官兵,落实抢险物资、机械设备料物和其他供应。出险河势见图7-8。

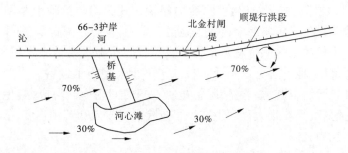

图7-8　沁河北金村2003年出险河势

在抢险前,查勘工情、险情,分析河势变化,拟订抢险方案。沁河经过大复堤以来,自1958~1982年沁河出现了4 000 m³/s洪水,除此之外未曾出现过长历时大流量洪水考验。北金村险工未经过大险抢护和加固,根石基础薄弱,一旦遇到重大险情后果不堪设想。此次险情流量不大,水深溜急(10~15 m),造成沁阳左岸北金村66－3垛下首22＋042~22＋108平工段堤防受大溜冲刷,发生了堤坡坍塌重大险情,出险长度上升66 m、高10 m、宽3 m,主流凶猛直逼堤防,险情不断恶化。

(1)合理布局,制订方案,守点顾线。北金村险工堤防平工段出险,是沁河有始以来罕见的重大险情。从河势情况分析,由于险工对岸桥基严重阻水影响北移,主流形成斜河直冲工程,造成险情发展之快,工程出险之长,堤防危害之大。首先确定了守点顾线,在出险堤段上首堤防折弯处位置布垛一座,然后抛投铅丝笼墩或块石,形成垛长10~15 m一座块石堆或抗冲工程,迎溜、导溜,托溜外移的一个巨大抗体。为此,对下游堤防出险平工段,逼溜外移,缓解河势及守点顾线起到决定性作用。

(2)采取以垛护堤,单垛压头,临堤下埽的抢护方法。在出险上端或大溜顶冲工程主溜中上部位置,抛投铅丝笼或块石堆进行安垛。以垛护堤,迎溜送溜,托溜外移,削弱主流等特点。在抢护中,运用自卸汽车快速单垛压头方法,守点护线,形成抗体。临河下埽,在出险部位进行搂厢抢护,顶宽4 m,外坡1∶0.05;外抛柳石枕护脚,外坡1∶0.3;最后抛散石裹护

253

加固,顶宽 4 m,外坡 1:1.5;同时,在出险堤段下首 22+106 处抢修短丁坝一道,长 40 m,以防止河势进一步恶化,险情继续向下游扩展不利局面。

(3)发挥机械化抢险优势,全力组织快速抢险。抢险中利用大型机械化抢险设备。沁阳北金村重大险情发生后,省局急调新乡、焦作两个市局的三支机动抢险队带着十余台辆大型抢险机械设备前来支援抢险,并且驻沁部队、地方各施工企业也投入了不少大型施工设备。大型机械设备参加抢险后,功效显著,使险情抢护在短时间内一气呵成,避免了险情进一步恶化,且在很大程度上减少了抢险人员投入和劳动强度,节省了抢险用工用料。

(4)北金村堤坡坍塌重大险情发生后,沁阳市党政领导到岗到位,按《沁阳市沁河防洪预案》要求成立临时抢险指挥部,并进行分工,市委、市政府主要领导亲自坐镇指挥,迅速组织 2 000 余名抢险队员、数百辆运输车辆到达工地;焦作市政府主要领导也亲临一线视察指挥,河务部门充分发挥防汛抢险参谋和技术指导作用,各司其职、各负其责,职责分明,保障了险情快速、及时得到控制。

(5)抢险中,省、市河务局治河专家和工程技术人员,针对河势、工情、险情、抢险现场等实际情况,果断提出在出险段上首抛投铅丝笼墩削弱流势,在出险堤坡推枕、搂厢护胎,推笼、抛石护埽固根的抢险方案,取得了很好效果;抢修的护岸和短坝为传统的柳石结构,在水深溜急的堤防险情闭气好、速度快、效果好。

(6)守点顾线是抢险中固守抢护中的关键,北金村重大险情,首先在出险堤段上首堤防折弯处安垛,抛投铅丝笼墩固根,就是利用自卸汽车快速多车抛石单垛压头法,逼溜外移,削弱分散溜势;即起到阵头又兼顾下游抢险。

北金村重大险情抢护从 8 月 27 日 15 时 30 分开始,在地方政府正确领导,河务部门科学决策和技术指导下,经广大军民团结奋战,于 27 日 21 时 30 分险情得到基本控制;8 月 29 日晚险情稳定。

四、蔡集控导工程抢险

2003 年受"华西秋雨"影响,黄河流域遭遇多年不遇的严重秋汛,为保证黄河下游滩区群众生命和财产安全,在黄河小浪底尽可能拦蓄洪水、削减洪峰情况下,黄河下游河道水位、流量仍然居高不下。尤其是 2003 年 9 月 15 日,蔡集控导工程前河势发生急剧变化,主溜快速上提、向南滚动,造成蔡集控导工程上首生产堤决口,兰考北滩、东明滩区全部被淹形成顺堤行洪。且滩区积水深度越来越深(滩区平均水深 2.9 m,最大达 5 m),偎水堤段不断延伸,严重影响滩区村庄群众生命和黄河大堤的安全。为有效控制河势、减小灾害、保证黄河防汛安全,河南、山东军民迅速组织开展了蔡集控导工程抢险及堵口,并取得成功。

(一)蔡集生产堤基本情况

与蔡集 28# 坝相连,向上绵延 1.5 km,是滩区群众就地开挖引水灌溉渠道、利用滩地沙土或沙质壤土堆筑修建形成的,没有作任何压实、防冲处理,仅仅是兼作生产道路条件下的压实度,其抗冲能力很差。渠堤顶宽 4.0 m 左右,高出滩面约 1.5 m。

(二)出险过程及原因

河势向南滚动后,生产堤因没有基础,当 9 月 18 日,夹河滩水文站流量在 2 400 m³/s,蔡集控导工程前水位为 72.19 m 时,蔡集工程 28# 坝上首的渠堤被洪水冲垮,水流从工程上首的串沟进入滩区,并冲刷滩地形成沟槽,致使口门不断刷深,流量逐渐加大,口门附近的蔡集工程受冲面迅速加宽,水流从蔡集控导 35# 坝上首低洼处进入滩区(见图 7-9、图 7-10)。

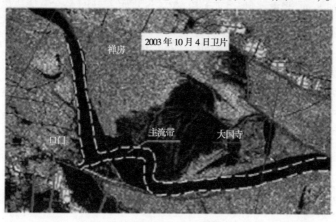

图 7-9 蔡集河段河势变化、生产堤及其决口位置

图7-10 蔡集控导工程前生产堤决口、过流情况

　　洪水漫滩后,水流进滩速度较快,9月24日,口门宽度已经发展到58 m,兰考北滩漫滩水深0.5～1.5 m;通往蔡集控导工程的所有道路全部中断,蔡集控导工程成为四面环水的孤岛,且蔡集控导工程32～35#坝相继发生险情,尤其35#坝坝前水深达12 m以上,多次发生坦石滑塌等重大险情。10月1日兰考北滩和东明南滩平均漫滩水深已达3 m,口门过流量达到820 m³/s,占大河流量的1/3左右,蔡集控导工程联坝背河开始遭受水流冲刷,工程被抄后路,造成黄河大堤35 km堤防偎水,偎堤最大水深达到5 m,严重威胁黄河大堤的安全。如不及时抢护,一是将造成蔡集控导工程33#、34#、35#坝随时都有溃坝的可能,使该工程失去控制主流的作用,黄河主河槽改道;二是洪水将直冲大堤,后果不堪设想。

　　受黄河横比降较大影响,决口过流发展很快,根据河南水文水资源局夹河滩水文站技术人员测量成果,10月3日口门实测流量728～785 m³/s,实测口门宽度62 m,最大水深7.6 m,最大流速2.47 m/s。

　　(三)灾情

　　蔡集生产堤决口造成兰考北滩、东明滩区全部被淹。受淹面积达27.75万亩❶,淹没耕地25.14万亩,谷营、焦元、长兴三乡152个村11.42万人被水围困,共转移人口3.21万人,9 738户的36 191间房屋损坏,

---

　　❶ 注:1亩=1/15 hm²。

1 733户的4 252间房屋倒塌,谷营、焦元、长兴三个乡镇152个自然村供电中断,冲毁桥涵闸262座,损坏机井491眼,损坏供电线路179 km、通信线路225 km,见图7-11。

(四)口门堵复

蔡集生产堤决口堵复前后共进行了两次,其中第一次因道路不通造成料物、大型抢险机械短缺,人力抢险强度抵,以及降雨、降温、后续洪水和准备不足等因素影响,堵复没有成功;第二次经过精心准备和洪水准确调度,多种措施并举,获得成功。

1. 第一次堵复

为减小工程险情和滩区群众损失,小浪底9月18~24日进行了控泄,在大河流量减少至110 m³/s左右时,9月25日河南、山东两省抓住时机,紧急组织群众4 000人、官兵1 500人,进行决口封堵。但由于洪水入滩,通往工程的滩区防汛道路被全部冲断,蔡集控导工程成为孤岛,水路运输成了人员、设备和料物补给的唯一方式,再加之连续降雨,联坝道路泥泞不堪,抢险料物及大型设备供应不足,严重影响了抢险堵口的速度和效率,在仅仅依靠人工完成对蔡集控导工程35#坝及其坝根、裹护之后,第二天大河流量又迅速增加至2 500 m³/s,河势继续右滚,流路刷深,口门过流量不断加大,第一次口门封堵未获成功。

2. 第二次堵复

10月7日成立兰考抢险救灾指挥部后,指挥部从各地组织人员、筹集料物、机械,决定对口门进行第二次堵复。

第二次堵复时,认真吸取了第一次堵复的经验教训,在对堵口方案进行分析研究的基础上,还进行了裹头加固、切滩导流等多种辅助措施。组织部队、黄河专业队伍、群防队伍近万人参加堵口。为加快运料速度,先后在东坝头险工、禅房控导工程、生产堤断头处、蔡集控导工程建设码头五处,抽调河南河务局两支水上抢险队和开封海事局、某舟桥团、民船等共一百余条船只负责水路运输;并抢修口门两侧两条临时道路,保证20 t以上大型设备直接通往口门。

1)切滩导流

10月7日,口门过流量629 m³/s。为缓解洪水对口门的冲刷,经研

257

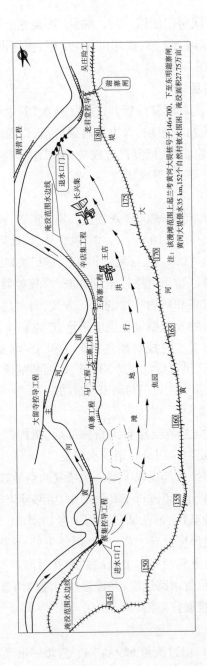

图 7-11 蔡集生产堤决口滩区淹没示意图

注：该溃滩范围图上起兰考黄河大堤桩号于146+700，下至东明谢寨闸，滩没面积27.75万亩。黄河大堤限水35 km，152个自然村被水围困，

究和现场查勘,在蔡集工程 $29^\#$ ~ $33^\#$ 坝上首影响洪水入主槽的三角形阻水滩地实施切滩导流。10 月 8 日中午 12 点左右,开始爆破。同时,使用挖泥船配合作业,加速水流冲刷泥沙。

2)裹头加固

组织人力重点对蔡集工程 $33^\#$ ~ $35^\#$ 坝进行了全力抢护。10 月 1 日, $35^\#$ 坝上首口门流量 820 m^3/s, $33^\#$ ~ $35^\#$ 坝持续受大溜顶冲,险情急剧恶化,迎水面至圆头的坦石裹护大面积下蛰入水,连续出现根石走失,坦石下蛰险情。采取抛笼、捆枕进行抢护,由于坝前水深达 12 m 以上,出险体积大,一个点抛下 30 多个石笼不见出水。至 10 月 10 日,经过不断抢护,险情趋于稳定。

10 月 21 日,又在西岸运输道路端头为中心,三面布打长 3.0 m、直径 15 cm、间距0.7 ~ 1.0 m 的签桩 32 根,再用长 6.0 m 松木杆横拉三道形成厢体,在厢内抛柳秸料及土石袋压固的方法,修做了长 10 m、宽 10 m、高 1.5 m 的裹头平台,以防主溜、回溜冲刷,巩固了抢险前沿阵地。

3)打通水、陆交通线

为了确保第二次堵口成功,还分别在生产堤断头处、蔡集控导修建了 3、4、5 号码头,解决料物装卸问题,并从 5 号码头到口门西侧抢修长 600 m 的交通便道。

同时,北岸禅房码头和封丘大堤 13.2 km 至禅房控导工程的泥结石道路修建完成后,大型设备及主要的抢险料物,可以直接从禅房码头上船,大大提高了送料的速度。同时扩宽了送料区域。封丘县的大量柳料通过该水上交通线,源源不断地送到堵口现场,为抢险堵口前期运送石子、柳料、大型机械设备,起到了至关重要的作用,见图 7-12。

4)口门抛柳头缓流落淤

在船上装铅丝笼,笼内放桩,桩上拴 6 根绳,然后将每条绳与柳头或柳捆相连,抛投于口门西岸上游的适当区域和口门处,进行柳头缓流落淤和挑流,为后来进占提供了便利条件,也大大降低了作业难度。

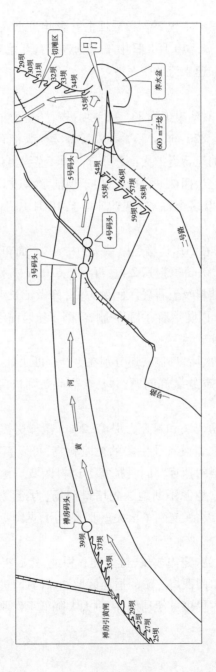

图 7-12　供料码头及道路布置

5）浮桥架设

为使口门两岸交通便利，有利于堵口的统一指挥调度，请舟桥部队架设浮桥。浮桥架设后，原来西岸的两支机动抢险队调到东岸，为抛铅丝笼挂柳大大提供了方便，也为钢管桩作业提供了平台。

6）埽体进占

堵口进占前，首先进行口门流速及水深情况探测，测得最大水深16.0 m，最大流速5.5 m/s，掌握并分析口门的水情。

进占不同阶段采取不同方法和措施，先是在浅水区直接抛柳、倒土、倒石进占，由于大量的柳枝在口门处，对于进占十分有利，进占速度很快，逐步向口门东侧推进。进占期间，埽体背河侧大量的石袋源源不断地运到口门，随时进行石子袋跟埽加固，基本上达到埽体进占速度，石袋后戗的顶宽6 m。埽体加固充分发挥了机械的作用，自卸车卸下后，推土机随后推至到位，解决了靠战士肩扛的加固措施，部队的主要任务是拉柳枝进埽。

随着口门的缩窄和水深、流速的增大，进占方法也相应改为传统埽体水中进占方案。由于蔡集堵口进占临背皆水，靠临时抢修嫩滩道路进行生根十分危险，为确保安全，采取了三次生根方法，安设底钩绳和占绳，第一次从临时道路裹头平台生根，第二次生根在临河方向向下10 m处，第三次生根在第二次生根临河方向向下10 m。

埽体堵口进占见图7-13。

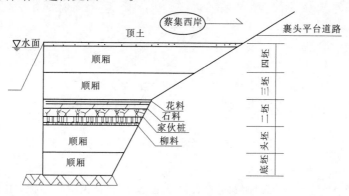

图7-13　埽体堵口进占示意

7）口门合龙

10月26日，口门过流量428 m³/s。河势出现了有利于封堵决口的变化，主流向北移动了30多 m。口门东侧，经过河务部门的努力，向口门西侧推进了15 m，并为最后封堵决口准备了大量的石料、沙袋、柳石枕、铅丝笼。中铁大桥局沿口门位置从西向东打下了19根直径40 cm、长20~30 m不等的钢管桩。口门两侧的大型机械也已陆续到位，蓄势待发。

10月27日，口门过水流量477 m³/s，黄河水利委员会为配合堵口，再次对小浪底水库泄洪量进行下调，同时沿黄的郑州、开封、新乡等市各灌区都开闸放水，以减少黄河流量。

10月28日6时，西岸水中进占裹头刚刚结束，即开始了进占合龙，东岸主体进占是铅丝笼，顶宽4 m，临河侧抛散石，顶宽1 m，背河侧石子袋土袋，顶宽4 m（见图7-14）；西岸主体进占铅丝笼，顶宽4 m，临河侧抛散石，背河侧石袋土袋加固顶宽4 m（见图7-15）。口门两侧，呈分兵合击、东西对进之势。堵口时口门进水流量仅10.3 m³/s，加之河势大变，35#坝前头仅靠边溜，32#坝靠大溜，因此进展也打破原来设想，石子袋、铅丝笼以及土袋齐头并进，于29日0时合龙。10月29日整体进行加高加固，至30日8时，已加固到与联坝坝顶高程一致，一道长100 m、顶宽8.0 m的堤坝宣告完成。

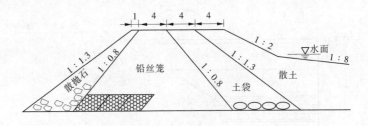

图7-14　东岸合龙断面示意图　（单位：m）

8）闭气加固

11月1日11时，刚修复的决口处迎来了小浪底重新泄流，由于工程仅仅是加固的一道铅丝笼透水坝，龙门的石缝中开始渗水，地下出现管涌，由于临背水位差较大，水位差约2.5 m，最大管涌直径达1.5 m，冒出

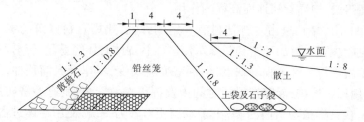

图7-15 西岸合龙断面示意图 （单位:m）

水面0.5 m,随着水位的不断升高,渗水量越来越大,上边出现塌陷,情况十分危急。采用抛投铅丝笼、土袋和散土的方法一面加宽、加高龙门堤坝,同时在临河侧倒碎石、铺设土工布截渗防冲。后又在口门的背河侧修筑了长1 100 m、顶宽5.0 m、底宽7.0 m的养水盆围堰,抬高了约2 m水位。缓解了口门处的管涌冒水量。

与此同时,在口门处临河侧铺放长30 m、宽25 m的丙纶机织布从岸顶一直铺到河底封堵背河管涌。

11月7日,用40余台泥浆泵,快速向坝后管涌区抽土放淤压渗,连续苦战7个昼夜,于11月14日最终将口门彻底闭气。

（五）体会及启示

1.体会

本次抢险,充分发挥了大型机械效率高的优势。

（1）机械化抛投大型铅丝笼水中进占。在蔡集抢险堵口的关键阶段,利用大型机械开展快速高效的石料进占,速度快、占体小,经济上可行合理,这在没有大型机械时是不能做到的。

（2）自卸车抛散石和碎石袋。在蔡集抢险堵口口门合龙期间,采用自卸车抛散石和碎石袋分别从口门东西两侧进占合龙,在进占高峰期,平均每半分钟抛卸一车10多 m³,合龙时间由预计80 h缩短至18 h,极大地提高了抢险效率。

本次抢险也证明了传统抢险技术在现代抢险中仍有广泛的应用空间。

（1）抛柳树头沉沙落淤。柳树头枝叶繁茂,很容易抓底,兼之其柔韧性较强,树叶稠密,黄河的大量泥沙受柳阻挡,附着上去,很快淤沉下来。在蔡集堵口阶段,采用该方法进行抢险,在背河抛投了大量柳树头,起到

了缓溜落淤、抬高背河地面高程的作用。

（2）埽体堵口进占。柳秸料有一定的弹性，比用石料修筑的水中建筑物更能缓和水流的冲击和阻塞水流。尽管埽体有体轻易浮、容易腐烂、不易使用于长久性工程等缺点，但河势发生突变、堤岸受大溜顶冲，就地取材，用埽工抢护，能够在很短时间内发挥很大效能，且具有经济实用的优点。在蔡集抢险口门西侧，由于水流相对较为平缓，使用埽体进占，向决口水深处依次推进。进占时速度快，用料省。与大型机械抛投大型铅丝笼和土石袋结合快速完成了决口封堵。

（3）落淤压渗闭气。口门堵复后由于闭气不严出现了大面积管涌险情，甚至一度出现再次溃口的危险，后经专家组论证，采取了传统闭气（①临河抢护闭气；②背河加固；③修筑养水盆；④泥浆泵淤填压渗）和利用泥浆泵抽淤压渗的合理方法，很快完成了闭气工作，成功堵复决口。

本次抢险，又一次证明了透水钢管桩应用值得商榷。为了使口门流速减缓，指挥部决策，由大桥局在口门处打两排钢管桩，钢管桩直径 40 cm、桩距 2 m、排距 2 m，从口门西侧向东侧挺进，钢管桩距西岸埽体 2 m，原计划将整个口门贯通两排钢管桩。可是由于水流淘刷较深，在完成 16 m 时，也就是打进第 8 根桩时，水深达 15 m，这样一根钢管桩需 30 余 m，打到水中 15 m 以上。尽管如此，钢管桩受水流的冲击力，摆动很大，自身不能稳定，在打下两排 16 根、长 16 m 的钢管桩后，不得不停止作业钢管桩。因此，在黄河堤防堵口时，应用透水钢管桩应进一步研究。

2. 启示

（1）石料进占合龙后要及时闭气。11 月 1 日 11 时，刚修复的决口处迎来了小浪底重新泄流，口门堵复后由于未闭气出现了大面积很严重的管涌险情，甚至一度出现再次溃口的危险。因此，完成口门堵复只是工作的一部分，在今后的口门堵复中，一定要及时闭气。

（2）养水盆的修筑在险情处理中起到了决定性的作用。出现严重管涌后，指挥部当即决定调用全县民工，10 h 之内在背河修筑了顶部高于临河最高水位保持 0.5 m，上宽 5.0 m、下宽 7.0 m、高 2.8 m、长 1 100 m 的养水盆。养水盆在险情处理中起到了决定性作用，盆内水位一旦抬高至临河水位，利用水自身的压力，抵抗口门渗水。

（3）养水盆中泥浆淤填是较好的方法。在养水盆修筑完成后，但决口处的管涌和渗水还没有得到有效的制止,月牙堤前的来水越来越多,水压越来越大,筑造在流沙软基上的月牙堤,难以抵抗长时间的强大水压,养水盆围堰随时都有溃堤的可能。如果在口门前用自卸车拉土闭气,速度慢,效率低,养水盆可能承受不了太长的时间,造成功亏一篑,河南河务局紧急抽调40余台泥浆泵一起在蔡集控导工程背河侧往养水盆内抽泥落淤,进行压渗。至11月20日,养水盆内水位已高于临河20 cm左右,成功完成了口门的加固闭气工作。

五、牡丹刘庄险工 42#坝抢险

刘庄险工位于山东黄河河务局黄河大堤桩号 218 + 850 ~ 223 + 350,该险工始建于 1898 年。现有坝 40 道,护岸 16 段,其中扣石坝岸数为 11 道(段),乱石坝岸数为 45 道(段),工程长度 4 770 m,裹护长度 4 156 m。除上首 1#~7#坝(护岸)长期脱河失修,8#坝、9#坝和17#坝因建新老刘庄闸废除外,现有坝岸均为 1976 ~ 1988 年按 1983 年设防标准进行加高改建,坝岸顶高程为 63. 65 ~ 63. 90 m,坦石外坡为 1:1. 0 ~ 1:1. 3,内坡 1:0. 8,根石台顶高程 59. 75 ~ 61. 50 m,顶宽 1. 5 ~ 2. 0 m,外坡 1:1. 2 ~ 1:1. 5。刘庄险工于 1946 年人民治黄以来,经过 1949 ~ 1953 年 5 年抢修改建后,由石坝、砖坝和砖柳坝岸改为石砌坝岸。

2006 年刘庄险工按 2000 年设防标准进行加高改建,2007 年进行竣工验收,设计堤顶高程 65. 26 ~ 64. 95 m,坦坡 1:1. 5,根石台顶高程 61. 55 ~ 61. 18 m,根石台宽度 2 m。

刘庄险工加高改建时,40#~42#坝大部分为嫩滩,只有前头靠水,施工按旱滩考虑,40#坝根石槽深度为 2 m(台顶高程为 61. 19 m,槽底高程为 59. 19 m),41#坝根石槽深度为2 ~ 3 m(台顶高程为 61. 18 m,槽底高程为 58. 72 ~ 58. 17 m),42#坝迎水面根石槽深度为 1 m(台顶高程为 59. 90 m,槽底高程为 58. 90 m)。

(一)出险过程

2010 年 8 月 25 日 8 时高村站流量 970 m³/s,水位 59. 11 m,牡丹刘庄险工 37#~43#坝靠水,40#~43#坝靠溜,其中 40#~42#坝靠主溜,43#坝靠大边溜。

8 月 25 日 17 时 40 分,牡丹河务局刘庄管理段工程巡查人员在刘庄

险工 42#坝巡查时发现有根石坍塌入水、坦石坍塌险情,巡查人员发现险情后,立即电话逐级上报。坝前水位 57.62 m,坝前水深 7 m,工程出险长度 40 m,如不及时抢护,迎水面裸露的土坝基将会冲刷坍塌,险情有可能迅速扩大,甚至垮坝,将会带来严重后果。

(二)出险原因、出险情况

经过认真分析,刘庄险工出险原因主要有以下几点。

1. 工程基础薄弱

该工程改建于 2006～2007 年,加高改建时,40#～42#坝大部分为嫩滩,只有前头靠水,施工按旱滩考虑,根石槽深度为 2～3 m,根石比较薄弱。其中,42#坝迎水面根石槽底高程为 58.90 m,而 2010 年 8 月 25 日 42#坝出险时,坝前水位 57.62 m,此时坝前水位比根石槽底还低 1.28 m,整个坝处于悬空状态,长期受水流淘刷,造成坦石、根石墩蛰,一旦出现险情就是大险,这是工程出险的主要原因。

2. 河势变化影响

20 世纪 60 年代因胡寨西南坐弯导溜,刘庄险工开始逐渐脱河,至 1974 年全部脱河出滩。又因 1975 年洪峰较多、高水位时间较长,刘庄险工又相继着河至今。"96·8"洪水前,主溜徘徊于刘庄险工坝岸 11#～23#坝;由于受"96·8"洪水的影响,之后主溜徘徊于 14#～23#坝,32#～43#坝一直未经大溜考验,未进行过根石加固,根石比较薄弱。2002 年调水调沙以来,河势逐渐下滑,2010 年 40#～42#坝长时间靠主溜,43#坝靠大边溜。本次调水调沙洪水量大、流速大、持续时间长,再加上本年度 2 000 m³/s 以上洪水持续时间较长,使工程长时间受洪水作用也加大了出险的概率,是出险的另一主要原因。

3. 调水调沙影响

由于常年的调水调沙作用,造成河道下切,相同流量下,比调水调沙前水位下降,这是工程出险的另一个原因。

出险情况见图 7-16。

(三)险情抢护措施与组织方法

8 月 25 日 8 时,高村站流量 970 m³/s,水位 59.11 m,牡丹刘庄险工 37#～43#坝靠水,40#～43#坝靠溜,其中 40#～42#坝靠主溜,43#坝靠大边溜。

牡丹河务局接到报险后,根据现场出险情况,决定采用捆抛柳石枕和

图 7-16　2010 年 8 月 25 日菏泽刘庄险工 42# 坝出险情况

散抛乱石进行抢护,并立即调运 1 台装载机、4 部自卸汽车、1 台推土机及 2 部挖掘机进行抢护,同时组织黄河职工及民工共 90 人和柳料、铅丝、2 部照明设备、麻绳等料物到达抢险现场立即投入抢险。捆抛柳石枕,散抛乱石各项工作紧张有序地顺利开展。经过抢护,出险部位石头露出水面,但由于没有基础,露出水面的部位很快又墩蛰入水,经过如此反复连续多日抛石抢险,才使险情得到控制。

为了使抢险石料能够抛投到位,巩固抢险成果,在险情得到控制后,又租调 20 m 长臂挖掘机进行抛石,并整理根石坡、根石台及坦石,效果非常好。

本次刘庄险工 42# 坝抢险共抛柳石枕 180 m³,抛散乱石 3 744 m³。

在刘庄险工 42# 坝抢险期间,为防止其他靠水坝也发生类似险情,立即组织技术人员对附近坝岸进行根石探摸。发现 40# 坝根石走失 1 506 m³,41# 坝根石走失 1 583 m³,随后进行散抛乱石进行加固。

刘庄险工 40# ~ 42# 坝抢险及根石加固用石量 6 887 m³(含柳石枕内石料 54 m³),柳料 2.27 万 kg。

(四)抢险经验与启示

(1)指挥和保障有力。险情发生后,各级领导十分重视,多次亲临现场指挥抢险,对抢险方案的制订和顺利实施发挥了保证作用。

(2)广大干部职工齐心协力参加抗洪抢险,连续奋战,发扬吃苦耐劳的工作作风,是工程抢险顺利的关键。

(3)用现代化的机械设备代替原来的人工抢险,发挥了至关重要的

作用,有效控制险情,减少人力投入,减轻抢险劳动强度,提高抢险效率。尤其是长臂挖掘机的应用,能够一次抛投到位,减少了中间二次抛投,为抢险赢得了宝贵时间,节省了大量的人力、物力。

(4)责任者落实到位,人员、设备、料物准备充分,险情发生后,根据责任分工,人员迅速上岗到位,各项工作有条不紊地开展,做到了忙中不乱,以最快的速度控制了险情,防止了险情的进一步发展。

(五)存在问题与建议

(1)根石探摸设备落后,仍采用人工用探摸杆方法进行,技术先进性不够,数据不准,人身安全危险系数大。没有根石探摸专用船只,存在探摸不及时的问题。急需配备根石探摸先进设备,配备必要的根石探摸船只。

(2)抢险设备不足,目前由于险情发生较快,全靠人工抢险已不能满足抢险需要,需要投入一定数量的抢险设备。专用的防汛抢险设备不足,已有的自筹资金购买的设备普遍存在设备老化,超期服役现象,极易出现故障,不能满足防大汛、抢大险的需要,急需购买、更新抢险专用设备,尤其是长臂挖掘机的购买。

(3)国家常备料物存在定额不足问题,有些料物存在超期使用现象,需要补充更新。

(4)群众备料和社会团体备料存在落实不到位的现象,一旦发生险情,容易出现料物供应不及时的情况。

(5)群众抢险队伍存在不容易落实现象,现在农村绝大多数青壮年劳动力外出打工,一旦出现险情,容易出现抢险力量不足的问题。

(6)加大工程巡查力度,尤其是汛期的工程巡查力度,做到有险情及时发现、及时上报、及时抢护,做到抢早、抢小。

(7)加强根石探摸人员的安全教育,注意根石探摸期间的人身安全。

(8)提前准备,包括人员、设备、料物的准备,一旦发生险情,及时进行抢护。

(9)加大与地方政府的沟通联系,及时向行政首长进行汇报,取得地方政府的大力支持。

六、阳谷陶城铺险工9#坝险情抢护

阳谷县黄河临黄堤长 3.224 km,起止桩号为黄河大堤左岸中段桩号

194 +485～194 +605、黄河大堤左岸下段桩号 3 +000～6 +104。黄河进入该河段骤然缩窄,流速加大,下游紧接位山、艾山卡口段。该河段历史上曾经多次发生决口,是黄河重要险工险段之一。

陶城铺险工位于阳谷县阿城镇陶城铺村南,大堤桩号 3 +600～4 +710,在黄河下游左岸弯曲型河段的最上端。1885 年,始建草埽 6 段,1903 年抛乱石护根,至 1946 年已残存无几,1948 年和 1952 年分别重修为 3 段乱石坝,即 5#、7#、9#坝,1961 年,位山枢纽截流后溜势发生变化,增修 11#、13#、15# 3 段坝,同年 10 月发生大险,经奋力抢护,保住了坝岸。1962 年又增修 5 段坝和 5 段护岸。1963 年冬,位山枢纽拦河坝破除后口门迅速扩大,原 21 号坝废除,1983 年为保护险工安全,将口门左端裹护成为 21 号坝。

1996 年 3 月,陶城铺险工 9#坝随陶城铺闸扩建工程一起进行改建,9#坝位于陶城铺闸扩建工程上游右岸,属闸上游裹头的一部分,坝身结构为砌石坝,坝顶高程 50.0 m,坝外坡 1:2.0,根石顶高程 46.15 m,根石底高程 37.65 m,根石顶宽 1.5 m,根石坡 1:1.5,由于坝坡放缓,坝的下游面展宽,新展宽部位的基础坐落在了黄河淤积土层上,缺少根基。

（一）出险过程及原因分析

1996 年 8 月上旬,黄河中游地区连降大到暴雨。8 月 5 日 14 时,黄河花园口站出现第一号洪峰,流量为 7 600 m³/s,水位 94.73 m,为有水文记载以来的最高水位。8 月 8 日,黄河中游再降暴雨,8 月 13 日 4 时 30 分,花园口站出现第二号洪峰,流量 5 520 m³/s,水位 94.09 m。黄河一、二号洪峰在聊城河段汇成一次洪水过程,8 月 16 日 14 时,陶城铺险工水位 46.05 m,与历史最高水位持平。此次洪水洪峰流量持续时间长,水位表现高,传播速度慢,含沙量小,河道冲刷严重。

8 月 10 日,陶城铺险工主溜下移,大溜顶冲该险工 9#坝,坝后形成大回溜,14 时,9#坝下跨角根石台出现长 5 m、宽 1 m 的塌陷,11 日 6 时,在大溜顶冲下根石发生严重坍塌,经探测,坍塌长 23 m、宽 3.5 m、深 3.5 m,上部坦石也随之下蛰,12 日险情发展为从 9#坝至 11#坝接头全线坍塌,出险长 64 m。

经分析,9#坝发生险情的主要原因有:

（1）由于 9#坝是 1996 年陶城铺闸扩建时改建的新坝,基础坐落在淤积土层上,洪水持续时间长,该坝受大溜顶冲和回溜淘刷,基础被冲刷淘空从而发生严重的根石坍塌及坦石下蛰险情。

(2)水流条件不利。陶城铺险工位于河道突然缩窄段,又坐落在河道凹岸,水深流急,根石走失严重,加之洪水冲刷力强,河槽急剧下切。

(3)工程平面型式不利。为了便于引水,在扩建陶城铺闸时将上游7#坝改建并后退近20 m,使9#坝突出,受溜加重。

(二)险情抢护

险情发生后,县防汛指挥办公室立即组织该县抢险队伍进行抛石抢护,但险情仍继续发展,10日20时,经紧急会商,决定采用捆抛柳石枕、编抛铅丝笼进行抢护(见图7-17、图7-18),同时增调位山闸管所、莘县河务局两支专业队伍及部分抢险机械联合作业,经连续奋战5昼夜,8月14日险情得到控制。

图 7-17 装载机投抛根石

图 7-18 捆抛柳石枕、编抛铅丝笼进行抢护

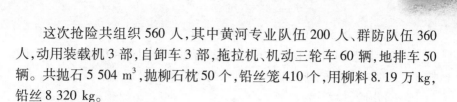

这次抢险共组织 560 人,其中黄河专业队伍 200 人、群防队伍 360 人,动用装载机 3 部,自卸车 3 部,拖拉机、机动三轮车 60 辆,地排车 50 辆。共抛石 5 504 m³,抛柳石枕 50 个,铅丝笼 410 个,用柳料 8.19 万 kg,铅丝 8 320 kg。

(三)抢险经验教训

(1)对于抢护根石及坦石坍塌的险情,采用机械为主、人工为辅的抢险方法是快速控制险情的关键。9#坝出险后,黄河专业队伍,采取分班轮班,连夜奋战,险情仍没能得到有效控制,决定调用正在阳谷施工的自卸车队参加到抛石工作中来,调用其他单位的 3 台装载机,加上人机配合,经过 3 d 的紧张抢护,使险情很快得到控制。机械化施工不仅速度快,而且方量大,抛投集中,不易被溜淘刷,为险情抢护赢得宝贵的时间,而传统的抢险技术和方法,效率低,费时、费力。

(2)要加强群防队伍建设,提高群防队伍的实战能力。"96·8"洪水到来之际,基干班按县防指部署及时赶到险情现场,投入到抢险中去。但由于业务不熟,不能独立承担某项具体工作,更谈不上操作,致使专业队伍昼夜加班,庞大的民工队伍只能起到辅助作用,甚至还有部分民工闲余下来,工作被动,拖延了抢险时间。应加强对群防队伍实战技能的训练和抢险业务技术的培训,切实提高抢险技术水平。

七、济阳史家坞工程抢险实例

济阳史家坞控导工程,位于黄河下游左岸,相应黄河大堤左岸下段桩号 153 + 000 ~ 154 + 200,工程长度 1 425 m,护砌长度 1 759 m,现有坝垛 19 段(+ 2# ~ 16#坝),全部为乱石结构,其中重点坝号为 2#、3#、4#、5#、13#、15#、18#坝垛共计 7 段。

该工程始建于 1952 年,由于当时黄河右岸霍家溜险工溜势上提,造成大河主溜直冲左岸史家坞村滩地,为稳定左岸下游的大柳店险工溜势不上提,修建了该控导工程。当年修建了 1# ~ 6#柳石坝,1953 年续建了 7# ~ 13#柳石坝,1954 年汛期抢修了 14# ~ 16#堆石坝,1967 年又在本工程上首新增了 + 1#、+ 2#堆石坝。1975 年和 1976 年大水冲垮了 1# ~ 4#坝,同年修复时将其退后了 30 余 m。因为 1# ~ 2#坝挡距长于其坝长(坝长 25 m,而坝挡距为 50 m),容易被洪水淘挡,故于 1979 年在 1# ~ 2#坝挡增

设了 $-1^{\#}$ 坝,并将 $5^{\#} \sim 10^{\#}$ 坝上跨脚接长。

自 20 世纪 50 年代初至 90 年代末,当地流量超过 4 000 m³/s 时,该控导工程基本失去控制,"96·8"洪水时该工程曾漫顶过水。

(一)出险过程

1. 雨情水情

2003 年 8 月下旬,黄河全流域持续降雨,洪量大、历时长,呈现出典型的华西秋雨特征。2003 年 8 月 25 ~ 27 日、28 ~ 30 日,黄河中下游地区先后出现两次强降雨过程,泾河、北洛河、渭河、山陕区间、汾河、伊洛河、三门峡至花园口区间部分地区大到暴雨,个别水位站特大暴雨。由于受降雨影响,黄河及泾河、渭河、伊河、洛河、沁河干支流相继出现较大洪水。经小浪底、故县、陆浑水库联合调蓄下泄后,9 月 3 日和 9 月 8 日,花园口站分别出现 2 780 m³/s、2 700 m³/s 的洪峰,泺口站 9 月 7 日和 9 月 12 日,相应洪峰流量分别为 2 470 m³/s、2 730 m³/s(金堤河加水和东平湖泄水影响)。

小浪底水库在控制 10 月底蓄水位不超过 260 m 前提下,控制花园口站 2 500 m³/s 左右流量直至 11 月 20 日前后,而济阳河段 2 000 m³/s 以上流量持续到 11 月 24 日左右才结束,历时 81 d。

2. 河势情况

2003 年 9 月 18 日河势查勘时,泺口流量 2 700 m³/s,水位 30.93 m,大河溜势由霍家溜险工下首逐渐走中,至史家坞控导工程以上 1 000 m 处主溜偏向左岸,溜势上提,史家坞控导工程 $+2^{\#}$ 坝大溜顶冲,$1^{\#}$、$5^{\#}$、$6^{\#}$ 坝着大边溜,$+1^{\#}$、$-1^{\#}$、$-2^{\#}$、$2^{\#}$、$3^{\#}$、$4^{\#}$ 坝着小边溜,至 $6^{\#}$ 坝以后主溜逐渐走中偏右。史家坞控导工程往年汛期 $+2^{\#}$、$+1^{\#}$、$1^{\#}$、$4^{\#} \sim 6^{\#}$ 坝靠主溜,本次洪水期间 $+2^{\#}$、$1^{\#}$、$5^{\#} \sim 6^{\#}$ 坝靠主溜。

3. 出险情况

1)工程险情

史家坞控导工程自 2003 年 9 月 20 日至 11 月 5 日洪水期间,共发生坦石墩蛰、根石走失等险情 11 次,而该工程 $+2^{\#}$ 坝出险就达 9 次之多,其中较大险情分别发生在 9 月 20 日 7 时 30 分,$+2^{\#}$ 坝上跨墩蛰,出险长度 8 m,入水深 5.5 m;9 月 23 日 5 时,$+2^{\#}$ 坝上跨再次墩蛰入水,出险长度 50 m,宽度为 1.7 m,入水深 6.1 m;10 月 1 日 19 时 30 分,$+2^{\#}$ 坝又有 10

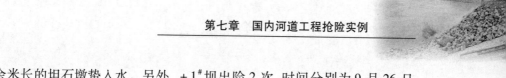

余米长的坦石墩蛰入水。另外，+1#坝出险2次，时间分别为9月26日17时、10月13日13时。

2）滩岸坍塌

由于本河段流量持续在2 000 m³/s以上，大河溜势至史家坞控导工程以上1 000 m处偏向左岸，对滩岸造成严重淘刷，且控导工程+2#坝大溜顶冲，导致该坝上首滩岸产生较大回溜，滩岸坍塌长度已达千余米，最大坍塌宽度有50多m，平均宽度30 m左右，且坍塌事态不断加剧，如不及时采取相应工程防护措施，洪水将会由+2#坝上跨部位撕开豁口，抄其后路，直冲大堤而去，而此处滩岸距大堤直线距离不足500 m。届时，史家坞河道溜势将可能发生重大改变，造成顺堤行洪。

（二）原因分析

通过现场实地查勘，并与右岸历城河务局有关人员进行座谈了解，同时结合几年来济阳、历城两岸河势溜向对比、调水调沙情况、防洪工程新修情况，分析其出险成因有以下几点。

1. 工程因素影响

（1）1998年春，历城霍家溜虹吸拆除，兴建霍家溜引黄闸。霍家溜引黄闸在修建时占去了险工24# ~27#坝址以及28#坝的一部分。在涵闸修建过程中，施工围堰部分废弃物抛落在河中，导致28#坝坝根相应前伸了不少。

（2）2001年冬霍家溜险工根石加固施工时，对28#坝进行了根石加固。由于当时正值枯水季节，该坝岸已成为旱坝，坝前泥沙淤积较为严重。施工时虽按批复要求采取了坝前开挖措施，但根石仍然抛不到位，导致该坝出现二阶根石台。二阶根石台围长28 m、宽6 m，台顶高程比一阶根石台低2 m左右，并且在根石加固施工时，根据设计要求，该坝又抛投了部分铅丝笼予以加固。该段坝共抛石660 m³，抛投铅丝笼165 m³（见图7-19）。

2003年汛期来水较大，霍家溜河段的险工根石全部靠水吃溜，而且霍家溜险工28#坝吃主溜。由于该坝加固抛石，突出挑溜，大水期间势必对该段河势造成一定影响。

2. 非工程因素影响

工程出险之前一段时间，黄河一直未来大水，而且1998年前经常发生断流，从而造成河床泥沙大量沉积。由于土质密实性大、含黏量高，导

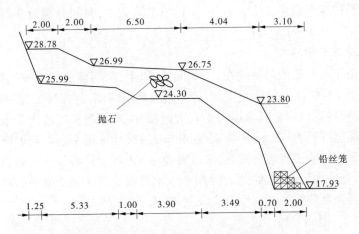

图 7-19　霍家溜险工 28#坝(上跨)根石加固断面图　(单位:m)

致右岸云家控导工程下首的部分滩岸成为抗冲刷能力较强的老滩,2003年汛期在云家控导工程下首刷出一个挑溜的滩嘴。因此,云家控导工程下首凸出的滩嘴也是成为下游河势改变的一个因素。

3. 来水条件影响

2002 年进行了调水调沙试验,2003 年汛期黄河同流量水位汛后河槽比汛前河槽平均降低了 0.3~0.5 m,由于黄河主河床的刷深,边界条件发生改变,对河道溜势的变化也有一定影响。2002 年调水调沙试验完成后,河道内流量较小,小水时主溜沿冲刷出的深槽集中下泄,造成部分工程远离主溜,而有些工程却紧靠主溜。

综合分析史家坞控导工程出险成因,2003 年汛期右岸霍家溜险工河势下延,其险工 28#坝根石外伸挑溜,云家控导下首滩嘴挑溜,导致史家坞河段河势走中偏左,溜势上提,大河主溜顶冲该控导工程 +2#坝,造成该坝上跨及前尖部位坦石整体墩蛰。同时由于溜势上提,致使大边溜逼向左侧滩岸,史家坞控导工程以上 1 000 m 长范围内的滩岸严重淘刷(见图 7-20)。

(三)抢护措施

1. 抢护方法

1)工程抢护

史家坞控导工程险情发生后,本着边上报、边抢护的原则,紧急调集

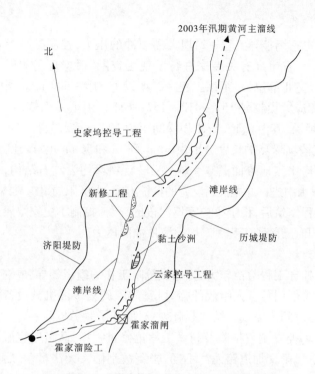

图 7-20　霍家溜至史家坞河段河势溜向图

专业机动抢险队赶赴现场,采取抛石、抛铅丝笼等措施进行抢护。对于出险坝垛的迎水面部位,根据大河溜势,先实施块石抛投,稳定住河势,控制住险情发展,再在块石上部或外围抛投铅丝笼进行加固。抢险过程中,所有石料或铅丝笼全部由岸边顺坡抛投,而不是直接抛入河中,抛护过程中注意保护坝基和坝胎不受损坏。同时,配合人工进行拣抛整理(见图 7-21)。

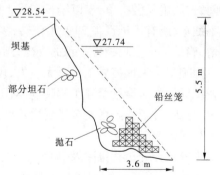

图 7-21　史家坞控导工程 +2# 坝（上跨）抢护断面

275

2）新修工程

为缓解史家坞控导工程 +2#坝大溜顶冲的压力,控制工程上首滩岸不再继续坍塌,省市局有关专家进行了现场查勘,根据现场滩岸地形现状,选择滩岸突兀部位,在距该工程 +2#坝以上 315 ~ 588 m 间同时抢修三段坝垛(相应大堤桩号 152 + 412 ~ 152 + 685),由上而下依次为新 1#、新 2#、新 3#坝垛,其中新 1#、新 2#坝垛间距为 100 m,新 2#、新 3#坝垛间距为 120 m,三段坝垛裹护长度分别为 60 m、58 m 和 56 m,坦石坡度为 1:1,坝面高程平均比当地滩面高 0.5 m。三段新坝垛均为乱石结构,坝型为磨盘型,采取水中进占并抛投铅丝笼的抢护方案,由济阳局组织具体实施。

新修工程修筑后,稳定了史家坞河段的河势,控制了史家坞滩岸不再继续坍塌,同时缓解了工程 +2#坝大溜顶冲的压力。

2. 抢护组织

史家坞控导工程险情较大,为加强抢险工作的组织领导,成立了由分管局长及相关部门负责人组成的临时指挥部,调集多部机械设备和抢险料物,在最短时间内完成集结并赶赴现场,展开了紧急抢险。

在史家坞控导工程抢险及新做工程抢修过程中,队员们克服水大溜急不易施工、风雨交加道路泥泞不畅、帐篷被刮雨夜无法宿营、后勤服务没有保障等重重困难,充分发挥黄河人吃苦耐劳的优良作风,与大洪水抢时间,与风雨天做抗争,夜以继日忘我工作,每台机械配备 3 名机械手,歇人不歇车,所有机械设备 24 h 不停转,多次排除了坝体墩蛰、坦石走失等险情,确保了史家坞控导工程的安全,圆满完成了新做工程的抢修任务。

为确保史家坞控导工程万无一失,10 月 16 日新做工程抢修完成后,专业机动抢险队继续留守工程现场,对随时可能出现的险情进行抢护,直至 10 月 27 日新修工程安全稳定后才撤离现场。

3. 用工用料

史家坞控导工程抢险及新修工程总计用工 5 822 工日,使用机械设备 439 台班,消耗铅丝 39.8 t,消耗柳料 2 万 kg,完成总石方 9 269 m³,土方 8 530 m³。

（四）启示

1. 经验

（1）史家坞控导工程之所以抢护效果好、抢险效率高,主要是实施了

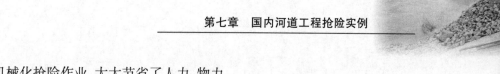

机械化抢险作业,大大节省了人力、物力。

(2)本次工程抢险中,做到了人机配合协调,实施立体化抢险。

由于防汛抢险受时间、地点、天气、场地等外界因素影响较大,所以要因地制宜,从防汛抢险实际出发,宜人则人,宜机则机,宜人机配合则人机配合。机械设备虽能发挥机动、快速、功率大、效率高的特点,但还有很多地方鞭长莫及,例如机械化抛石后的坦石整平工序,就需要人工进行拣挑排整,做到人机互补、配合协调。再如抛投铅丝笼时,采取人工在挖掘机或装载机铲斗内铺网片、装块石、封笼口,由挖掘机实施定位抛投,这样施工的特点是施工作业快,效率高,抛笼一步到位,抢护效果理想,且对于水中松散或错位的铅丝笼,可利用挖掘机铲背进行挤压加固。

(3)在进行新修工程抢筑时,由于水大溜急,滩岸不断坍塌,水中进占困难较大,虽进行了铅丝笼抛护,但效果并不理想。当采取挂柳防浪这一传统措施时,立刻收到事半功倍的效果,滩岸不再继续坍塌且出现淤积现象,为后期施工创造了条件。

2. 教训

史家坞控导工程发生险情后前一段抢险中,主要采取了抛石固根方法。因当时水大溜急,抛进的石块很快就被水流冲走,且由于大量石块的集中抛投,致使出险坝垛的坦坡不堪重负,发生了滑脱墩蛰,从而使得险情一时难以控制,造成抢险被动。后来改变抢险方法,采用挖掘机定位抛投铅丝笼,将铅丝笼像下饺子一样顺着坝坡徐徐放入到位,确保了坝体稳定,控制住了险情。

八、长清桃园控导工程抢险

1988 年 8 月,黄河下游出现多次洪峰,艾山水文站出现最大洪峰流量为 5 500 m³/s 左右的洪水。洪峰流经济南长清河段桃园控导工程时,主溜顶冲该工程下首,致使该工程 13# ~ 14# 坝发生了较为严重的根石走失、滑坡、坝基蛰陷坍塌重大险情。险情发生后,长清防汛指挥部在上级防汛部门指导下,组织抢险人员奋力抢护,险情得到及时控制,确保了控导工程及附近滩区群众生命财产的安全。

(一)工程概况

桃园控导工程位于济南市长清区归德镇朱西村南,为长清黄河滩区

的控导工程。工程长度 1 930 m,护砌长度 1 736 m,共有 18 段坝岸,其中坝 4 段、垛 10 段、护岸 4 段,全部为乱石结构。

桃园控导工程始建于 1969 年,在经历了 1976 年、1982 年两次较大洪水后,工程损坏严重。该工程处于许道口至贾庄 S 形弯道中段,左岸属德州市齐河县局所辖,设有堤防;右岸属黄河滩区,无堤防,由长清黄河河务局管辖。主河槽宽 300 ~ 500 m,该工程位置险要,遇大洪水工程出险抢护失守后,极可能抄工程后路行洪,主溜沿王魏村台摆动裁弯取直,危及对岸堤防和右岸滩区群众生命和财产安全。每年汛期该河段做为防汛重中之重,桃园控导工程更是险中之险。

(二)出险经过及原因分析

1. 出险经过

1988 年 8 月,受黄河流域"三花间"降雨影响,黄河下游连续多次发生了多次洪峰。花园口水文站洪峰流量分别为 6 400 m³/s、6 300 m³/s、6 900 m³/s、6 200 m³/s。洪峰特点:一是洪峰连续出现,中水持续时间长,花园口流量大于 3 000 m³/s 时间 18 d,大于 5 000 m³/s 时间达 8 d 多;二是总水量较大,8 月中水量较多年平均偏多 32%;三是洪水含沙量较高,最大含沙量花园口和夹河滩站分别为 211 kg/m³、201 kg/m³,夹河滩至利津站也都在 100 kg/m³ 以上;四是花园口至夹河滩河段在 4 次大于 6 000 m³/s 的洪水传播中,比正常情况慢了 10 h,出现这种情况与该河段水位表现高,水流漫滩有关。洪水期间,艾山至泺口河段工程上下河势变化较大,险工和控导工程险情多、发展快、出险时间集中。据统计,1988 年 7、8 月期间,黄河下游共出险 208 处、868 道坝、1 402 坝次,占全年的 88%。在这期间长清河段工程共计出险 11 处、24 坝段、34 坝次。

1988 年 8 月 17 ~ 18 日,黄河艾山站为 5 040 ~ 5 660 m³/s。8 月 17 日 7 时许,工程巡查人员发现 13# 坝坝头护坡石蛰动,14# 坝也出现滑动迹象,险情发展迅速,经测量蛰陷、坍塌和滑坡长度 105 m,高 3 ~ 5 m,坝前水深 7 ~ 12 m,险情十分危险,巡查人员立即报告本单位防汛办公室,同时按程序报告本级防汛指挥部和上级防汛部门。

2. 出险原因分析

(1)工程标准低,水毁后得不到及时修复。

桃园控导工程原为当地政府为保滩护地自行修建的滩区护滩工程,

无统一规划。始建时工程标准低,基础薄弱,断面单薄,根石基础浅,达不到冲刷坑深度,但工程常年靠溜。1972 年,成立原长清管理段统一归口黄河部门管理,由于受上级投资限制等诸多因素,部分水毁工程没有及时修复加固,工程抗洪能力严重不足。

(2)河势发生变化大。

桃园控导工程以下河道为一"Ω"形河湾(见图 7-22),在 1976 年洪水期间,该工程漫顶,中部工程被冲垮,沿湾颈处过溜流量占 60%,直冲对岸韩刘险工下首,最大水深达 6.7 m 左右。大水后修复时部分坝头较前后退 100 m 左右,致使 13#、14#坝明显突出,13#坝以上成为一陡弯。

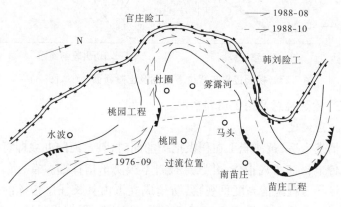

图 7-22　桃园控导工程河势

同时,长清桃园控导工程还处于黄河下游典型的 S 形弯道中段右岸,桃园控导工程的靠溜情况与流量的大小有关,一般是当流量小 1 000 m³/s时,3#坝以上靠溜,以下不靠水;当流量介于 1 000～3 000 m³/s 时,5#～7#坝靠大边溜,其他坝岸着溜靠水;当流量大于 5 000 m³/s 时,大溜顶冲 13#、14#坝。

1988 年 8 月,黄河下游处于平槽流量 5 000 m³/s 上下的时间较长,水流造床能力强,冲刷严重;原有的部分河势得到了调整,出现了河势上提、下延,以及部分坝岸受主、次溜冲刷发生变化的现象,致使工程出现了较多的险情。长清桃园河段 8 月河势总的情况为:该控导工程河势变化较大,大部分工程坝段在大水时主溜外移、下挫,洪峰过后又里靠上提。

1988 年 8 月 17 日,当时黄河艾山站流量在 5 500 m³/s 左右,由于当

日风浪大,水位高,洪水进入 S 形河段后,直冲 13#、14#坝,该坝段受主溜长时间、持续淘刷,两坝的根石浅,埋深不足,河床为沙土,冲刷严重,造成严重根石走失,护坡石大面积下滑,发生坝基坍塌险情。经现场测量,滑坡长度 105 m,高 3～5 m,坝前水深 7～12 m(见图 7-23)。

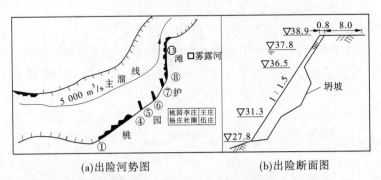

(a)出险河势图　　　　　　(b)出险断面图

图 7-23　桃园控导工程位置面图及出险断面　(单位:m)

(三)抢险经过及用工用料情况

1. 抢险经过

险情发生后,黄河职工在积极抢护的同时,县黄河防办立即将出险情况发明传电报向市局报告,并紧急报告本级防汛指挥部。省、市、县防指对桃园控导工程险情高度重视,县防指成立了由县长任总指挥的黄河抢险指挥部。各级领导及专家经现场查看、研究后,根据当时洪水流速快、水位高的特点,立即组织调动长清黄河专业队伍和民兵基干班抢险队伍挂柳缓冲、抛散石护坡,并抛了几个小柳石枕,临时抢护。因水大溜急,枕小不能下沉,在抛石 400 余 m³、用柳料 1.5 万 kg 后,坦石仍继续下滑,13#坝护坡下蛰长 65 m,蛰下 2 m,坝基土露出,而且险情不断向恶化方面发展。

险情严重且发展迅速,但抢险场地狭窄,且坝后为群众修建房台取土后形成的一片低洼地,其后附近为桃园、朱西等十几个村,地势较为平坦;更为不利的是抢险期间正在下雨,进出道路为群众生产便道,全部为土路,道路泥泞,抢险条件十分恶劣。由于情况危急,桃园控导工程附近村庄的村民已经自发的陆续开始向外村转移,如险情不能迅速控制,桃园控导工程以北低洼地带的十几个村将成为一片汪洋,3 000 多名群众的生命

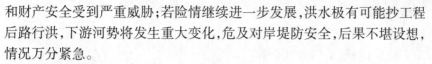

和财产安全受到严重威胁;若险情继续进一步发展,洪水极有可能抄工程后路行洪,下游河势将发生重大变化,危及对岸堤防安全,后果不堪设想,情况万分紧急。

经省防汛指挥办公室同意,黄河第二专业机动抢险队 18 日 8 时 20 分接到赴桃园控导工程抢险的命令,并在 30 min 内将全部抢险队员及抢险设备、料物集结完毕;9 时 40 分,黄河第二专业机动抢险队 40 多名抢险队员携带四部大型工程车、一部防汛指挥车、一台柴油发电机、照明设备及部分木桩、麻绳、铅丝、斧头等抢险工具、料物,火速到达桃园控导工程出险地点。机动抢险队到达出险地点以后,立即向现场人员了解情况,同时组织队员使用摸水工具对出险部位进行探测。经探测得知,出险部位水深 7 ~ 12 m,水下尚有部分根石;10 时 30 分,解放军某部 200 余名指战员到达出险地点。经现场紧急会商,抢险指挥部根据水流急、水位高、回溜淘刷严重的特点,确定了"先上后下、先重后轻"的抢护原则,决定改用抛大柳石枕首先抢护 13# 坝。参战队员和解放军同志于 13 时,第一个长 10 m、直径 1.2 m 的柳石枕下水,枕下沉后龙筋绳被冲断,又改为双龙筋绳,连抛 8 个长 10 m、直径 1.0 m 的大枕。因柳料用完,改为抛铅丝笼,至 19 日 6 时,13# 坝的险情才基本得到控制。14# 坝在回溜淘刷下,坝头以上 40 m 石护坡下蛰,采用抛铅丝笼护根,水面以上抛乱石的方法护坡,控制了该坝险情的发展。至 20 日 10 时,经过山东黄河第二机动抢险队、人民解放军和当地民兵基干班全力抢险,奋战 3 昼夜,险情得到控制,工程转危为安,两坝的抢险工作全部结束。

2. 用工用料

在这次桃园控导工程抢险中,调用解放军 200 余人,山东黄河第二专业机动抢险队及群众抢险队人员 1 500 多人;机动车辆 200 余部;共动用石料 2 315.5 m³,铅丝 10 670 kg,钢筋 668 kg,麻袋 500 条,草袋 1 000 条,木板 2 m³,柳枝 5 万 kg,编织袋 200 条,木桩 100 根。累计用工 4 000 多个工日,共计投资 78 587.8 元。抢险结构见图 7-24。

(四)抢险经验与启示

(1)行动迅速,指挥得当是抢险的关键。

在这次抢险过程中,各级防汛指挥部在对险情充分了解、正确分析判断的基础上,及时调动组织了大量的专业抢险人员和群防人员进行全力

抢险;调用第二机动专业抢险队和人民解放军,集中力量,全力抢护;调集了当地社会和群众备料,保证了桃园控导工程的抢险用料。因此,在以后抢险中,全面贯彻落实行政首长负责制、各部门分工责任制和黄河防洪工程抢险责任制是确保重大险情抢护取得胜利的重要举措;成立重大险情抢险指挥部,指挥得当、迅速决策是险情抢护工作取得成功的关键。

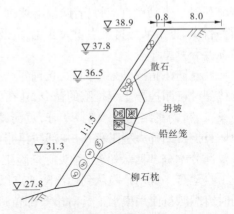

图 7-24　桃园控导工程抢险结构　（单位:m）

(2)认真细致的查勘河势、科学分析险情是取得抢险胜利的前提。

在桃园控导工程出险中,如不及时发现险情,并立即组织抢护,控制险情的进一步发展,洪水极有可能冲垮坝岸,抄工程后路行洪,淹没村庄、耕地,必定造成下游河势发生重大改变,对下游对岸堤防和附近村庄人民群众生命、财产安全造成严重损失。因此,进一步落实班坝责任制,24 h不间断巡查,尤为重要;一旦发现险情,及时上报,工程技术或指挥人员根据水清、工情、河势预估险情发展趋势和危害后果,果断决策,是尽快控制险情、战胜洪水的前提条件。

(3)科学合理的抢险方案是抢险的根本。

按照抢早、抢小的原则,本次抢险指挥部采用机械和人工结合,以柳、石进占为主,首先稳住溜势,加固根基,建立"桥头堡";其次,土、石方后续进占的方法进行抢护,组织大量抢险人员进行编抛铅丝笼固根、护坡,从而抑制险情发展,为后续抢险赢得了时间、空间上的支撑。在今后的抢险过程中,根据黄河是多沙河流,应充分利用柳枝具有缓溜落淤的特点,采用柳石搂厢或柳石枕的方法,从固脚、护坡开始,可较快地控制险情的发展,进而一气呵成。所以,因地制宜,制订切实合理的抢险方案,是迅速控制险情的根本。

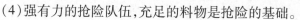

（4）强有力的抢险队伍，充足的料物是抢险的基础。

险情发生后，巡坝查险人员及时发现险情及时上报，组织强有力的抢险队伍和抢险机械进行抢险。如没有灵活、机动、具备一定战斗力的第二专业抢险队伍和精力旺盛的人民解放军，在缺乏充足的抢险料物的情况下，险情突至，必然手忙脚乱，贻误战机，丧失抢险的最佳时机。所以，汛前加大防汛队员培训力度，提高抗洪抢险技能，使之成为"招之即来，来之能战，战则能胜"的抢险队伍，尤为重要；同时，汛前落实各类防汛料物，抢险器具，特别是常备料物，应足额储备，防止发生险情抢护时出现"巧妇难为无米之炊"的尴尬局面。

（5）专业队伍是抢险的技术骨干力量。

本次抢险参战队员主要为第二专业抢险队队员、人民解放军和部分基干民兵，时间紧急，抢险任务重。解放军分成几组，轮班不间断抢护，虽然身体健康，精力充沛，抢险情绪高昂，但和基干民兵一样缺乏抢险技能，实战经验不足。第二专业抢险队队员一方面参与抢险操作，另一方面担当起技术指导，起到"帮、学、带"的作用。今后应注重加强防汛人员抢险技术实战培训，在每年防汛培训中，模拟抢险现场，通过对险情现场勘查，研究制订抢护方案，逐步提高基层防汛人员的抢险技术水平，以便在实际抢险工作中发挥技术骨干的作用。

（6）抢险机械设备与传统埽工有机结合是今后工程抢险的发展方向。

桃园控导工程抢险中利用了传统埽工，捆抛柳石枕和抛铅丝笼的方法做好埽底，然后利用翻斗车把部分石料卸到坝面上或埽体上，辅助于人工抢护。这种做法的优点是：抢险速度快，效率高，抢险效果明显，能为险情最终抢护成功赢得宝贵的时间。但该方法对场地要求高，场地必须能够满足机械设备展开进行。

（7）职责清晰、分工明确是抢险的组织保证。

桃园控导工程险情抢护期间阴雨连绵，在抢险现场，参加抢险人员多，运料车辆多，抢险场地小，为了保证抢险工作正常有序开展和抢险人员及设备的安全，抢险指挥部根据实际情况对参加与抢险人员进行认真分工。抢险实行统一指挥，部分专业抢险队队员负责技术指导，指导部分解放军和基干民兵编抛铅丝笼；剩余专业抢险队队员和一部分解放军、基

干民兵一块捆抛柳石枕;其余的基干民兵、解放军和当地群众负责抢运抢险料物;司机负责照明和安全警示;乡镇干部负责组织饮食供应。明确了各自的职责,忙而不乱,为本次抢险工作提供了完善的组织保证。

(8)规划好工程坝面,留有足够的场地是抢险工作的空间需求。

在本次抢险中,车辆多、人员多,道路不畅顺,抢险场地狭小,直接影响了抢险料物运送和抢险机械设备的工作效率。建议在以后工程建设管理中,合理安排摆放防汛石料便于抢险,充分考虑工程道路在雨季抢险应方便交通,最好道路硬化,循环交通。另外,在工程规划建设时,就同步规划工程联坝坝面用碎石硬化,作为抢险路面,这样既有利于工程管理,又能保证抢险车辆畅通,克服了因道路泥泞难行出现的车辆抛锚、塞车等现象,能确保抢险的时效性。

(9)做好饮食卫生安全是抢险工作重要的后勤保障。

黄河上的抢险多为汛期,抢险的时候人员多,饮食需求量大。大多正值夏季,天气炎热,食品的运输、保存难以达到最佳效果,如果处理不当,易出现食物变质,甚至食物中毒。因此,做好后勤保障,保证食品、饮用水的卫生和数量需求,确保各级领导和参战队员饮食安全卫生,使其保持充沛体力,是抢险工作重要的后勤保障。

(10)搞好安全供电是抢险的必备条件。

桃园控导工程远离城区,沿河没有抢险专用线路,无论是机械用电,还是夜间持续抢险照明用电,都依靠第二机动抢险队配置的发电机组供应;同时,抢险中的用电线路过长、接头多,再加上抢险中的各单位人员、人机混杂,如不对抢险用电线路进行认真管理,易出现漏电伤人事故。因此,今后抢险中的用电线路应进行架高供电,并派专业电工管理,对关键接口及重要部位要设立标识牌及警告牌;配足配全供电照明设备,汛前做好检修,以不误抢险急需。

(11)始终保持工程的抗洪强度是预防各类险情的根本举措。

积极争取国家资金,加大黄河工程投资力度,搞好工程维修养护和除险加固,提高工程建设标准,保证工程抗洪强度,从而减少工程出险的概率,是赢得抗洪胜利的根本举措。

九、历城区王家梨行险工 1981 年滑塌险情抢护

王家梨行险工位于清光绪二十四年(1898 年)黄河决口堵复处,合龙约在 9#、10# 坝,险工长 2 283 m,共有坝垛护岸 62 道(段)。在新中国成立前,王家梨行险工为散抛石坝,后改为浆砌石挡土墙结构,并在坝岸前抛散石固根。工程位于黄河右岸,济南市东北,距济南 30 余 km。

1981 年 9 月 14 日上午在距 8# 护岸护坡顶部外缘 5.5 m 处,发现岸顶有一条横向裂缝,缝长 25 m,缝宽 8 mm,同时在 8# 护岸上跨角砌石护坡顶部发现两条竖向裂缝,两缝相距 5 m,缝深分别为 2.5 m、1.5 m,宽分别为 10 mm、4 mm,7# 坝下跨角坡面上亦有两条较细裂缝,缝深 2 m,宽 3 ~ 4 mm,当时认为是坝岸加高时回填土质不好所造成的。自出现裂缝至 11 月中旬,黄河泺口站曾发生两次洪峰,裂缝并未发展。11 月 17 日,大河水位降落,裂缝有所发展。至 11 月 21 日横向裂缝延伸至 11# 护岸,缝长达 70 m,9# 护岸最大缝宽达 20 mm,坝岸断裂体顶面下陷 0.18 m,误认为是坝岸墩垫,并于 12 月 13 日组织挖开翻修,顺缝挖槽长 70 m,深 2.5 m,上口宽 5 m,底宽 1 m,层土层夯进行回填,12 月 25 日下午填平,当晚,第 8#、9#、11# 三段浆砌石护岸及 10# 坝突然滑动,滑动部位与滑裂面上口相比下错 2 ~ 6 m,外移 1 ~ 3.1 m,滑裂面裸露部分边坡为 1:0.2 ~ 1:0.5,险情甚为严重。

(一)出险原因分析

王家梨行险工出险坝段从发现裂缝到滑动破坏,历时 103 d,属缓滑险情。这次出险发生在晴天枯水期,为历史所罕见。根据测量及钻探资料分析,其出险原因主要是:

(1)坝岸基础坐落在软弱夹层上(钻探出堵口所用老秸料),基础抗剪强度低。

(2)坝高(11 m)坡陡(1:0.35)自重大,河道深泓点靠近坝根,根石走失严重,抗滑稳定性差,经对 8#、9# 坝进行稳定分析,安全系数均小于 1。

(3)背河放淤固堤,长期积水,大河水位回落后,淤区水面比大河水位高 7.8 m,致使坝后土壤饱和,滑动力增加,抗剪强度减弱。

(4)发现裂缝时,工程已处在临界状态,在滑裂面处采用挖槽回填夯实的做法加速了坝岸的整体滑动。

(二)抢护方法

工程出险以后,本着固基、缓坡、减载的原则,在坝岸坡脚处抛散石700 m³,对滑动部位进行加固。随后对出险部位进行了较彻底的改造。土坝基采用黏土修做,将浆砌石护坡改为散抛块石护坡,坡度由1:0.35放缓为1:1.3~1:1.5。

(三)经验教训

(1)王家梨行险工的出险,是汛后晴天小水出大险,为历史少见。这就告诫我们,黄河下游防汛要时刻警惕,常备不懈,不仅要警惕大洪水出大乱子,也要警惕中小洪水垮坝,务必克服麻痹思想,以高度为人民负责的精神,兢兢业业做好工作。

(2)由于河道淤积,堤防不断加培,因此险工坝岸也必须相应地加高改建,这样坝的高度越加越高,陡坡砌石坝的安全稳定问题也越来越突出,应将陡坡砌石坝改为缓坡乱石坝。

(3)王家梨行险情出现的裂缝属滑动性裂缝,应按滑动性裂缝的抢护原则采取相应的处理措施,起初却按处理非滑动性裂缝方法来处理,从而导致发生白天竣工,夜间滑塌的现象。由此,要求我们要加强学习和研究,提高对险情的判别力。

(4)必须认真加强工程管理,对险工坝岸按时进行观测,探摸根石,对大水期不靠溜的次坝也不应例外。要掌握工程变化情况,加强对工程不安全因素的观测工作,以便分析研究,加强预见性,发现问题及时采取措施,把事故消灭在萌芽状态。

十、台前县韩胡同控导工程1996年险情抢护

韩胡同控导(护滩)工程,始建于1970年5月,共有坝垛61道。其中,上延新6#坝修建于1976年12月,新7#、8#、9#三道坝是1995年汛前新修坝(此处上延坝垛自下而上编号),设防标准为防当地流量5 000 m³/s,均属旱工修筑,未经过大水考验,根石基础差。

(一)出险过程

1996年8月5日,黄河花园口出现了1996年第一号洪峰,流量7 600 m³/s,在洪水向下游传播过程中,大溜在韩胡同上延工程9#坝上首的滩地坐弯,造成水位异常壅高。8月12日13时,洪水冲断了工程上首的生

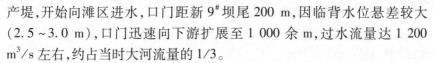

产堤,开始向滩区进水,口门距新 9# 坝尾 200 m,因临背水位悬差较大 (2.5~3.0 m),口门迅速向下游扩展至 1 000 余 m,过水流量达 1 200 m³/s 左右,约占当时大河流量的 1/3。

8 月 12 日 17 时,口门下游断堤头迅速冲塌至新 9# 坝尾,工程后路被抄,该坝即成了 2 股洪水的分水点,腹背受水,坝前坝后同时出险。同时,韩胡同工程新 8#、7#、6# 坝因主流顶冲相继出险。虽经当地军民昼夜奋力抢护,终因大河洪水持续上涨,不利河势不断加剧,造成新 9# 坝于 8 月 13 日 17 时被冲垮。新 8# 坝从 12 日 17 时发生重大险情,14 日 11 时 10 分被冲垮;新 7# 坝联坝以 12 m/h 的速度迅速坍塌后退,联坝埽体及坝尾迎水面猛墩下蛰入水,至 16 日 5 时被冲垮;新 6# 坝于 12 日 19 时发生重大险情,至 16 日 5 时,新 6# 坝除仅剩坝头坝基 9 m 长外,其余全部被冲毁,而且新 6#、5# 联坝被洪水冲塌 31 m 长,新 5# 坝岌岌可危,经全力抢险,才保未垮。

(二)出险原因

(1)工程所处河段主流一直上提,在工程上首坐弯,河势走向与工程联坝构成 60° 左右的夹角,弯度较陡,造成大溜顶冲新 9#~6# 坝。

(2)坝基土为沙质土,且新 9#~7# 坝为新修旱坝,缺少根基,首次接受洪水考验,必然会出险情。

(三)抢护措施及效果

险情发生后,国家防汛抗旱总指挥部、黄河防汛抗旱总指挥部对此险情非常重视,要求迅速组织人力、物力,采取有效措施予以抢护,尽一切力量保证韩胡同工程险情不再向下发展。黄河防汛抗旱总指挥部派出的专家组现场指导,河南省黄河河务局增调水上机动抢险队 80 t 自动驳船一艘、运输车 11 辆参加抢险工作,市、县两级防汛抗旱指挥部主要领导亲临一线指挥,迅速组织人员全力抢护。采用先抛枕护胎,接着抛笼护根,再抛石加固的抢护方法,奋力抢险,直至 8 月 19 日 15 时以后,工程险情才基本稳定。为了遏制险情进一步恶化,保住新 5# 坝,从新 5# 坝迎水面到新 6# 坝残存坝头抢修了一道长 30 m,顶宽 2.5 m,高 8 m(水下 7 m,出水 1 m)的护岸工程,从 21 日 13 时开始抢修新 6# 坝,以便对新 5# 坝的安全起到保护作用。截至 21 日 20 时,新 6# 坝原坝基已抢护长 10 m,出水 1 m。26 日又对新 6#、新 5# 联坝进行抛柳石枕和抛铅丝笼裹护、加固。

该工程抢险和加固根石 9 道坝共 135 次,用石 11 848 m³,麻料 10 333 kg,铅丝 26 420 kg,柳料 76.7 万 kg,木桩 1 148 根,土方 8 730 m³,用工 8 263 个,耗资 252.5 万元。

(四)经验教训

韩胡同控导工程接连发生垮坝三道,毁坝一道的险情,是"96·8"洪水时河道整治工程最为严重的一次险情。在抢护过程中有关单位虽然作了很大的努力,但损失仍然惨重,教训深刻。

(1)必须随时掌握河势变化情况,加强工程观测,及时掌握根石走失情况,方能对症下药,化险为夷。由于 20 世纪 90 年代以来黄河枯水断流加剧,韩胡同工程河势一直上提,1996 年 8 月 5 日花园口站发生一号洪峰时,新 2# 坝至新 9# 坝一直受大溜顶冲,且河势上提进一步加重,因工程观测手段落后,不能及时掌握根石走失情况,使抢险工作处于被动状态。

(2)生产堤的存在是导致工程出险的主要因素。生产堤减小了滩区上水概率,加剧了槽高滩低堤根凹的二级悬河局面,一旦被洪水冲断,因临背水位悬差较大,口门过流迅速增大,占当时大河流量的 1/3 左右,致使工程腹背受水,生产堤口门扩至工程后,工程腹背受水,水流流速大冲刷力强,各坝相继出险,抢险战线长,且通往工程的防汛道路被淹没,致使人员、料物无法运往工地。从工地现场情况看,石料虽然够用,但柳料不足,取土也较为困难,抢险条件差。

(3)防汛指挥及抢险人员缺乏抢险经验,也是造成险情扩大的一个重要原因。发现险情初期,没有充分认识到新修工程险情具有突发性、发展快、难抢护的特点,仅抛少量散石无法控制险情。没有针对坝基土质较差、险情发展较快的情况,大量、快速抛投料物加深加固基础,并迅速采取搂厢或推柳石枕抢护。

十一、垦利宁海控导工程 2005 年险情抢护

宁海控导工程,上距宋庄控导工程 4 km(滩地桩号 126 + 836 ~ 127 + 750),工程长度 1 190 m,护砌长度 1 050 m,现有坝岸 13 段,其中垛 12 段,岸 1 段,均为乱石结构。

该工程始建于 1957 年,当年修建柳石堆 4 段,1985 年上接了 3 段坝,1994 年上延了 1 段坝。由于上首滩岸继续坍塌,1999 年又上延接长 2 段

坝,2002 年在工程上首新建了 3 个坝垛。

(一)出险过程

2005 年 8 月 27 日 10 时,宁海控导工程新 1# 坝因受回溜长时间冲刷,出现根石严重走失险情,出险长度 18.5 m,缺石断面积 10.47 m²,查险队员立即向垦利县河务局报告,接到险情报告后,垦利县河务局迅速组织黄河抢险队进行抢护,并加强对工程的观测。至 9 月 1 日 9 时,新 2#、新 3#、老 1#、老 1# ~ 新 1# 坝坝挡、新 1# ~ 新 2# 联坝均出现了不同的险情,据勘测,新 2# 坝根石走失长 18 m,平均深度 3.5 m;新 3# 坝根石走失长 11 m,平均深度 3.7 m;老 1# ~ 新 1# 坝坝挡出现墩蛰长 30 m,平均深度 6.2 m;新 1# ~ 新 2# 坝连坝坍塌长 20 m,平均深度 6 m;老 3# 坝根石走失长 43 m,平均深 49 m;坝挡坍塌处已塌至连坝坝肩,连坝路行道林树株已坠入河中。

(二)出险原因

(1)坝岸工程薄弱,根基浅。本次出险坝垛修建时间为 1957 年、1985 年,均为柳石堆改建的乱石坝,工程标准低,断面单薄,修建时根石基础浅,达不到冲刷坑深度,由于坝岸长时间受主溜冲刷,当冲刷坑达到一定尺度时,附近悬石或根石补充到冲刷体内,造成坝岸根石走失、坦石坍塌等险情。

(2)河床地质条件影响。工程河床地质属黄河近现代冲积地貌,淤积层呈现层淤层沙结构,该结构地质条件承受水流的冲刷能力不同,淤(黏)土层抗冲刷能力强,而沙土层冲刷能力弱,因此同一部位河床,沙土层部分被冲刷掉,而此时可能悬空的淤(黏)土层仍起着稳定坝体的作用,当淤(黏)土层达到极限受力作用时,造成坝岸基础突然坍塌,形成坝岸墩蛰等险情。

(3)工程布局不合理,个别坝突出。宁海控导工程老 12 坝修建于 1957 年,该坝突出河中,中小水一直靠主溜,2005 年调水调沙结束后河道一直保持小水状态,老 1# 坝上游老 1# ~ 新 1#、新 1# ~ 新 2#、新 2# ~ 新 3# 坝挡形成大回溜淘刷坝挡,造成坝岸根石走失及坦石蛰。

(4)调水调沙前后河水含沙量变化大,形成小流量低含沙水流冲刷河床。2005 年调水调沙自 6 月 15 日开始,至 7 月 5 日结束,在此期间利津断面最大流量 3 090 m³/s,最小流量 1 160 m³/s,最大含沙量 23.2

kg/m³,最小含沙量 9.64 kg/m³,平均含沙量 15.3 kg/m³。调水调沙后 7 月 21 日至 8 月 27 日工程出险,利津站最大流量 1 260 m³/s,最小流量 493 m³/s,最大含沙量 8.9 kg/m³,最小含沙量 1.4 kg/m³,平均含沙量 3.6 kg/m³。调水调沙后河水含沙量骤然变化,从 15.3 kg/m³ 降为 3.6 kg/m³,而且长时间保持低含沙量运行状态,形成小流量,低含沙河水冲刷河床,造成工程坝岸出现根石走失及坦石墩蛰等险情。

(三)抢护措施及效果

宁海控导工程险情发生后,垦利县河务局成立以分管局长为指挥,防办、工务、河务段负责人为成员的抢险现场指挥部,及时赶赴现场查勘险情,按照边抢护、边报告的原则,组织第七机动抢险队,沿黄民兵抢险队和基干班 90 余人,4 部自卸汽车、2 部装载机、1 部挖掘机进行抢险。根据出险情况,按照先重后轻、先上后下的原则,制订了切实可行的施工方案。对老 1#、新 1# ~ 新 3# 坝根石走失险情,采用了抛柳石枕及铅丝笼固根,再散抛乱石固根还坡的方案,铅丝笼及柳石枕采用人工捆装抛投,石料采用大型运输车辆调运,散抛乱石采用装载机装车,自卸汽车运输直接抛投,未抛投到位的人工排捡到位。对坦塌墩蛰严重的老 1# ~ 新 1# 坝挡,新 1# ~ 新 2# 联坝采用下抛柳石枕固根,上压铅丝笼或土袋笼,在抛乱石或土袋还坡的抢护方案,经过全体抢险指战员连续 4 d 的奋力抢护,险情得到控制,工程转危为安。

(四)经验教训

(1)工程布局不合理,坝垛突出。新 1# 坝位于工程中间位置,型式为仅有的护岸,起不到挑溜迎溜作用,造成下首老 1# 坝向河道突出,致使形成大回溜冲刷上首坝垛,新 1# ~ 新 3# 坝及两处坝挡连续出险。

(2)根石基础薄弱。出险坝垛建设年代久远,工程断面薄弱,根石基础浅,达不到冲刷深度,所以频繁出险。

(3)备防石料不足。按照石料储备定额,宁海控导工程应储备备防石 4 394 m³,汛前实存 1 714 m³,缺额 2 680 m³,出险期间石料不足,大部分坝垛均为空白坝,不得不到其他工程调运。

十二、开封黑岗口险工坍塌抢险

黑岗口险工位于河南省开封市北郊,黄河右岸大堤桩号 74 + 000 ~

79 + 795 处,距开封市 18 km。该工程始建于 1737 年,是在多次决口堵复后的围堤基础上加修成的。工程平面型式突出,分上下两段。上段有坝垛 19 座,护岸 2 段,基础较浅,新中国成立后仅 20 世纪 60 年代靠溜,未抢过大险。下段有坝垛 34 座,护岸 29 段,经常靠溜,基础较深,主坝根石深 12 ~ 18 m。

该险工处在游荡性河段,临背悬差大,平均河床高出开封市地面 11 m。明崇祯九年(1636 年)、十五年(1642 年),清乾隆二十六年(1761 年)三次在此决口,造成大灾,特别是 1642 年 9 月 15 日决口朱家寨,直冲开封城,当时开封城内有 37 万人,淹死了 34 万人。

(一)出险过程

1982 年 8 月 2 日 19 时,花园口站出现流量为 15 300 m^3/s 的洪峰,流量为 10 000 m^3/s 以上的洪水持续了 52 h。由于河床连年淤高,花园口至台前县孙口间水位普遍高于 1958 年(1958 年 7 月 17 日花园口洪峰流量达 22 300 m^3/s)洪水水位,一般高 1 m,开封黑岗口、菏泽苏泗庄上下局部河段高达 2 m 左右。

在大河流量回落过程中,主溜在黑岗口险工对岸大张庄一带滩地坐弯,主流折向东南,出现"斜河",顶冲黑岗口险工。8 月 7 ~ 9 日,花园口洪峰流量回落到 2 660 ~ 4 820 m^3/s,因受溜冲刷,20$^#$ ~ 26$^#$ 坝垛 7 段工程坦石普遍坍塌下蛰,坍塌宽度 1.5 ~ 2.0 m,高度 2.0 ~ 4.5 m,7 段工程坍塌长度 270 m,占坦石围长的 91.2%,8 月 9 日 19 时,25$^#$ 护岸中下段坦石长 39 m 和 26$^#$ 垛迎水面坦石长 11 m,受大回溜淘刷,有 20 m 长在水面以上高 7.0 m,顶宽 1.5 m,整体滑塌平墩入水 0.6 ~ 0.8 m,8 月 10 日 17 时,23$^#$ 护岸下半段 30 m 长的坦石又出现整体滑塌入水的严重险情,使 7 m 高的土坝胎暴露在洪水之中。黑岗口险工见图 7-25。

(二)出险原因

(1)斜河顶冲,根石深度不够。由于出险坝垛的位置,处于黑岗口 14$^#$ ~ 31$^#$ 坝,1$^#$ ~ 14$^#$ 坝平面型式凸出,当工程上部靠溜时,经 18$^#$ 坝挑溜外移,18$^#$ 坝以下各坝靠溜较轻,因而没有出过大险,根石用量很少,深度不足,垛的根石深度为 10.0 ~ 12.9 m,护岸为 5.4 ~ 8.9 m。1982 年 8 月 2 日第二次洪峰后,受新淤嫩滩影响,形成斜河,直冲黑岗口险工 20$^#$ ~ 26$^#$ 垛。出险时流量 2 660 ~ 3 450 m^3/s,工程前主流河宽仅 200 m,水流

集中，冲刷剧烈。8月14日实测垛岸前水深8~12 m，超过护岸的根石深度。

（2）坦石位置太靠前。1981年坦石加高帮宽时，是在旱滩上施工，滩面高程大致与原根石台相平，帮宽部分不仅把原根石台包在坦石内，而且坦脚向外伸进3 m，当靠溜后，坦脚

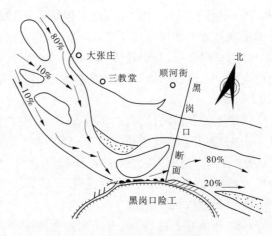

图7-25 黑岗口险工示意图

下滩地淘刷，失去支撑，势必造成坦脚坍塌下蛰。坦石厚度及体积过大，增加了坦石体向下的滑动力，随着坝前冲刷坑增深，使根石体内阻滑力减小。当滑动力大于阻滑力时，坝体失去稳定，因而产生严重滑塌入水。

（三）抢险措施

8月9日9时，24#、26#两垛大溜顶冲，溜势比较严重，立即组织黄河工程队和民工共100余人开始抛笼、抛石抢险加固，至9日19时，正在抢护24#、25#垛过程中，25#护岸中、下段和26#垛迎水面，受大回溜的淘刷，50 m长的坦石全部平墩入水。当时天降暴雨，天黑路滑，运送料物困难重重。开封市河务局马上架设照明设备，组织200余人突击抛石，同时砍运10万kg柳枝。至8月10日共组织军民抢险队伍2 200人，紧急抢护1 d，完成了大部分工程。在8月10日抢险中，23#护岸下半段30 m长坦石于17时又平墩下滑入水，险情和25#护岸相同，坦石下蛰后与水面平，仍采取突击抛石抢护。

从8月9~11日抢险中，各垛以抛笼为主，护岸以抛石为主，并随时揭拨坦石，以减轻水上坦石压力，有利于减缓减轻险情的发生。8月11日后采用以抛笼为主，抛石为辅的抢险方案：

（1）重点部位（坝、垛的迎水面、上跨角）抛两排笼，一般部位（坝、垛背水面、护岸中部）抛一排笼，次要部位（护岸两头）抛散石。

（2）适当退坦石脚，修出根石台。根石顶出水1.0~1.2 m，根石顶宽

1. 5 ~ 1. 8 m。

这次抢险历时 13 d,抢险加固工程围长 501 m,抛笼 1 084 个(体积 3 224 m³),抛石3 308 m³,共用石料 6 552 m³,铅丝 17 988 kg,人工 5 367 个工日。

(四)经验教训

(1)改建坝垛时,要坚持退坦加高。坝岸根石经过多年抢护,已有一定基础,在加高改建时,坦石不能前进在原根石台上,更不能把原根石台包在新修坦石以内,如根石台顶宽不足,可采取退坦办法,留足根石台的顶宽,再行加高。

(2)坦石厚度不宜过大。坝岸的根石,主要是抵御水流的淘刷,需要有足够的深度和宽度。坝岸的坦石,是用以保护坝基土胎,防御水面的冲刷和风浪的袭击,因而坦石厚度不宜过大,否则不仅浪费石料,而且增加坝岸的不稳定性。

(3)次要坝岸的防护不能轻视。每当坝岸靠河时,要及时探摸根石,了解坝前水深及根石变化状况,不论主坝或次坝,根石坡度过陡,坝前水深超过根石深度时,都要及时增抛根石,防止在基础薄弱的坝岸发生突然的险情。

(4)加固工程要多抛铅丝笼。在宽河道中,易出现"横河"、"斜河",溜势多变,工程均有被大溜顶冲的可能。根据试验和计算资料来看,石块小于 70 kg 都能被大溜冲刷走失,现在备的石料大多块小,因此必须注意适当多抛石笼,尤其是根石的外层。石笼一般以 1 ~ 2 m³ 为宜,抛笼同时应结合抛石,对水上根石坡和顶,尽量用大石较好。对坦石部位,一般以乱石坦或乱石排垒,坡度以 1:1 ~ 1:1.3 为宜。

十三、2003 年原阳大张庄控导工程 11#坝重大险情

大张庄控导工程位于原阳县陡门乡徐庄至大张庄村南,始建于 1958 年 5 月,原为护滩保村工程,1969 年始纳入河道整治规划作为节点工程运用,其主要作用是上迎韦滩工程之来溜,送溜至黑岗口险工。该工程共有丁坝 15 道,垛 7 座,工程全长 3 601 m,坝顶高程 85.55 m(大沽、下同)。其中,9#坝、10#坝为拐头坝,其直线段长 100 m,拐头长 30 m,坝挡距 150 m。其余为圆头坝,坝长 100 m,坝挡距 120 m。11#坝出险前根石

平均深度 11 m,坡度 1∶1.3,工程地基为层淤层沙的格子底。

(一)河势工情

1.河势

历史上大张庄河段河势极不稳定,河势流路大致有三条:一是九堡着河,挑溜入黑石弯,撇开大张庄,走红旗闸前折转柳园口以下入张军楼弯;二是河出赵口托溜至张毛庵坐弯,绕过九堡,顶冲太平店弯,折向大张庄前,导溜黑岗口以下至柳园口险工;三是河走中泓,九堡以下至仁村堤,呈现一大漫弯,黑石、黑岗口、柳园口均靠河。由于该河段历史流路复杂,"横河""斜河"出现次数多,导致大张庄工程在修建过程中,曾多次调整兴废。工程建成后,1993 年以前靠河较好,近年来,整个工程靠河不好,甚至长期脱河,2002 年调水调沙后工程再次靠河。2003 年 8 月 31 日,洪水到来后,整个工程靠河情况较好。河势流路为:武庄—赵口下首—毛庵下首 30# 坝—九堡下首—三官庙下首—仁村堤滩岸—大张庄,由于武庄—三官庙河段河道工程未能有效控制河势,一湾变,湾湾变,河道主溜在滑过三官庙工程后,坐弯于仁村堤前滩岸,经滩岸导溜后,在大张庄工程前形成"斜河","斜河"直接顶冲 11# 坝。11# 坝出险时,河面宽仅有 200 m,10# ~ 15# 坝、2# ~ 7# 垛靠大溜,2# ~ 4# 坝靠漫水。

2.水情

小浪底水库运用后下泄清水,冲刷河槽,极易发生工程根石走失。"03·8"洪水期间,小浪底水库持续下泄 2 500 m³/s 左右含沙量较小的洪水达 80 d,原阳段河槽下切 1 m 左右。10 月 8 日 12 时,花园口流量 2 450 m³/s,大张庄工程水位 83.00 m。

3.工情

11# 坝修建于 1983 年 11 月,工程结构为传统的柳石结构,坦石为散抛石,自工程修建以来,11# 坝于 1984 年、1988 年、1992 年、1993 年分别出现过险情,但未出过大险,抢险共用石料 1 444 m³,柳料 53.3 万 kg,铅丝 1 090 kg。从历史抢险用料看,11# 坝根石基础较浅。

4.险情

10 月 8 日 9 时,11# 坝迎水面 0 + 060 ~ 0 + 080 部位因受"斜河"大溜顶冲发生坦石下蛰一般险情,之后,险情迅速扩大,14 时该坝迎水面 0 + 045 至坝前头长 55 m 范围内发生坦石大部分入水、土胎后溃的重大险

情。重大险情发生时,坝前水深 6 m,出险尺寸为长 55 m、均宽 2.5 m、高
8.5 m、体积 1 169 m³。分析出险原因为:大溜顶冲时间较长,根石基础较
浅,地基为层淤层沙的格子底,出险前坝顶征兆不明显,一旦发生险情,多
为墩蛰重大险情。在险情抢护期间,11#坝累计出现埽体下蛰入水、坦石
下蛰等 29 次险情,出险总体积累计达 10 887 m³。

(二)险情抢护

1. 行政首长指挥决策

重大险情发生后,省、市、县防汛抗旱指挥部对 11#坝险情高度重视,
抢护技术指导组到现场进行技术指导。县防汛抗旱指挥部成立了由县长
任指挥长的大张庄 11#坝重大险情抢险指挥部,下设料物、电力、通信、交
通、后勤、技术 6 个职能组。经过分析河势险情制订了搂厢护胎、推枕护
脚、推笼固根、抛石还坦的抢护方案,并立即作出如下部署:一是调 1 250
名群众抢险队员参加抢险;二是要求乡(镇)送柳料 50 万 kg,在 24 h 内由
乡长带队送抢险工地;三是调 43 名干警在各交通路口和现场维持秩序;
四是责令县公路局 48 h 内抢修工程联坝碎石路面 2 800 m,以确保降雨
期间抢险车辆通行。为尽快控制险情发展,省防指黄河防办紧急调动所
属新乡、焦作等 6 支专业机动抢险队 91 名队员,自卸车、挖掘机、装载机
等大型抢险设备 29 部参加抢险会战,同时,调用多功能抛石机 1 部用于
向水深溜急部位抛投铅丝笼。

2. 工程抢险过程

在重大险情抢护过程中,初期的抢护工作由于柳料供应不足,抢险指
挥部充分发挥了大型抢险设备抛投石料强度大的优势,采用了以抛散石
为主的抢护方法,到 8 日 23 点,抢险用石 1 500 m³ 左右,从外表看重大险
情已得到控制,迎水面散石护坡基本恢复,在准备推铅丝笼固根的时候,
意外发生了,已经基本恢复的 50 多 m 长坦坡在几分钟内突然滑塌入水,
入水深达 11 m,此时大溜仍然顶冲出险部位,且坝身土胎后溃加速,在短
短的 2 h 内出险严重的部位坝身仅剩下 5 m 宽,此时坝前水深为 13 m,工
程随时都存在跑坝的危险。险情的骤然恶化,使几名靠近出险部位抢险
的队员差点落入水中,在场的抢险队员和专家都大吃一惊。分析原因是:
根石底部处于层淤层沙的淤层之上,而墩蛰险情坝胎迎水面很陡,坡度接
近 1:0,新的石料抢护体还未能与土胎进行结合,受大溜顶冲淘底后,在

自重作用下,滑入坝前冲刷坑内,在惯性力的作用下,甚至滑得较远。抢险指挥部根据已恶化的险情,经过认真研究,将抢护方案修订为利用大型抢险机械与人工有机配合,搂厢护胎、推枕护根、推笼固脚、抛石还坦。具体做法为:先固定船,打顶桩,铺放底钩绳,每间隔1m铺1根,并用练子绳连结,练子绳间隔1m,而后开始搂厢。底坯埽面上每间隔2.0m打一个羊角家伙桩;第二坯至第五坯在埽面上用连环棋盘家伙桩;第六坯在埽面上用连环五指家伙桩;第七坯在埽面上用连环三星家伙桩;第八坯即最上面一坯每间隔2m用一个鸡爪家伙桩。埽体最上面一坯出水1m,埽体每坯高1.5m,长55m,均宽2.5m。厢体搂好后,在厢外面推一排柳石枕,柳石枕的尺寸为直径1m,长10m,推柳石枕出水1m。柳石枕外每间隔4m推一笼墩,每个铅丝笼的体积2.0 m³,铅丝笼推出水面为止。抛铅丝笼采用人工装笼与装载机抛笼相结合的方法,而后,利用装载机或挖掘机配合自卸车抛石还坦和运土恢复坝面。修订后的方案,抢险效果非常好,经过全体参战人员连续5昼夜的紧张抢护,10月13日险情得到初步控制,16日15时11坝重大险情抢护工作胜利结束。

(三)经验与体会

(1)落实行政首长负责制是抢护重大险情的关键。

在大张庄11#坝重大险情抢护工作中,启示是:全面贯彻落实行政首长负责制、各部门分工责任制和黄河防洪工程抢险责任制是确保重大险情抢护的重要举措;成立重大险情抢险指挥部是贯穿险情抢护工作自始至终的前提条件;依靠地方政府,认真落实防洪工程抢险责任制是快速遏制险情发展、转危为安的关键。

在大张庄11#坝重大险情抢护过程中,行政首长(县长)坐镇指挥,有关部门进行了责任分工,实行统一指挥调度,上下一盘棋,责任落实具体到位。县、乡防指领导及成员单位按照责任分工,各司其职、各负其责,保证了人员、料物、机械及时到位,为抗洪抢险争取了主动,赢得了时间。

(2)充分发挥专业部门的技术骨干和参谋助手作用。

省、市、县河务局领导及专业技术人员在险情抢护过程中,负责对险情现场勘查,研究制订抢护方案,及时为县防指搞好信息反馈,抽调抢险技术精湛人员作技术指导,发挥了业务部门骨干和参谋助手作用。在险情抢护期间,省、市河务局分别派抢险专家现场指导,县河务局抽调50名

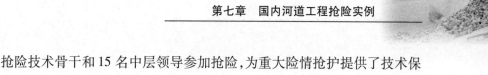

抢险技术骨干和15名中层领导参加抢险，为重大险情抢护提供了技术保证。

（3）完善的抢险预案是保证抢险工作顺利开展的前提。

凡事预则立，不预则废。充分做好汛前准备，进一步修订完善防洪工程抢险预案是夺取抗洪抢险胜利的可靠保障。2003年10月8日大张庄11#坝出险后，县黄河防办立即启动汛前编制的大张庄控导工程抢险预案，按重大险情的抢险方法、人力、物力及保障措施进行运作，从工程查险、报险和抢险过程中突出了一个"快"字，做到了险情发现快、报告快、抢护快，能够抓住有利时机，及时控制险情发展，并快速进行恢复，充分体现了抢早、抢小的科学性和重要性。

从大张庄11#坝重大险情预案的落实情况看，体会有：一是防洪预案全面具体，可操作性强；二是全面落实了行政首长负责制，分工明确，责任具体；三是汛前防汛队伍、料物、技术、思想宣传等工作扎实有效。事物都是一分为二的，虽然所编制的防洪预案在本次重大险情抢护过程中起到了不可替代的作用，但由于黄河出现了多年不遇的复杂汛情，洪水持续时间长，工程出险多，天气阴雨多变，给防汛抢险带来诸多不便。认为，所编制的预案通过中、长洪水的运作，还有一定的差异，主要体现在洪水分析上，对长历时中、小洪水可能给工程造成的多种险情、较大或重大险情预估和后勤保障方面有待进一步完善。

（4）大型抢险机械设备与传统埽工有机结合是今后工程抢险的发展方向。

在大张庄11#坝重大险情抢护初期，抢险中所用石料全部由装载机、挖掘机装车，自卸车运输，并由自卸车直接卸入险情发生点，虽然速度快、效率高，但由于卸石料的时候，石料下落时冲击力大，反而不利于险情的巩固，有时还会加大险情。县河务局技术人员现场分析后，马上制订出了先用传统埽工做好埽底，然后自卸车把石料卸到坝面上，由挖掘机向河中抛石加固的方案。这样做的优点是，石料下落时冲击力小，速度快，抢险效果明显。实践证明：机械化抢险适用于根石加固、抛石还坦、抛笼、调料等，对土胎已外露的险情要视具体情况，慎重使用，一般应先用埽体护胎而后再用机械化抛笼、抛石，同时机械化抢险首先对场地要求高，场地必需能够满足机械设备的展开进行。大型抢险机械设备与人工有机配合，

互相取长补短,对险情抢护速度快、效果好,应大力推广。

(5)工程联坝作为抢险道路组成部分应全部硬化。

大张庄11#坝险情抢护期间阴雨连绵,抢险又以机械为主,车辆多、道路泥泞难行,直接影响了抢险料物运送和大型机械化抢险设备的工作效率。指挥部根据现场实际情况责令县公路局组织30多部运料车和修路机械,将2 800 m长的工程联坝抢修为碎石路面,克服了因道路泥泞难行出现的车辆抛锚、塞车等现象,确保了抢险料物运输畅通。但是,工程出险后修路,对险情抢护仍有一定影响,应在工程修建时就同步硬化联坝,这样既有利于工程管理,又能保证抢险车辆畅通。

(6)抢险期间应做好饮食安全工作。

黄河上的抢险多为汛期,抢险的时候人员多,食品需求量大。由于天气炎热,食品的运输、保存难以达到最佳效果,如果处理不当,易出现食物变质,甚至食物中毒。因此,每次抢险应配生活车1~2部、冰柜1台,对后勤供给人员严格要求,食品最好是当天吃当天购买,肉食类最好不过夜,对购进的所有食品严把卫生关,以保证食品的卫生。

(7)抢险中应做好安全用电。

抢险中的用电线路过长,接口多,再加上抢险中的各单位人员混杂,如不对抢险用电线路进行认真管理,易出现漏电伤人事故。因此,应对抢险中的用电线路进行架高,并派专业电工管理,对某些接口及重要部位要设立标识牌及警告牌。

第二节　其他江河河道工程抢险

一、长江干流扬中段嘶马弯道冲刷抢险

嘶马弯道位于江苏省江都市扬中段左汊的上段,是典型的弯曲分汊型河道。整个弯道处于松散的河流冲积物沉淀而成的冲积平原上,受弯道上侧五峰山节点控制和马鞍矶到五峰山4 km多导流岸壁影响,长江主流进入弯道后直冲北岸,长江岸线从三江营到江泰交界14 km的弯道全部受冲,深泓逼岸,崩坍迭起,成为长江中下游最严重的坍段之一。

1970年,嘶马镇集镇南侧坍塌后,江都市开始对嘶马弯道护岸进行

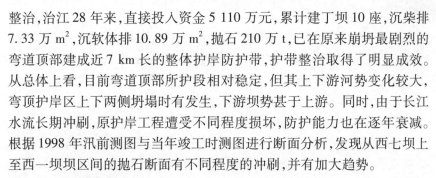

整治,治江 28 年来,直接投入资金 5 110 万元,累计建丁坝 10 座,沉柴排 7.33 万 m²,沉软体排 10.89 万 m²,抛石 210 万 t,已在原来崩坍最剧烈的 弯道顶部建成近 7 km 长的整体护岸防护带,护带整治取得了明显成效。 从总体上看,目前弯道顶部所护段相对稳定,但其上下游河势变化较大, 弯顶护岸区上下两侧坍塌时有发生,下游坝势甚于上游。同时,由于长江 水流长期冲刷,原护岸工程遭受不同程度损坏,防护能力也在逐年衰减。 根据 1998 年汛前测图与当年竣工时测图进行断面分析,发现从西七坝上 至西一坝坝区间的抛石断面有不同程度的冲刷,并有加大趋势。

(一)工程险情

1998 年,长江发生继 1954 年之后的又一次全流域型大洪水,水位 高,流量大,持续时间长,长江河势变化较大。江都市在加大节点工程实 施力度的同时,增加了对整个弯道河势的监测力度,特别是河势变化较大 的重点段,每 5 d 测量一次,避免突发性大崩坍的发生。

8 月中下旬,长江高水位、大流量已持续 50 多 d,流量一直维持在 70 000 m³/s 以上,水位也在警戒水位以上。根据 8 月 20 日水下测图与 1995 年同期比较显示,嘶马弯道西一坝至西二坝间已做工程外侧边缘河 势变化较大,−15 m 等深线普遍里进,特别是原来 −17 m 的水下平台已 受冲刷消失。8 月 25 日下午,再次对该段组织测量,结果显示,该段的险 情已呈恶化趋势。在这 5 d 时间内,整个坝区间普遍里进,外侧深泓从 −45 m 线至 −20 m 线普遍里进 20 m,最大里进 30 m,继续侵削原有水下 平台;近岸河床从 −15 m 线至 −5 m 线普遍里进 15 m,最大里进 20 m,河 床普遍冲深 3～5 m,最大冲深达 8 m,已严重毁坏原做抛石工程。

如险情恶化可能酿成坍灾,势必使过去 20 多年大量投入积累的工程 基础功亏一篑,造成河势的恶化,也势必使 1998 年汛前投入大量资金和 人力建筑的高标准块石护坡的江堤毁于一旦,从而给堤后的嘶马镇乃至 更大范围内的人民生命及财产安全和江平公路线构成直接威胁,更影响 嘶马弯道整个大的河势,后果不堪设想。

(二)抢护措施及效果

为尽最大努力确保河势稳定和堤防安全,经认真研究,确定西一坝至 西二坝间抢险工程方案如下:

(1)先守护江岸线,从 0 m 线抛护至 −15 m 线,抛长 350 m,宽 27 m,

厚0.8 m。

（2）加固西一坝上侧,控制坝上楔入槽突进,从 0 m 线抛护至 -35 m 线,抛长 80 m,内侧宽 80 m,厚 0.8 m;外侧宽 36 m,厚 1.2 m。

（3）加固坝区中部薄弱地段,控制平台外侧等深线继续里进,由近岸抛石带向外延伸抛护至 -30 m 航线,抛长 200 m,宽 45 m,厚 1.0 m。

西一坝至西二坝间抢险计抛块石 36 266 t。

抢险抛石期间,有关部门每天坚持对抛石区域进行水下测量。测量结果显示,外侧深泓等深线里进趋势已逐步得到遏制,到 9 月 15 日,将每天的测图进行分析,河床已基本稳定,大的崩岸险情已经解除,确保了人民群众生命和财产的安全。

（三）经验体会

一是要加大工程投入力度,特别是未做工程的空白段要尽快抢做防护工程。二是要坚持对弯道河势进行定期监测,特别是河势变化较大的重点段,在汛期更要增加测量的频次,以便及早发现险情,及时进行除险加固。三是要加强对已做工程的加固。因多种因素限制,已做工程标准较低,而且近年来长江汛期复杂多变,大流量、高水位年年都发生,已做工程因水流冲刷受到不同程度的损坏,必须及时进行除险加固,避免已稳定的河段河势发生大的变化,造成新的坍塌险情隐患。

二、淮河沙河老门潭险工坍塌抢险

沙河老门潭险工位于河南省沙河右岸商水县张明乡与郝岗乡交界处,桩号自 45 +000 ~ 46 +350,险工长 1 350 m。该险工是沙河由山区向平原过渡河段"豆腐腰"段上的重点险工之一,堤顶高程 58.10 ~ 58.30 m,滩地高程 52.00 ~ 54.50 m,一般河底高程 44.00 m,潭底高程 33.40 m,潭深 10.60 m,堤背水地面高程 49.00 m,保证水位 55.80 m,保证流量 3 000 m³/s。老门潭险工是历史上沙河有名的重点险工。

1982 年受 9 号、11 号台风及江淮切变线连续影响,7 月底至 8 月初,沙颍河上游河、北汝河流域出现了历史上罕见的最大降水过程,7 月 29 日至 8 月 4 日,沙河、北汝河上游山洪暴发,3 日 0 时洪峰到达周口,水位 48.72 m,流量达 2 530 m³/s。沙河第一次洪峰刚过后不久,紧接着 8 月 12 日沙颍河干流及支流北汝河、浬河流域又出现一次较大降雨过程,降

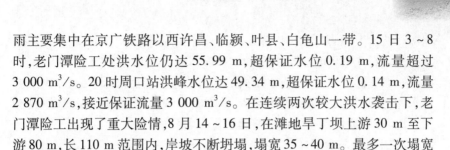

雨主要集中在京广铁路以西许昌、临颍、叶县、白龟山一带。15日3~8时，老门潭险工处洪水位仍达55.99 m，超保证水位0.19 m，流量超过3 000 m³/s。20时周口站洪峰水位达49.34 m，超保证水位0.14 m，流量2 870 m³/s，接近保证流量3 000 m³/s。在连续两次较大洪水袭击下，老门潭险工出现了重大险情，8月14~16日，在滩地旱丁坝上游30 m至下游80 m，长110 m范围内，岸坡不断坍塌，塌宽35~40 m。最多一次塌宽12 m，岸坡坍塌严重险段，滩地宽度仅剩下4~5 m，险情极为严峻。

（一）出险具体原因分析

沙河老门潭险工段河床岩性为河流冲积层，岩性极差，堤顶以下至河底土层依次为粉质壤土、重粉质壤土、轻粉质壤土及粉细砂层，砂层顶面与河底高程相平，为44.00 m，砂层底面高程33.40 m，由于河底无覆盖层，大水时河底极易淘刷冲深。老门潭险工河段流势不顺，流态紊乱，导致险情逐年下移。该险工全长1 350 m，弯道河段呈"秤钩弯"，5号丁坝附近深潭靠岸，弯道下游河口宽不足200 m，对岸有多年汛期洪水淤积至河心的滩舌，形成严重卡水口。洪水期间，险工弯道产生两股水流，一股沿凹岸河槽水流与另一股越过凸岸河心滩舌跌落水流汇合，在惯力作用下，以竖轴漩流淘刷卡水口凹岸底部，漩流直径达10余m，激浪高达2~3 m，波流造成的声响，1 km外可闻。该险工导致深潭逐渐下移，岸坡塌滑，险象丛生。1982年沙河老门潭险工第一次洪峰流量超2 500 m³/s，第二次洪峰流量超3 000 m³/s，平均流速达2.2~2.5 m/s，最大流速均超过3.0 m/s，这样的流速所产生的冲刷破坏力极强，导致河底冲深，护岸基础悬空，进而岸坡坍塌，河势变化，险情加剧恶化。

（二）抢险措施及效果

老门潭出险后，由于采取了综合的抢护措施，才化险为夷，转危为安。8月份，在沙河第一次及第二次洪水期间，旱丁坝坝下岸坡产生坍塌，又随即进行挂柳护岸，一度收到缓溜防冲效果，但底部严重淘刷问题并未得到解决。随着洪水继续上涨，从8月10~15日，55.00 m高水位一直持续了5个昼夜，漩流淘刷岸坡底部腰部，滩地成批崩裂塌入河中。为控制险情继续恶化，从16日起采取抛散石和铅丝笼块石（单个体积0.8 m³）的防护措施。18日上午开始，当地3 000名精壮民工在河南黄河河务局3名老河工的指导下，除继续抛部分散石和铅丝笼块石外，又采取推大体

积柳石枕护坡固脚等抢护措施,经过一昼夜的连续紧张作业,在严重塌岸段共抛块石 3 400 m³,其中直径 0.8~1.5 m、长 10 m 柳石枕 100 余个。由于岸坡底部冲刷严重,露出水面的柳石枕有的突然滑入水中,除少数被洪水冲走外,绝大多数则堆积在塌岸段底部和腰部,起到了固脚护坡作用,从而有效地遏制了险情的继续恶化。

(三)经验与教训

(1)各级领导高度重视防汛工作,是夺取抗洪斗争胜利的关键。

(2)制订度汛抢险措施预案,建立严格的防汛责任制是夺取老门潭抗洪抢险斗争胜利的重要保证。汛前,地、县都拟订了防汛工作方案,第一次洪峰过后,及时研究制订了抢险措施预案,为第二次洪峰老门潭出险后抗洪抢险,做好了充分的抢险思想、组织、料物和措施准备,为夺取抗洪抢险斗争胜利奠定了坚实的基础。汛前,地、县防指成员和防汛责任单位,都按照防汛工作方案要求,层层建立了严格的防汛责任制。

(3)各部门团结协作,密切配合,大力支援是夺取老门潭抗洪抢险斗争胜利的重要条件。8 月 16 日沙河老门潭出险后,河南省防汛指挥部派出的工作组于 17 日 2 时及时赶到抢险工地,河南黄河河务局及时派遣 3 名老河工,日夜兼程赶到险工现场,传授抢险技术,指导战斗。各部门积极运送石料等,有利支援了抢险。

(4)抢护及时,抢险技术措施得当。1982 年沙河两次洪峰期间,针对当时老门潭险工深潭靠岸、水深流急的险情发展变化情况,及时采取了有效相应的综合抢护措施。如第一次洪峰过程产生严重刷岸时,采取挂柳防护;第二次洪峰过程,洪水上涨时继续采取挂柳防护;洪水上滩后产生塌岸时,采取抛散石和铅丝笼块石抢护;随着洪水持续上涨接近保证水位,险情加剧时,就采取以推大体积柳石枕为主,以抛散石和铅丝笼块石为辅的抢护措施进行抢护。实践证明,这些抢护措施都收到了很好的固脚、护坡的效果,有效地减缓了险情的继续恶化,赢得了抢险的主动。

三、辽河十五间房险工塌岸抢险

辽河十五间房险工位于辽宁省铁岭市西南约 8 km、辽河大断面 L189—L188 的右岸。数十年来,辽河主槽在该处相对稳定,使原位于滩地内的铁岭县大青乡十五间房村人民的生产、生活没有受到干扰。1985

年、1986 年的洪水过后,开始了为期 5 年的辽河整治工程。为了确保人民生命和财产的安全,将包括十五间房村的滩地村屯全部动迁出来,当时该地仍不是险段。辽河主槽距堤约 230 m。

(一)雨情、水情及险情

1994 年 6 月 26 日至 8 月 7 日的 40 d 内,铁岭境内平均降雨 450 mm,约占全年降雨量的 70%,而且主要集中在 7 月 12~13 日、8 月 6~7 日两次大的降雨过程中。暴雨致使清、寇、柴、凡河诸河水位猛涨,先后产生了有记载(或设站)以来历史最大洪峰流量。辽河铁岭站 7 月 17 日 23 时出现流量 1 600 m³/s,8 月 8 日 4 时出现洪峰流量 3 110 m³/s,为 1964 年以来最大值。洪水通过铁岭水文站后,在作为河道的自然节点红崖处突然左拐,直冲江河泡、康西楼险工后右转,河势正冲十五间房处辽河堤,在不足 6 d 的时间里河道主槽向右岸推移了 200 余 m,最近处主槽距堤不足 20 m,虽经当地军民的抢护,制止了塌岸的进一步发展,但险情并没有解除。8 月初洪水继续加大,早已漫滩的洪水向辽河堤防前低洼地带汇拢,逐渐形成了近堤河,辽河主流很有可能在此处自然裁弯。一旦裁弯,辽河堤防将无法抢护,直接威胁铁岭县大青乡 9 个村 4 万余亩耕地以及菜牛、阿吉两乡镇的安全。

(二)抢险措施

发动群众,充分利用现有的抢险物资,因势利导,是此次十五间房抢险的指导原则,也是成功的经验。1994 年汛前在分析辽河险工险段时,并没有把十五间房险工列为重点,而仅仅被列为可能出险工段,故仅备百余立方米块石,并在乡水利站储备了部分编织袋和铁丝。险情发生后,市、县防汛指挥部的工程技术人员在现场共同研究认为:洪水流量继续加大,水位提高后,塌岸有向下移的趋势。为此采取险工上半段固滩、下半段微弱挑流的方案。即砍伐了部分护堤林树木和护坡紫穗槐条,编成栅状排体,悬挂草包块石沉入场岸上段河底,达到固滩防塌的效果;下段则定位抛草条块石捆,形成盘头,固岸挑流。8 月 6 日堤前低洼带形成洪流后,由于坑塘相连、地形复杂、水下状况不清、定位困难等具体情况,采取定点防守的方案取得成功,不仅使堤前塌堤没有大的发展,而且由于堤前洪流与主槽洪流在原险段处形成 60°~70°推进夹角,反而使主流逐渐离开险段并下移,堤前形成落淤态势。历时近半个月的抢险胜利结束,在这

次抢险中共耗用七年生长的护堤杨柳树 3 000 余株,5 km 长的堤坡紫穗槐,铁丝 5 t,块石 260 m³,草袋、编织袋 1.8 万条,使用人工约 3 000 工日。

（三）经验教训

十五间房险工,早在出险 3 年前工程技术人员就提出:辽河主槽从红崖—江河泡—康西楼—十五间房是一个连续由 4 个险工组成的大弯道,必须统一考虑、综合治理。但因资金问题未能安排。另外,由于多年来水沙推移,滩唇淤高,在两堤之间形成了 3 条河槽,高水位时形成分流现象。特别是堤前人为的取土使坑塘相连,危险性将更大。如果在主汛期到来之前采取必要的措施,即结合农用爬堤道修筑高洪丁坝(高于洪水位的丁坝)就可以防止险工发展。1994 年洪水过后,在十五间房—红崖间设置 3 座顶坡砌石的高洪土丁坝,不仅在 1995 年使 4 350 m³/s 的洪峰安全通过,而且由于改变了高水位时的洪水流态,使十五间房险工又恢复水毁前形态而脱险。

四、辽河老铺底险工坍塌抢险

辽河老铺底险工位于辽宁省盘锦市辽河右岸老铺底附近,距辽河河口 24.5 km。该处河段受洪水与潮水双向水流影响,中泓偏右,右侧河床脱岸严重,河道弯曲呈 S 形。1994 年汛期右岸淘刷兑进 50 m,河床岸边距大堤脚不足 30 m,汛后,按抢险方案修筑柴排丁坝 8 座,护坡 390 m,形成丁坝护坡相结合的整体护岸工程。

1995 年 7 月 28 日 8 时至 30 日 8 时,辽河流域普降大到暴雨,局部地区降特大暴雨,8 月 5 日 9 时,老铺底流量约为 3 900 m³/s。洪水漫滩绕过护岸工程直逼堤脚。由于洪水与潮水共同作用,至使护岸工程大面积塌陷。

（一）出险原因

老铺底险工河段受洪水、潮水双向水流作用,河床演变显著。特别是大洪水、高潮位同时遭遇,由于洪水与潮水交替冲击新建的护岸工程,使周边及基底泥沙大量被带走,底部淘深近 10 m。当潮水开始消退,洪水与潮水合力作用又使护岸工程大面积塌方毁坏。

该河段为泥沙质河床,抗冲刷能力弱,而老铺底险工又处于凹岸顶部。凹岸险工的形成除河水原生流(即正流)以外,还有次生流(即环流)也起相当大的作用。

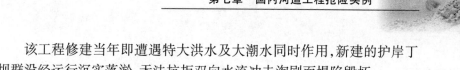

该工程修建当年即遭遇特大洪水及大潮水同时作用,新建的护岸丁坝群没经运行沉实落淤,无法抗拒双向水流冲击淘刷而塌陷毁坏。

(二)抢险措施及效果

1995 年 8 月 5 日 9 时,洪峰到达老铺底河段,水位上涨,洪水绕过护岸直通堤脚。随着潮水回落,护岸丁坝大面积下沉、塌陷,被洪水冲走,情势十分危急。盘锦市防汛指挥部立即组织力量抢险,制订抢险措施如下:

(1)岸边打桩加固,采用直径 25～30 cm 电柱沿岸边排桩。

(2)抛石护岸护堤脚。

(3)在大堤内侧加筑一道顶宽 2 m,边坡 1:2～1:2.5 的土堤为二道防线。

按照上述措施,立即组织 300 人实施打桩方案。但由于水流湍急,电柱没等立直就被水卷起甚至冲走,很难打入河槽,最后只好放弃打桩。随即实施抛石方案,共计抛石 8 000 m³(颗径为 30～40 cm),并编制 2 m 长 8 号铁线石笼 140 个,焊制 $\phi6$ mm 钢筋石笼 30 个压石固岸。

与此同时,又组织出动了 10 台翻斗汽车、2 台挖掘机、4 台推土机和 1 000 名工人,经过一昼夜激战,抢修了一道长 600 m,高 5.7 m 的草袋土坝为二道防线。为确保安全,对新筑土坝采用塑料布护坡。

老铺底险工经过警民联手,油(田)地(方)合力,领导与群众齐心奋战,终于夺取了抢险的成功,避免了盘锦市及辽河油田的重大经济损失,避免了进京公路的被淹中断,其社会效益是无法估量的,避免直接经济损失超 16.5 亿元。

老铺底险工抢险共耗用块石 8 000 m³、土方 2 万 m³、钢材 4 t,抢险材料费合计 38 万元,机车、人工费 20 万元。

(三)经验教训

通过老铺底护岸抢险,认为应该吸取的教训是:

(1)河道整治应按照规划整治线及早安排整治工程,不能等到出了险情后被动整治。

(2)软基河床,特别是受双向水流控制的河段,护岸工程应以护岸护坡为主,如必须设置丁坝部位也应尽可能采用正交短丁坝群配合平顺护岸工程为宜,否则不利河水主流流态。

参 考 文 献

[1] 李希宁. 黄河治理实践与科学研究[M]. 郑州:黄河水利出版社,2006.

[2] 李希宁,等. 黄河基本知识读本[M]. 济南:山东省地图出版社,2010.

[3] 郭维东. 河道整治[M]. 沈阳:东北大学出版社,2003.

[4] 崔承章,熊治平. 治河防洪工程[M]. 北京:中国水利水电出版社,2007.

[5] 熊治平. 江河防洪概论[M]. 武汉:武汉大学出版社,2005.

[6] 刘红宾,李跃伦. 黄河防汛基础知识[M]. 郑州:黄河水利出版社,2001.

[7] 姚乐人. 江河防洪工程[M]. 武汉:武汉水利电力大学出版社,1999.

[8] 水利部黄河水利委员会,黄河防汛总指挥部办公室. 防汛抢险技术[M]. 郑州:
黄河水利出版社,2000.

[9] 徐又建,李希宁,等. 水利工程土工合成材料应用技术[M]. 郑州:黄河水利出
版社,2000.

[10] 胡一三. 河防问答[M]. 郑州:黄河水利出版社,2000.

[11] C. T. 阿尔图宁,И. A. 布佐诺夫. 河道的防护建筑物[M]. 北京:水利出版社,
1957.

[12] 胡一三,等. 黄河高村至陶城铺河段河道整治[M]. 郑州:黄河水利出版社,
2006.

[13] 武汉水利电力学院河流动力学及河道整治教研室. 河道整治[M]. 北京:中国
工业出版社,1965.

[14] 武汉水利电力学院河流泥沙工程学教研室. 河流泥沙工程学[M]. 北京:水利
电力出版社,1983.

[15] 应强,焦志斌. 丁坝水力学[M]. 北京:海洋出版社,2004.

[16] 斯蒂芬森. 堆石工程水力计算[M]. 北京:海洋出版社,1984.

[17] 王礼先. 水土保持工程学[M]. 北京:中国林业出版社,2000.

[18] 姚乐人. 防洪工程[M]. 北京:中国水利水电出版社,1997.

[19] 孙东坡,等. 治河及泥沙工程[M]. 郑州:黄河水利出版社,1999.

[20] 李宝军,等. 铅丝笼沉排坝险情研究[J]. 人民黄河,2008,30(3).

[21] 徐又建,等. 引黄蓄水调节水库关键技术研究[J]. 济南:山东工业大学,1996.

[22] 张宝森,朱太顺,等. 黄河治河工程现代抢险技术研究[M]. 郑州:黄河水利出

版社,2004.

[23] 张仰正,等. 山东黄河防汛[M]. 北京:中国社会科学出版社,2008.

[24] 胡一三,等. 中国江河防洪丛书——黄河卷[M]. 北京:中国水利水电出版社,
1996.

[25] 胡一三,等. 黄河下游游荡性河段河道整治[M]. 郑州:黄河水利出版社,
1998.

[26] 王运辉. 防汛抢险技术[M]. 武汉:武汉水利水电大学出版社,1999.

[27] 罗庆君,等. 防汛抢险技术[M]. 郑州:黄河水利出版社,2000.

[28] 江恩惠,等. 黄河下游游荡性河段河势演变规律及机理研究[M]. 北京:水利
水电出版社,2005.

[29] 缑元有. 整治工程根石走失的力学分析研究[J]. 人民黄河,2000(4).

[30] 翟来顺. 下游险工坝岸根石走失规律及其防护措施研究[J]. 水利建设与管
理,1999(3).

[31] 孙桂环,等. 整治工程根石冲刷深度计算浅析[J]. 水利建设与管理,2008
(6).

[32] 胡海洲,等. 程坝岸根石走失原因及防护措施分析[J]. 科技信息,2009(13).

[33] 张宝森,等. 大土工包机械化抢险技术研究[C]. 第四届黄河国际论坛,2009.

[34] 张宝森,郭全明. 黄河河道整治工程险情分析[J]. 地质灾害与环境保护,2002
(3).

[35] 戚波. 黄河下游坝岸防护工程问题研究[D]. 济南:山东大学,2007.

[36] 黄河水利科学研究院,等. 黄河下游游荡性河道河势演变机理及整治方案研究
总报告[R]. 2005.

[37] 水利部黄河水利委员会. 黄河下游游荡性河段河道整治方案研究报告[R].
2002.

[38] 徐福岭,胡一三. 横河出险,不可忽视[J]. 人民黄河,1983(3).

[39] 程东升,等. 黄河下游流量变化与工程出险关系分析[J]. 水力学报,2007
(1).

[40] 齐璞,张原峰. 论解决黄河泥沙问题主要途径与措施[OL].水信息网,2001.11

[41] 黎桂喜,等. 小浪底水库运用后下游河势变化特点及工程险情分析[J]. 水利
建设与管理,2002(5).

[42] 耿明全. 泥沙淤积对黄河防洪的影响的几点思考[OL]. 水资讯网,2009.5.

[43] 梁志勇,李文学,等. 黄河下游泥沙灾害与减灾对策[J]. 自然灾害学报,2002
(8).

[44] 肖文昌. 濮阳黄河河道整治工程险情分析[J]. 人民黄河,1998(1).

[45] 王普庆,武彩萍,等. 黄河下游河道工程险情特点及出险原因的概括分析[J]. 水利建设与管理,2001(02).

[46] 张林忠,江恩惠. 高含沙洪水输水输沙特性及对河道的破坏作用与机理研究 [J]. 泥沙研究,1999(4).

[47] 王明甫. 高含沙水流游荡型河道滩槽冲淤演变特点及机理分析[OL]. 水利工程网,2000(01).

[48] 沈波. 丁坝局部冲刷坑机理和最大冲深的确定[J]. 公路,1997(1).

[49] 于守兵,韩玉芳. 丁坝-水流-河床的相互作用[M]. 郑州:黄河水利出版社,2011.

[50] 兰华林,等. 黄河下游控导工程防守等级及抢险对策研究[J]. 人民黄河,2005,27(8).

[51] 耿新杰,等. 黄河险工控导工程工情险情实时监测系统研究[J]. 人民黄河,2004,26(7).

[52] 水利部黄河水利委员会. 黄河防汛抢险技术画册[M]. 郑州:黄河水利出版社,2002.

[53] 吉祥. 险工和河道防护工程的抢护[J]. 人民黄河,1983(3).

[54] 高兴利,等. 现代防洪抢险技术[M]. 郑州:黄河水利出版社,2010.

[55] 张幸农,应强,等. 长江中下游崩岸险情类型及预测预防[J]. 水利学报,2007(S1).

[56] 王玉洁,颜义忠,等. SL 551—2011 土石坝安全监测技术规范[S]. 北京:中国电力出版社,2011.

[57] 张宝森. 堤防工程及穿堤建筑物土石结合部安全监测技术发展[J]. 地球物理学进展,2003,18(3).

[58] 胡增业. 新修丁坝的抢护[J]. 人民黄河,1985,7(3).

[59] 李远发,耿明全,等. 长管袋乳垫沉排坝抗冲刷机理研究[J]. 人民黄河,2008,30(2).

[60] 周灵杰,樊好奇,等. 黄河下游控导工程土工织物潜坝抢险分析[J]. 人民黄河,2009,31(11).